U0248220

Oracle
数据库管理与开发

慕课版

明日科技·出品

◎ 尚展垒 宋文军 等 编著

人民邮电出版社
北 京

图书在版编目（ＣＩＰ）数据

Oracle数据库管理与开发：慕课版 / 尚展垒等编著
. -- 北京：人民邮电出版社，2016.4（2021.1重印）
ISBN 978-7-115-41808-1

Ⅰ．①O… Ⅱ．①尚… Ⅲ．①关系数据库系统 Ⅳ．
①TP311.138

中国版本图书馆CIP数据核字(2016)第032948号

内 容 提 要

本书作为 Oracle 程序设计的教程，系统、全面地介绍了有关 Oracle 程序开发所涉及的各方面知识。全书共分 13 章，内容包括数据库的基本概念与 Oracle 环境、数据库创建、表与表数据操作、数据库的查询和视图、索引和数据的完整性、PL/SQL 语言介绍、存储过程和触发器、高级数据类型、系统安全管理、备份和恢复、闪回操作和 Undo 表空间、其他概念、课程设计——企业人事管理系统。全书每章内容都与实例紧密结合，有助于学生理解知识、应用知识，达到学以致用的目的。

本书是慕课版教材，各章节主要内容配备了以二维码为载体的微课，并在人邮学院（www.rymooc.com）平台上提供了慕课。此外本书还提供了配套资源包，其中提供了本书所有实例、上机指导、综合案例和课程设计的源代码，制作精良的电子课件 PPT，自测试卷等内容。其中，源代码全部经过精心测试，能够在 Windows 7、Windows 8、Windows 10 系统下编译和运行。资源包也可在人邮学院下载。

◆ 编　著　尚展垒　宋文军　等
责任编辑　刘　博
责任印制　沈　蓉　彭志环

◆ 人民邮电出版社出版发行　　北京市丰台区成寿寺路 11 号
邮编　100164　电子邮件　315@ptpress.com.cn
网址　http://www.ptpress.com.cn
三河市君旺印务有限公司印刷

◆ 开本：787×1092　1/16
印张：20.5　　　　　　2016 年 4 月第 1 版
字数：607 千字　　　　2021 年 1 月河北第 13 次印刷

定价：49.80 元
读者服务热线：(010)81055256　印装质量热线：(010)81055316
反盗版热线：(010)81055315
广告经营许可证：京东市监广登字 20170147 号

前言
Foreword

为了让读者能够快速且牢固地掌握Oracle数据库管理与开发，人民邮电出版社充分发挥在线教育方面的技术优势、内容优势、人才优势，潜心研究，为读者提供一种"纸质图书+在线课程"相配套，全方位学习Oracle的解决方案。读者可根据个人需求，利用图书和"人邮学院"平台上的在线课程进行系统化、移动化的学习，以便快速全面地掌握Oracle数据库开发技术。

一、如何学习慕课版课程

本课程依托人民邮电出版社自主开发的在线教育慕课平台——人邮学院（www.rymooc.com），该平台为学习者提供优质、海量的课程，课程结构严谨，用户可以根据自身的学习程度，自主安排学习进度，并且平台具有完备的在线"学习、笔记、讨论、测验"功能。人邮学院为每一位学习者，提供完善的一站式学习服务（见图1）。

图1　人邮学院首页

为了使读者更好地完成慕课的学习，现将本课程的使用方法介绍如下。

1. 用户购买本书后，找到粘贴在书封底上的刮刮卡，刮开，获得激活码（见图2）。
2. 登录人邮学院网站（www.rymooc.com），或扫描封面上的二维码，使用手机号码完成网站注册。

图2　激活码

图3　注册人邮学院网站

3. 注册完成后，返回网站首页，单击页面右上角的"学习卡"选项（见图4），进入"学习卡"页面（见图5），输入激活码，即可获得该慕课课程的学习权限。

图4 单击"学习卡"选项

图5 在"学习卡"页面输入激活码

4. 输入激活码后，即可获得该课程的学习权限。可随时随地使用计算机、平板电脑、手机学习本课程的任意章节，根据自身情况自主安排学习进度（见图6）。

5. 在学习慕课课程的同时，阅读本书中相关章节的内容，巩固所学知识。本书既可与慕课课程配合使用，也可单独使用，书中主要章节均放置了二维码，用户扫描二维码即可在手机上观看相应章节的视频讲解。

6. 学完一章内容后，可通过精心设计的在线测试题，查看知识掌握程度（见图7）。

图6 课时列表　　　　　　　　　　　　　　　　　图7 在线测试题

7. 如果对所学内容有疑问，还可到讨论区提问，除了有大牛导师答疑解惑以外，同学之间也可互相交流学习心得（见图8）。

8. 书中配套的PPT、源代码等教学资源，用户也可在该课程的首页找到相应的下载链接（见图9）。

| 图8 讨论区 | 图9 配套资源 |

关于人邮学院平台使用的任何疑问，可登录人邮学院咨询在线客服，或致电：010-81055236。

二、本书特点

Oracle数据库系统是美国Oracle（甲骨文）公司提供的以分布式数据库为核心的一组软件产品，是目前最流行的C/S（Client/Server）或B/S（Browser/Server）体系结构的数据库之一。Oracle数据库是目前世界上使用最为广泛的数据库管理系统之一，作为一个通用的数据库系统，它具有完整的数据管理功能；作为一个关系数据库，它是一个完备关系的产品；作为分布式数据库，它实现了分布式处理功能。关于它的所有知识，只要在一种机型上学习了，便能在各种类型的机器上使用它。

在当前的教育体系下，实例教学是计算机教学最有效的方法之一。本书将Oracle知识和实用的案例有机结合起来。一方面，跟踪Oracle的发展，适应市场需求，精心选择内容，突出重点、强调实用，使知识讲解全面、系统；另一方面，全书通过"案例贯穿"的形式，始终围绕最后的综合实例——企业人事管理系统设计案例，将实例融入知识讲解，使知识与案例相辅相成，既有利于读者学习知识，又有利于指导实践。另外，本书在主要章节的后面还提供了上机指导和习题，方便读者及时验证自己的学习效果（包括动手实践能力和理论知识）。

本书作为教材使用时，课堂教学建议35~40学时，上机指导教学建议10~12学时。各章主要内容和学时建议分配如下，老师可以根据实际教学情况进行调整。

章	主要内容	课堂学时	上机指导
第1章	数据库的基本概念与Oracle环境，包括数据库基本概念、Oracle数据库环境、Oracle的管理工具	1	1
第2章	数据库创建，包括Oracle数据库基本概念、界面方式创建数据库、命令方式创建数据库	3	1
第3章	表与表数据操作，包括表结构和数据类型、创建和管理表空间、界面方式操作表、命令方式操作表、操作表数据	2	1
第4章	数据库的查询和视图，包括选择、投影和连接，数据库的查询，数据库视图	5	1
第5章	索引和数据的完整性，包括索引、数据的完整性和约束性	4	1
第6章	PL/SQL语言介绍，包括PL/SQL概述，PL/SQL字符集，PL/SQL变量、常量和数据类型，PL/SQL基本程序结构和语句，系统内置函数，函数，游标，程序包的使用	3	1
第7章	存储过程和触发器，包括存储过程、触发器、事务、锁	2	1
第8章	高级数据类型，Oracle数据库与大对象数据、Oracle数据库与XML	3	1

章	主要内容	课堂学时	上机指导
第9章	系统安全管理，包括用户、权限管理、角色管理、概要文件和数据字典视图、审计	2	1
第10章	备份和恢复，包括备份和恢复概述、RMAN备份恢复工具、使用RMAN工具实现数据备份、使用RMAN工具实现数据恢复、数据泵	3	1
第11章	闪回操作和Undo表空间，包括闪回操作、Undo表空间	3	1
第12章	其他概念，包括数据库链接、快照、序列	4	
第13章	课程设计——企业人事管理系统，包括需求分析、系统设计、系统开发及运行环境、数据库设计、系统文件夹组织结构、公共模块设计、Hibernate关联关系的建立方法、主窗体设计、人事管理模块设计、待遇管理模块设计、系统维护模块设计	3	

　　本书由明日科技出品，由郑州轻工业学院尚展垒、宋文军、牛莹、黄海洋、聂晶、王宏等编著，其中尚展垒任主编，宋文军、牛莹、黄海洋、聂晶、王宏任副主编。

编　者

2016年1月

目 录
Contents

PART01

第1章
数据库的基本概念与Oracle环境

本章要点

数据库的基本概念 ■
了解数据库应用系统 ■
安装和卸载Oracle 11g数据库 ■
使用Oracle企业管理器（OEM）
管理数据库 ■
使用SQL *Plus管理数据库 ■
使用SQL Developer管理数据库 ■

■ 数据库在当前的软件开发中应用广泛，它的出现为数据存储技术带来了新的方向，也产生了一门复杂的学问。时至今日，数据库也步入复杂的网络时代，并与网络通信技术、面向对象技术相互融合，发展成为庞大的数据库系统。

在系统地学习Oracle数据库知识之前，需要了解数据库的基本概念和Oracle的操作环境。

1.1 数据库基本概念

数据库基本概念

1.1.1 数据库与数据库管理系统

1. 数据库

数据库（Database，DB）是存放数据的仓库，只不过这些数据存在一定的关联，并按一定的格式存放在计算机里。从广义上讲，数据不仅包含数字，还包括文本、图像、音频和视频等。

例如，把一个学校的学生姓名、课程、学生成绩等数据有序地组织并存放在计算机内，就可以构成一个数据库。因此，数据库是由一些持久的、相互关联的数据集合组成，并以一定的组织形式存放在计算机的存储介质中。数据库是事务处理、信息管理等应用系统的基础。

2. 数据库系统

数据库系统（Database System，DBS）是采用了数据库技术的计算机系统。数据库系统不仅是对一组数据进行管理的软件，它还是一种存储介质、处理对象和管理系统的集合体。总体来说，数据库系统由数据库、硬件、软件和数据库管理员组成。

（1）数据库

数据库是为了满足管理大量的、持久的共享数据的需要而产生的。从物理概念上讲，数据库是存储于硬盘的各种文件的有机结合。数据库能为各种用户共享，具有最小冗余度、数据间联系密切、较高的独立性等特点。

（2）硬件

硬件支持包括中央处理器、内存、输入/输出设备等。硬件存储大量的数据，需要有较高的通道能力，保证数据的传输。

（3）软件

数据库系统的软件支持即数据库管理系统（Database Management System，DBMS），DBMS是管理数据库的软件。软件为开发人员提供高效率、多功能的交互式程序设计系统，为应用系统的开发提供了良好的环境，并且与数据库系统有良好的接口。

（4）数据库管理员

数据库管理员（Database Administrator，DBA）负责数据库的运转，必须兼有系统分析员和运筹学的知识，对系统的性能非常了解，并熟悉企业全部数据的性质和用途。DBA负责控制数据整体结构和数据库的正常运行，承担创建、监控和维护整个数据库结构的责任。

1.1.2 数据模型

数据库技术是应对信息资源（即大量数据）的管理需求而产生的，随着信息技术的不断发展，尤其人类迈入网络时代后，社会信息资源在爆炸式地增长，对数据管理技术也随之提出更高的要求。数据库技术先后经历了人工管理、文件系统、数据库系统3个阶段。在数据库系统中，数据模型主要有层次模型、网状模型和关系模型三种（另外一种面向对象模型还处在探索研究中），目前理论成熟、使用普及的模型就是关系模型——即关系型数据库的理论基础。

1.1.3 关系型数据库语言

关系数据库的标准语言是结构化查询语言（Structured Query Language，SQL）。SQL是用于关系数据库查询的结构化语言，最早由Boyce和Chambedin在1974年提出，称为SEQUEL语言。1976年，IBM公司的San Jose研究所在研制关系数据库管理系统System R时将其修改为SEQUEL 2，即目前的SQL。1976年，

SQL开始在商品化关系数据库管理系统中应用。1982年，美国国家标准学会（ANSI）确认SQL为数据库系统的工业标准。SQL是一种介于关系代数和关系演算之间的语言，具有丰富的查询功能，同时具有数据定义和数据控制功能，是集数据定义、数据查询和数据控制于一体的关系数据语言。目前，有许多关系型数据库管理系统支持SQL，如SQL Server、Access、Oracle、MySQL、DB2等。

　　SQL的功能包括数据查询、数据操纵、数据定义和数据控制四个部分。SQL简洁、方便、实用，为完成其核心功能只用了6个动词——SELECT、CREATE、INSERT、UPDATE、DELETE和GRANT（REVOKE）。作为关系型数据库的标准语言，它已被众多商用数据库管理系统产品所采用，成为应用最广的关系数据库语言。不过，不同的数据库管理系统在其实践过程中都对SQL规范做了某些编改和扩充。所以，实际上不同数据库管理系统之间的SQL不能完全相互通用。例如，甲骨文公司的Oracle数据库所使用的SQL是Procedural Language/SQL（PL/SQL），而微软公司的SQL Server数据库系统支持的是Transact-SQL（T-SQL）。

1.2　Oracle数据库环境

1.2.1　Oracle数据库简介

　　当今社会已进入信息时代，作为信息管理主要工具的数据库已成为举足轻重的角色。无论是企业、组织的管理，还是电子商务或电子政务等应用系统的管理，都需要数据库的支持。

　　1979年，Oracle（甲骨文）公司推出了世界第一个基于SQL标准的关系数据库管理系统Oracle 1，之后Oracle公司的产品发展战略也由面向应用转向面向网络计算，进行了全面的数据库升级，并且开始向Windows操作系统进军。2007年，Oracle公司发布了Oracle 11g，这是目前最新的版本。Oracle 11g是数据库领域最优秀的数据库之一，经过了1 500万小时的测试，开发工作量达到了3.6万人/月。它在继承了前一版本Oracle 10g特性的基础上又增加了400多项新特性，如改进本地Java和PL/SQL编译器、数据库修复向导等。

Oracle数据库简介

　　Oracle是目前最流行的关系型数据库管理系统之一，被越来越多的用户在信息系统管理、企业数据处理、Internet和电子商务网站等领域作为应用数据的后台处理系统。

1.2.2　Oracle 11g的安装

　　Oracle 11g的安装与升级是一项比较复杂的工作，为了便于Oracle 11g数据库管理系统安装在多种操作平台上（例如，Windows平台、Linux平台和UNIX平台等），Oracle 11g提供了一个通用的安装工具——Oracle Universal Installer，该工具是基于Java语言开发的图形界面安装工具，利用它可以实现在不同操作系统平台上安装Oracle 11g。本节主要介绍Oracle 11g在Windows平台上的安装。

Oracle 11g的安装

　　Oracle 11g数据库服务器由Oracle数据库软件和Oracle实例组成。安装数据库服务器就是将管理工具、实用工具、网络服务和基本的客户端等组件从安装盘复制到计算机硬盘的文件夹中，并创建数据库实例、配置网络和启动服务等。下面对Oracle 11g的安装过程进行详细的说明，这里以Oracle Database 11g发行版2为例（Oracle 11g其他版本的安装可参考此版本），具体安装过程如下。

　　（1）在数据库安装光盘或安装文件夹中双击setup.exe文件，将启动Oracle Universal Installer安装工具，并打开图1-1所示的命令行窗口。然后会在该窗口中出现用于检测计算机软件、硬件安装环境的提示信

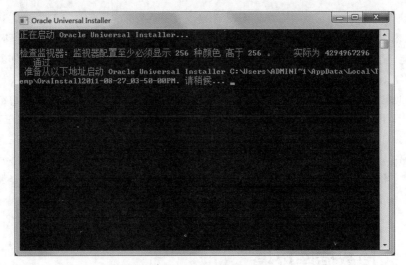

图1-1　启动Oracle Universal Installer

息，若安装环境不满足系统安装的最小需求，则程序会终止执行。

（2）在Oracle Universal Installer安装工具检测完当前系统的软件、硬件环境之后，将打开"配置安全更新"界面。该界面主要用来设置系统的在线更新方式，若数据库所安装的机器没有连接Internet，则无需进行系统在线更新配置。这样在该界面上可以取消"我希望通过My Oracle Support接收安全更新"复选框的标记，并将"电子邮件"文本框置空。然后单击"下一步"按钮，如图1-2所示。

（3）单击"下一步"按钮后，系统会弹出"未指定电子邮件地址"的信息提示框，如图1-3所示。这里单击"是"按钮，表示对上一步的设置进行确认就可以了。

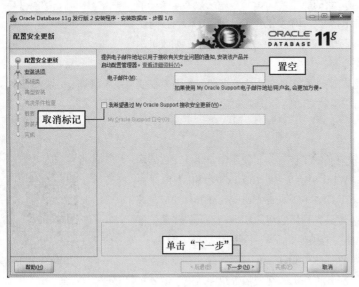

图1-2　"配置安全更新"界面

图1-3　"未指定电子邮件地址"提示框

（4）单击"是"按钮后，会打开"选择安装选项"界面，该界面用于选择"安装选项"，这里选择"创建和配置数据库"选项，然后单击"下一步"按钮，如图1-4所示。

（5）单击"下一步"按钮后，会打开"系统类"界面，如图1-5所示。该界面用来选择数据库被安装在哪种操作系统平台上（Windows主要有桌面版和服务器版两种），这要根据当前机器所安装的操作系统

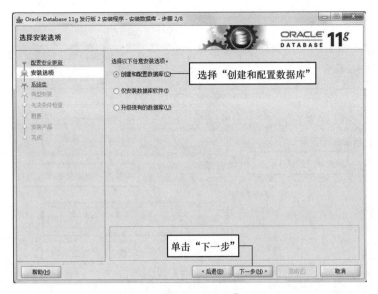

图1-4 "选择安装选项"界面

图1-5 "系统类"界面

而定。本演示实例使用的是Windows 7操作系统（属于桌面类系统），所以选择"桌面类"选项，然后单击"下一步"按钮。

（6）单击"下一步"按钮后，会打开"典型安装配置"界面。在该界面中，首先设置"文件目录"，默认情况下，安装系统会自动搜索出剩余磁盘空间最大的磁盘作为默认安装盘，当然也可以自定义安装磁盘；然后选择"数据库版本"，安装系统提供的数据库版本包括"企业版""标准版""个人版"和"定制版"4种，通常选择"企业版"就可以；接着输入"全局数据库名"和"登录密码"（需要记住，该密码是SYSTEM、SYS、SYSMAN、DBSNMP这4个管理账户共同使用的初始密码。另外，用户SCOTT的初始密码为tiger），其中"全局数据库名"也就是数据库实例名称，它具有唯一性，不允许出现两个重复的"全局数据库名"；最后单击"下一步"按钮，如图1-6所示。

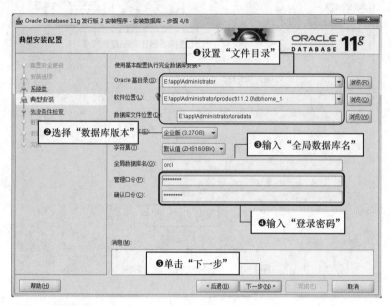

图1-6 "典型安装配置"界面

（7）单击"下一步"按钮后，会打开"执行先决条件检查"界面，该界面用来检查安装本产品所需要的最低配置，检查结果会在下一个界面中显示出来，如图1-7所示。

图1-7 "执行先决条件检查"界面

（8）检查完毕后，弹出图1-8所示的"概要"界面。在该界面中会显示出安装产品的概要信息，若在上一步中检查出某些系统配置不符合Oracle安装的最低要求，则会在该界面的列表中显示出来，以供用户参考，然后单击"完成"按钮即可。

（9）单击"完成"按钮后，会打开"安装产品"界面，该界面会显示产品的安装进度，如图1-9所示。

图1-8　"概要"界面

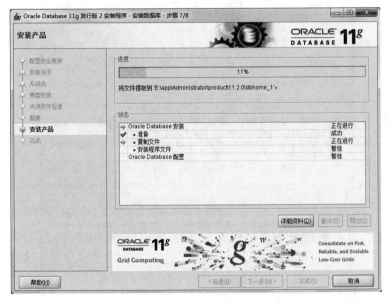

图1-9　"安装产品"界面

（10）当"安装产品"界面中的进度条到达100%后，会打开"Database Configuration Assistant"界面——"数据库配置助手"界面，如图1-10所示。在该界面中，单击"停止"按钮，可以随时停止文件复制。

（11）当"数据库配置助手"界面中的进度条到达100%后，表示Oracle 11g数据库安装所需的文件已经复制完毕，这时会弹出一个包含"安装信息"的对话框，如图1-11所示。

（12）在上面的对话框中单击"口令管理"按钮，会打开图1-12所示的"口令管理"对话框，在该对话框中可以为某些用户重新设置口令或者解除某些用户的锁定状态（如SCOTT用户默认处于锁定状态）。

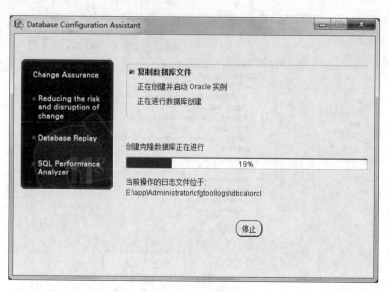

图1-10　"数据库配置助手"界面

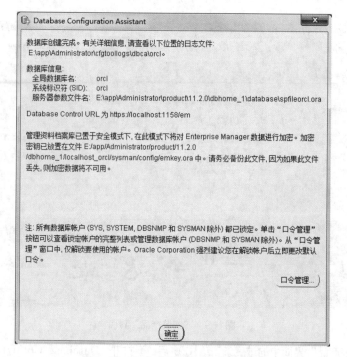

图1-11　包含"安装信息"的对话框

（13）在"口令管理"对话框中单击"确定"或"取消"按钮就可以返回到图1-11所示的包含"安装信息"的对话框，在该对话框中单击"确定"按钮将打开"完成"界面，如图1-13所示。另外，需要用户在这个界面记住Oracle企业管理器（OEM）的连接地址，这是一个Web形式的企业管理器，它的地址通常默认为"https://localhost:1518/em"。至此Oracle 11g数据库安装完毕，单击"关闭"按钮完成Oracle 11g数据库的安装。

图1-12 "口令管理"对话框

图1-13 完成界面

1.2.3 Oracle 11g的卸载

Oracle 11g的卸载主要有两种方式：一种是使用Oracle Universal Installer管理工具，该工具以向导的模式卸载数据库；另一种是运行"deinstall.bat"批处理文件来卸载数据库。由于第一种卸载方式以向导模式进行，比较简单，这里不做过多介绍。这里主要讲解第二种卸载数据库的方法——使用"deinstall.bat"批出文件卸载数据库，具体步骤如下。

（1）首先打开Windows 7的"组件服务"窗口，然后停止所有的Oracle后台服务程序，如图1-14所示。

Oracle 11g的
卸载

图1-14　停止Oracle所有的后台服务程序

（2）然后运行"E:\app\Administrator\product\11.2.0\dbhome_1\deinstall\deinstall.bat"这个批处理文件（这个目录要根据自己实际安装的位置来确定），会打开图1-15所示的命令行窗口，然后等待程序提取"卸载"信息。

图1-15　第一个命令行界面

（3）"卸载"信息提取完毕后，会显示图1-16所示的第二个命令行界面，用以取消配置LISTENER单实例监听程序。

（4）接着显示图1-17所示的第三个命令行界面，在该界面的提示符位置输入全局数据库名称，若存在多个数据库，则数据库名称之间使用逗号分隔（这里输入"orcl"），然后回车（或者什么也不输，直接回车即可）。

（5）这时会显示第四个命令行界面，如图1-18所示。在该界面提示符的位置输入"y"字符，然后回车。

（6）这时会显示第五个命令行界面，如图1-19所示，等待卸载Oracle 11g数据库，卸载操作可能要持续几分钟，耐心等待。

（7）卸载完成，命令行界面会自动退出，这种自动卸载功能并不彻底，还需要手动清除安装目录中的剩余文件。

图1-16　第二个命令行界面

图1-17　第三个命令行界面

图1-18　第四个命令行界面

图1-19　第五个命令行界面

1.3　Oracle的管理工具

1.3.1　企业管理器

企业管理器（Oracle Enterprise Manager，OEM）是基于Web界面的Oracle数据库管理工具。启动Oracle 11g的OEM只需在浏览器中输入其URL地址——通常为"https://localhost:1518/em"，然后连接主页即可；也可以在"开始"菜单的"Oracle程序组"中选择"Database Control - orcl"菜单命令来启动Oracle 11g的OEM工具。

如果是第一次使用OEM，启动Oracle 11g的OEM后，需要安装"信任证书"或者直接选择"继续浏览此网站"即可。然后就会出现OEM的登录页面，用户需

企业管理器
（OEM）

要输入登录用户名（如SYSTEM、SYS、SCOTT等）和登录口令，如图1-20所示。

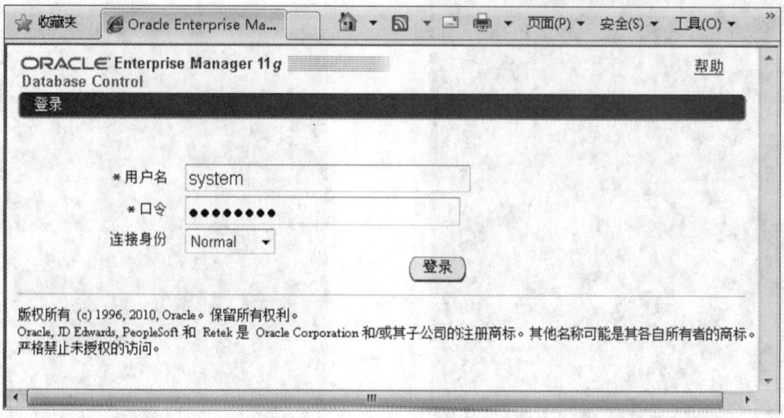

图1-20 登录OEM

在输入用户名和口令后，单击"登录"按钮，若用户名和口令都正确，就会出现"数据库实例"的"主目录"页面，如图1-21所示。

图1-21 "主目录"页面

OEM以图形的方式提供用户对数据库的操作，虽然操作起来比较方便、简单，不需要使用大量的命令，但这对于初学者来说减少了学习操作Oracle数据库命令的机会，而且不利于读者深刻地理解Oracle数据库。因此建议读者强制自己使用SQL*Plus工具。另外，本书实例的讲解也都主要在SQL*Plus中完成，以帮助读者更好地学习SQL*Plus命令。

1.3.2 SQL*Plus工具

Oracle 11g的SQL *Plus是Oracle公司独立开发的SQL语言工具产品，"Plus"表示Oracle公司在标准SQL语言基础上进行了扩充。用户可以在Oracle 11g提供的SQL *Plus窗口编写程序，实现数据的处理和控制，完成制作报表等多种功能。

用户可以使用SQL *Plus定义和操作Oracle关系数据库中的数据，不再需要在传统数据库系统中必须使用的大量数据检索工作。例如，现在用户不再受一次只能读一条记录的限制，用户可以编写一个程序处理与某个实体相关的所有记录，对其中所有记录的处理都保持一致。

1. 启动SQL*Plus

在Oracle程序组中启动SQL*Plus的方法步骤如下。

（1）选择"开始"→"所有程序"→"Oracle-OraDb11g_home1"→"应用程序开发"→"SQL*Plus"命令，打开图1-22所示的SQL*Plus启动界面。

启动SQL*Plus

图1-22 SQL*Plus启动界面

（2）在命令提示符的位置输入登录用户（如SYSTEM或SYS等系统管理账户）和登录密码（密码是在安装或创建数据库时指定的），若输入的用户名和密码正确，则SQL*Plus将连接到数据库，如图1-23所示。

图1-23 使用SQL*Plus连接数据库（一）

在SQL*Plus窗口中显示SQL*Plus窗口的版本、启动时间和版权信息，并提示连接到Oracle 11g企业版等信息。在SQL*Plus窗口中，还会看到SQL*Plus的提示符"SQL>"。在提示符后面输入SQL命令后回车即可以运行该命令。

另外还可以从命令提示符窗口中启动SQL*Plus，方法为：依次打开"开始"→"所有程序"→"附件"→"命令提示符"，进入"命令提示符"窗口，在窗口中输入命令"sqlplus"后回车，之后会提示输入用户名和口令，连接到Oracle后界面如图1-24所示。

图1-24 使用SQL*Plus连接数据库（二）

通过程序组启动SQL*Plus后不能通过鼠标右击界面使用剪切、粘贴功能，这样不方便操作。而在命令提示符窗口启动SQL*Plus后则可以使用这些功能。

2. 使用SQL*Plus连接数据库

打开SQL*Plus之后，通过输入正确的用户名和口令来连接数据库。连接之后要做的事，这里仅需了解一下即可，有关内容在后面的章节中详细介绍。

使用SQL*Plus
连接数据库

【例1-1】在SQL*Plus中查询志愿表的所有信息（dept表）。

使用scott用户连接Oracle后，在提示符"SQL>"后输入如下语句：

```
select * from dept;
```

执行结果如图1-25所示。

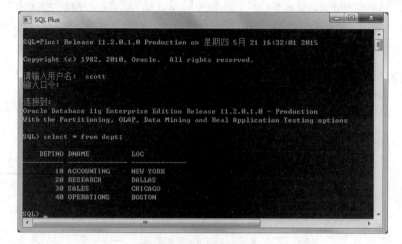

图1-25　查询员工表dept

在Oracle中命令不区分大小写，在SQL*Plus编辑器中每条命令都以分号（；）作为结束标志。

1.3.3　SQL Developer工具

Oracle提供了一个免费的图形工具，名为SQL Developer，用于数据库开发。相对于SQL*Plus来说，SQL Developer更具有Windows风格和集成开发工具的流行元素，操作更加直观、方便，可以轻松地创建、修改和删除数据库对象，运行SQL语句，编译、调试PL/SQL程序等。SQL Developer大大简化了数据库的管理和开发工作，提高了工作效率，缩短了开发周期，所以受到了广大用户的喜爱。

SQL
Developer工具

1. 启动SQL Developer

启动SQL Developer的步骤如下。

（1）"开始"→"所有程序"→"Oracle-OraDB11g_home1"→"应用程序开发"→"SQL Developer"。如果是第一次启动SQL Developer，会弹出"Oracle SQL Developer"窗口，询问java.exe的完整路径。由于SQL Developer是用Java语言开发的，所以需要JDK的支持，下载地址为http://java.sun.com/javase/downloads/index.jsp。如果已经安装了JDK，则单击"Browse"按钮选择Java.exe程序的具体路径，如图1-26所示。

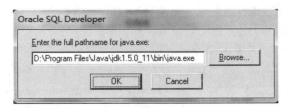

图1-26　选择Java.exe程序

（2）单击"OK"按钮启动"Oracle SQL Develope"，启动界面如图1-27所示。启动时会弹出询问"是否从以前版本移植设置"的对话框，由于没有安装以前的版本，所以单击"否"按钮，出现"配置文件类型关联"窗口，如图1-28所示，选择相关的文件类型。

图1-27　"Oracle SQL Develope"启动界面　　　图1-28　"配置文件类型关联"对话框

（3）单击"确定"按钮，出现"Oracle SQL Develop"主界面，如图1-29所示。

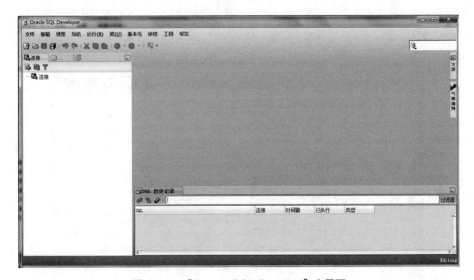

图1-29　"Oracle SQL Develop"主界面

2. 创建数据库连接

SQL Develope启动后，需要创建一个数据库连接，只有创建了数据库连接，才能在该数据库的方案中创建、更改对象和编辑表中的数据。

创建数据库连接的步骤如下。

（1）在主界面左边窗口的"连接"选项卡中右键单击"连接"节点，选择"新建连接"菜单项，会弹出"新建/选择数据库连接"窗口，如图1-30所示。

（2）如果要创建一个Oracle数据库中system用户方案的数据库连接，则在"连接名"中输入一个自

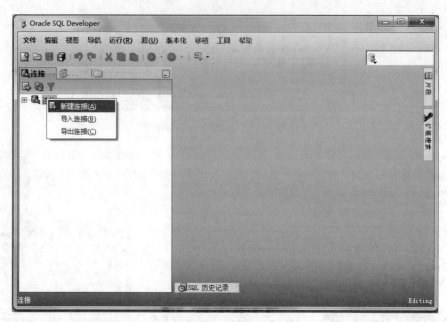

图1-30　新建连接

定义的连接名，如system_ora；在"用户名"中输入system；在"口令"中输入相应密码；选中"保存口令"复选框；"角色"栏保留为默认的"default"；在"主机名"栏中输入主机名或保留为"localhost"；"端口"值保留为默认的"1521"；"SID"栏中输入数据库的SID，如本数据库的系统标志为"orcl"。设置完后单击"测试"按钮测试该设置能否连接，如果成功，则会在窗口左下角显示"状态：成功"，如图1-31所示。

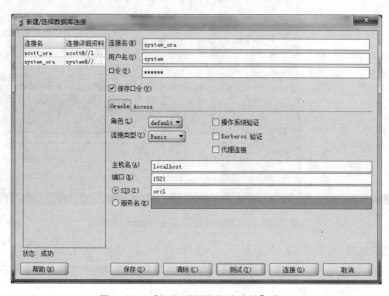

图1-31　"新建/选择数据库连接"窗口

（3）单击"保存"按钮，将测试成功的连接保存起来，以便以后使用。之后在主界面的连接节点下会添加一个"system_ora"的数据库连接，双击该连接，在子目录中会显示可以操作的数据库对象，如图1-32所示。之后对orcl数据库的所有操作都可以在该界面中完成。

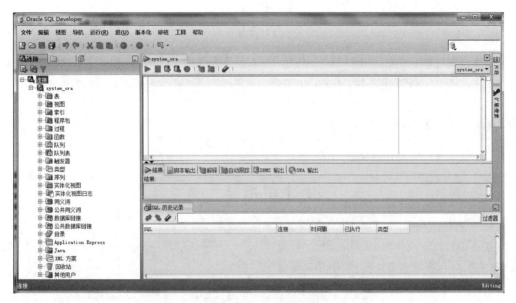

图1-32　新创建的数据库连接system_ora

【例1-2】通过SQL Developer工具查询员工信息表（emp表）的信息。

在代码编辑区中输入如下SQL命令。

```
select * from scott.emp;
```

执行结果如图1-33所示。

图1-33　查询emp员工信息表

要想进行数据库连接，则必须打开数据库的监听服务（OracleOraDB12Home1THSListener）和数据库的主服务（OracleServiceMLDN）。

小 结

　　本章首先对有关数据库的基本概念进行了介绍；然后重点讲解了Oracle 11g数据库的安装和卸载；最后，对Oracle的管理工具，包括Oracle企业管理器、SQL *Plus和SQL Developer这三种工具进行了介绍。本章是学习Oracle数据库的基础，学习本章内容时，应该重点掌握Oracle 11g的安装过程及Oracle常用管理工具的使用。

上机指导

　　使用SQL Developer工具创建一个名为scott_ora的数据库连接。

　　使用SQL Developer工具创建一个数据库连接，"连接名"为system_ora；"用户名"为system；"口令"为tiger；程序运行结果如图1-34所示。

图1-34　scott_ora数据库连接创建成功

　　开发步骤如下。

　　（1）启动SQL Developer。"开始"→"所有程序"→"Oracle-OraDB11g_home1"→"应用程序开发"→"SQL Developer"。

　　运行结果如图1-35所示。

　　（2）在主界面左边窗口的"连接"选项卡中右键单击"连接"节点，选择"新建连接"菜单项，弹出"新建/选择数据库连接"窗口，如图1-36所示。

　　（3）题目要求创建一个名为scott_ora的数据库连接，则在"连接名"中输入scott_ora；在"用户名"中输入scott；在"口令"中输入tiger；选中"保存口令"复选框；"角色"栏保留为默认的"default"；在"主机名"栏中输入主机名或保留为"localhost"；"端口"值保留为默认的"1521"；"SID"栏中输入数据库的SID，如本数据库的系统标志为orcl。设置完后单击"测试"按钮测试该设置能否连接，如果成功，则会在窗口左下角显示"状态：成功"，如图1-37所示。

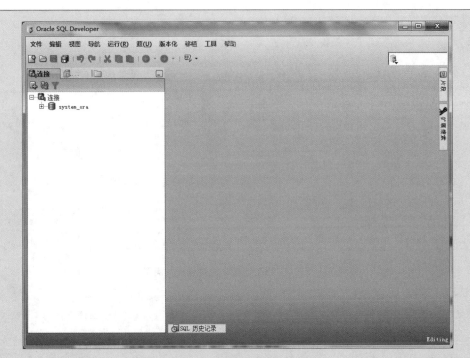

图1-35　启动SQL Developer

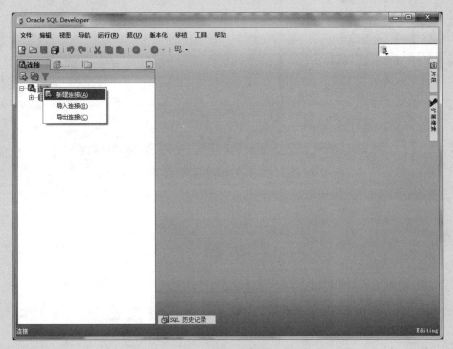

图1-36　新建连接

（4）单击"保存"按钮，将测试成功的连接保存起来，以便以后使用。之后在主界面的连接节点下会添加一个scott_ora的数据库连接，双击该连接，在子目录中会显示可以操作的数据库对象，如图1-38所示。

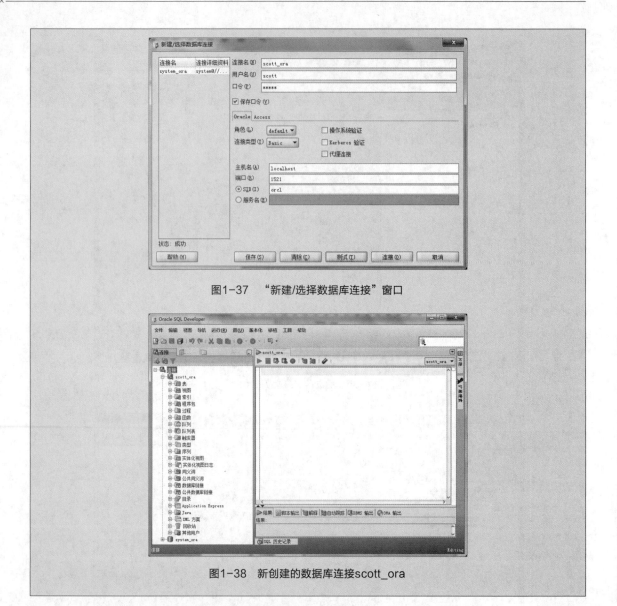

图1-37 "新建/选择数据库连接"窗口

图1-38 新创建的数据库连接scott_ora

习 题

1-1 如何区分数据库系统和数据库管理系统？

1-2 举例关系型数据库语言都有哪些。

1-3 安装Oracle数据库时，提示"空间不足……无法复制"之类的错误，怎么办？

1-4 创建SQL*Plus快捷方式。

1-5 如果忘记Oracle的登录密码，要如何进行登录？

1-6 在"运行"窗口下输入"sqlplus"访问SQL *Plus。

第2章
数据库创建

本章要点

Oracle数据库的基本概念 ■
了解Oracle数据库的逻辑存储结构 ■
了解Oracle数据库的物理存储结构 ■
使用DBCA图形界面方式来创建
数据库 ■
使用SQL *Plus代码方式来创建
数据库 ■

■ 创建数据库是对该数据库中的对象进行操作的前提。本书在安装Oracle的时候已经创建了一个SCOTT数据库。本章主要介绍如何通过Oracle服务器组件创建数据库。在Oracle 11g环境下，创建数据库有两种方式。一种是通过图形界面的DBCA（数据库配置向导）创建数据库，另一种是通过命令方式创建数据库。在创建数据库之前，首先介绍一下Oracle数据库的基本概念，为后面创建数据库及其操作准备一些基础知识。

2.1 Oracle数据库基本概念

Oracle是一种关系数据库管理系统（RDBMS）。关系数据库是按照二维表结构方式组织的数据集合，每个表体现了集合理论中定义的数学概念——关系。在创建数据库之前，理解Oracle数据库的基本概念很重要。

Oracle数据库（Database）是一个数据容器，它包含了表、索引、视图、过程、函数、包等对象，并对这些对象进行统一的管理。用户只有和一个确定的数据库连接，才能使用和管理该数据库中的数据。

下面将分别从数据库的逻辑存储结构与物理存储结构两个角度来探讨数据库。简单地说，内部结构描述了Oracle数据库的内部存储结构，即从技术概念上描述如何组织、管理数据库。内部结构包括表空间、表、列、分区、用户、索引、视图、权限、角色、段、盘区、块等。而外部结构则是从"操作系统"角度来看Oracle 11g数据库的实体构成项目，包括数据文件、重做日志文件和控制文件等。

2.1.1 逻辑存储结构

1. 表空间

表空间（TABLESPACE）是数据库的逻辑划分，一个表空间只属于一个数据库。每个表空间由一个或多个数据文件组成，表空间中其他逻辑结构的数据存储在这些数据文件中。一般Oracle系统完成安装后，会自动建立多个表空间。下面介绍Oracle 11g默认创建的主要表空间。

逻辑存储结构

（1）SYSTEM表空间

SYSTEM表空间——即系统表空间，它用于存放Oracle系统内部表和数据字典的数据，例如，表名、列名、用户名等。Oracle本身不赞成将用户创建的表、索引等存放在系统表空间中。表空间中的数据文件个数不是固定不变的，可以根据需要向表空间中追加新的数据文件。

（2）SYSAUX表空间

SYSAUX表空间是Oracle 11g新增加的表空间，是随着数据库的创建而创建的，它充当SYSTEM的辅助表空间，降低了SYSTEM表空间的负荷，主要存储数据字典以外的其他数据对象。SYSAUX表空间一般不存储用户的数据，由Oracle系统内部自动维护。

（3）UNDO表空间

UNDO表空间即撤销表空间，它是用于存储撤销信息的表空间。当用户对数据表进行修改操作（包括插入、更新、删除等操作）时，Oracle系统自动使用撤销表空间来临时存放修改前的旧数据。当所做的修改操作完成并执行提交命令后，Oracle根据系统设置的保留时间长度来决定何时释放掉撤销表空间的部分空间。一般在创建Oracle实例后，Oracle系统自动创建一个名字为"UNDOTBS1"的撤销表空间，该撤销表空间对应的数据文件是"UNDOTBS01.DBF"。

（4）USERS表空间

USERS表空间即用户表空间，它是Oracle建议用户使用的表空间，可以在这个表空间上创建各种数据对象。比如，创建表、索引、用户等数据对象。Oracle系统的样例用户SCOTT对象就存放在USERS表空间中。

（5）TEMP表空间

TEMP表空间是临时表空间，存放临时表和临时数据，用于排序和汇总等。

除了Oracle系统默认创建的表空间外，用户可根据应用系统的实际情况及其所要存放的对象类型创建多个自定义的表空间，以区分用户数据与系统数据。此外，不同应用系统的数据应存放在不同的表空间上，而不同表空间的文件应存放在不同的盘上，从而减少I/O冲突，提高应用系统的操作性能。

2. 表

表（TABLE）是数据库中存放用户数据的对象。它包含一组固定的列。表中的列描述该表所跟踪的实体的属性，每个列都有一个名字、若干个属性。

3. 约束条件

数据库不仅仅存储数据，它还必须保证所有存储数据的正确性，因为只有正确的数据才能提供有价值的信息。如果数据不准确或不一致，那么该数据的完整性就可能受到了破坏，从而给数据库本身的可靠性带来问题。为了维护数据库中数据的完整性，在创建表时常常需要定义一些约束（CONSTRAINT）。约束可以限制列的取值范围，强制列的取值来自合理的范围等。在Oracle 11g系统中，约束的类型包括主键约束、默认约束、检查约束、唯一约束和外键约束。

（1）主键约束条件

主键（PRIMARY KEY）约束用于唯一地标识表中的每一行记录。在一个表中，最多只能有一个主键约束，主键约束既可以由一个列组成，也可以由两个或两个以上的列组成（这种称为联合主键）。对于表中的每一行数据，主键约束列都是不同的，主键约束同时具有非空约束的特性。

（2）默认约束条件

默认（DEFAULT）约束条件是指在表中插入一行数据，但没有为列指定值时生成一个在定义表时预先指定的值。

（3）检查约束条件

检查（CHECK）约束条件确保指定列中的值符合一定的条件。CHECK约束条件不能引用一个独立表。非空值约束条件用于保证应具有唯一性而又不失主键的一部分的那些列的唯一性。

（4）唯一性约束条件

唯一性（UNIQUE）约束强调所在的列不允许有相同的值。但是，它的定义要比主键约束弱，即它所在的列允许空值（但主键约束列是不允许为空值的）。唯一性约束的主要作用是在保证除主键列外，其他列值的唯一性。

（5）外键约束条件

外键（FOREIGN KEY）约束比较复杂，一般的外键约束会使用两个表进行关联（当然也存在同一个表自连接的情况）。外键是指"当前表"（即外键表）引用"另外一个表"（即被引用表）的某个列或某几个列，而"另外一个表"中被引用的列必须具有主键约束或者唯一性约束。在"另外一个表"中，被引用列中不存在的数据不能出现在"当前表"对应的列中。一般情况下，当删除被引用表中的数据时，该数据也不能出现在外键表的外键列中。如果外键列存储了被引用表中将要被删除的数据，那么对被引用表的删除操作将失败。

主键约束和外键约束保证关联表的相应行持续匹配，以便它们可以用在后面的关系连接中。在它们被定义为主键约束和外键约束后，不同表的列会自动更新，成为引用完整性声明。

数据库的约束条件有助于确保数据的引用完整性。引用完整性保证数据库中的所有列引用都有效且全部约束条件都得到满足。

4. 分区

Oracle是最早支持物理分区的数据库管理系统供应商，表分区的功能是在Oracle 8.0版本推出的。分区（PARTITION）功能能够改善应用程序的性能，如可管理性和可用性，它是数据库管理中一个非常关键的技术。尤其在今天，数据库应用系统的规模越来越大，还有海量数据的数据仓储系统，因此，几乎所有的Oracle数据库都使用分区功能来提高查询的性能，并且简化数据库的日常管理维护工作。

5. 索引

如果一个数据表中存有海量的数据记录，当对表执行指定条件的查询时，常规的查询方法会将所有的记录都读取出来，然后再把读取的每一条记录与查询条件进行比对，最后返回满足条件的记录。这样进行操作的时间开销和I/O开销都十分巨大。对于这种情况，就可以考虑通过建立索引（INDEX）来减小系统开销。

如果要在表中查询指定的记录，在没有索引的情况下，就必须遍历整个表。而有了索引之后，只需要在索引中找到符合查询条件的索引字段值，就可以通过保存在索引中的ROWID快速找到表中对应的记录。举个例子来说，如果将表看作一个本书，则索引的作用类似于书中的目录。在没有目录的情况下，要在书中查找指定的内容必须阅读全书，而有了目录之后，只需要通过目录就可以快速找到包含所需内容的页码（相当于ROWID）。

6. 用户

用户（USER）并不是数据库的操作人员，而是在数据库中定义的一个名称，更准确地说是账户，只是习惯上被称为用户，它是Oracle数据库的基本访问控制机制。当连接到Oracle数据库时，操作人员必须提供正确的用户名和密码，才能连接到数据库的用户。

7. 方案

用户账号拥有的对象集称为用户的方案（SCHEMA），可以创建不能注册到数据库的用户账号。这样的用户账号提供一种方案，这种方案可以用来保存一组其他用户方案分开的数据库对象。

8. 同义词

同义词是模式对象的一个别名，模式对象包括表、索引、视图等。通过模式对象创建同义词，可以隐藏对象的实际名称和所有者信息，或者隐藏分布式数据库中远程对象的设置信息，由此为对象提供一定的安全性保证。与视图、序列一样，同义词只在Oracle数据库的数据字典中保存其定义描述，因此同义词不占用任何实际的存储空间。

9. 权限及角色

为了访问其他账号所有的对象，必须首先被授予访问这个对象的权限。权限可以授予某个用户或PUBLIC，PUBLIC把权限授予数据库中的全体用户。

可以创建角色（ROLE）即权限组来简化权限的管理。可以把一些权限授予一个角色，而这个角色又可以被授予多个用户。在应用程序中角色可以被动态地启用或禁用。

10. 段、数据区和数据块

段（Segment）是由一个或多个数据区（EXTENT）构成，它不是存储空间的分配单位，而是一个独立的逻辑存储结构，用于存储表、索引或簇等占用空间的数据对象，Oracle也把这种占用空间的数据对象统一称为段。一个段只属于一个特定的数据对象，每当创建一个具有独立段的数据对象时，Oracle就为它创建一个段。

数据区（也可称作数据扩展区）是由一组连续的Oracle数据块所构成的Oracle存储结构，一个或多个数据块组成一个数据区，一个或多个数据区再组成一个段（Segment）。当一个段中的所有空间被使用完后，Oracle系统将自动为该段分配一个新的数据区，这也正符合"Extent"这个单词所具有的"扩展"的含义。可见数据区是Oracle存储分配的最小单位，Oracle就以数据区为单位进行存储空间的扩展。

数据块（DATABLOCK）是Oracle逻辑存储结构中的最小的逻辑单位，也是执行数据库输入输出操作的最小存储单位。Oracle数据库是操作系统块的倍数。图2-1说明了表空间、段、区和数据块之间的关系。

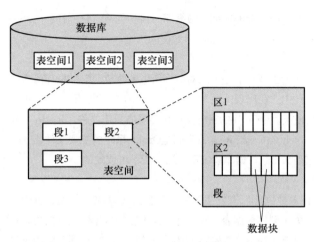

图2-1　表空间、段、区和数据块之间的关系

2.1.2　物理存储结构

逻辑存储结构是为了便于管理Oracle数据而定义的具有逻辑层次关系的抽象概念，不容易被理解；但物理存储结构比较具体和直观，它用来描述Oracle数据在磁盘上的物理组成情况。从大的角度来讲，Oracle的数据在逻辑上存储在表空间中，而在物理上存储在表空间所包含的物理文件（即数据文件）中。

Oracle数据库的物理存储结构由多种物理文件组成，主要有数据文件、控制文件、重做日志文件、归档日志文件、参数文件、口令文件和警告日志文件等，如图2-2所示。下面将对这些物理文件中的部分进行讲解。

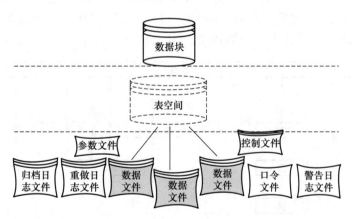

图2-2　Oracle的物理存储结构

1. 数据文件

数据文件（Data File）是用于保存用户应用程序数据和Oracle系统内部数据的文件，这些文件在操作系统中就是普通的操作系统文件，Oracle在创建表空间的同时会创建数据文件。Oracle数据库在逻辑上由表空间组成，每个表空间可以包含一个或多个数据文件，一个数据文件只能隶属于一个表空间。

2. 控制文件

控制文件（Control File）是一个二进制文件，它记录了数据库的物理结构，其中主要包含数据库名、数据文件与日志文件的名字和位置、数据库建立日期等信

数据文件

息。控制文件一般在Oracle系统安装时或创建数据库时自动创建，它所存放的路径由服务器参数文件spfileorcl.ora的control_files参数值来指定。

控制文件

3. 日志文件

日志文件（Log File）的主要功能是记录对数据所做的修改，对数据库所做的修改几乎都记录在日志文件中。在出现问题时，可以通过日志文件得到原始数据，从而保证不丢失已有操作成果。Oracle的日志文件包括重做日志文件（Redo Log File）和归档日志文件（Archive Log File），它们是Oracle系统的主要文件之一。尤其是重做日志文件，它是Oracle数据库系统正常运行所不可或缺的。

（1）重做日志文件

重做日志文件用来记录数据库所有发生过的更改信息（修改、添加、删除等信息）及由Oracle内部行为（创建数据表、索引等）而引起的数据库变化信息，在数据库恢复时，可以从该日志文件中读取原始记录。在数据库运行期间，当用户执行COMMIT命令（数据库提交命令）时，数据库首先将每笔操作的原始记录写入日志文件中，写入成功后，才把新的记录传递给应用程序，所以，在日志文件上可以随时读取原始记录以恢复某些数据。

日志文件

（2）归档日志文件

在所有的日志文件被写入一遍之后，LGWR进程将再次转向第一个日志组进行重新覆写，这样势必会导致一部分较早的日志信息被覆盖掉，但Oracle通过归档日志文件解决了这个问题。

Oracle数据库可以运行在两种模式下，即归档模式和非归档模式。非归档模式就是指在系统运行期间，所产生的日志信息不断地记录到日志文件组中，当所有重做日志组被写满后，又重新从第一个日志组开始覆写。归档模式就是指在各个日志文件都被写满并即将被覆盖之前，先由归档进程（ARCH）将即将被覆盖的日志文件中的日志信息读出，并将"读出的日志信息"写入归档日志文件中，这个过程又被称为归档操作。

图2-3所示为逻辑存储结构和物理存储结构的关系。

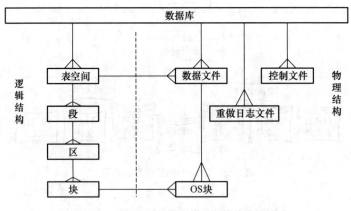

图2-3 逻辑存储结构和物理存储结构的关系

2.1.3 实例

数据库实例（Instance）也称作服务器（Server），是指用来访问数据库文件集的存储结构（系统全局区）及后台进程的集合。一个数据库可以被多个实例访问，这是Oracle的并行服务器选项。

每当启动数据库时，系统全局区首先被分配，并且有一个或多个Oracle进程被启动。一个实例的SGA和进程为管理数据库数据和为该数据库一个或多个用户服务而存在。在Oracle系统中，首先启动实例，然后由实例装配数据库。

1. 系统全局区

系统全局区

系统全局区（System Global Area，SGA）是所有用户进程共享的一块内存区域，也就是说，SGA中的数据资源可以被多个用户进程共同使用。SGA的目的是提高查询性能，允许大量的并发数据库活动。当启动一个实例时，该实例就占用了操作系统的一定内存——这个数量基于初始化参数文件中设置的SGA部件的尺寸。当实例关闭时，由SGA使用的内存将退还给主系统内存。

 说明　SGA随着数据库实例的启动而加载到内存中，当数据库实例关闭时，SGA区域也就消失了。

SGA不是一个物体，它是几个内存结构的组合体。下面列出了SGA的主要部件。

☑　高速数据缓冲区：保存从数据文件中读取的数据块的副本。

☑　共享池：包含库高速缓存，该缓存存储SQL和PL/SQL已分析过的代码，以便满足用户之间的共享访问。共享池还包括数据字典高速缓存，它保存重要的数据字典信息。

☑　重做日志缓冲区：包含通过DML操作重构对数据库所做的更改的必要信息。此信息稍后由日志写入器记录在重做日志文件中。

☑　Java池：给出实例化Java对象的堆空间。

☑　大型池：存储大内存的配置，如RMAN备份缓冲区。

☑　流池：支持Oracle的流功能。

当启动Oracle实例时，Oracle按需分配内存，直到达到MEMORY_TARGET初始化参数（初始化参数文件中的一项参数）设置的尺寸为止，该参数设置了总内存分配的限值。如果总的内存分配已经达到MEMORY_TARGET的限值，倘若不再减少某些部件的内存分配的话，就不能动态地给其他部件增加内存了。Oracle可以把内存从一个可动态定义尺寸的内存部件调换给另一个内存部件。

例如，可以从共享池取出内存给缓冲区高速缓存增加内存。如果有一个作业只运行在一天中的特定的几个时间段，则可以编写一段简单的脚本，让其在作业执行前运行，以便修改各种部件之间的内存分配。在作业完成后，可以运行另一个脚本将内存分配退回到原来的设置值。

下面介绍SGA的各种部件。

（1）高速数据缓冲区

高速数据缓冲区（Database Buffer Cache）中存放着Oracle系统最近访问过的数据块（数据块在高速缓冲区中也可称为缓存块）。当用户向数据库发出请求时（比如检索某一条数据），如果在高速数据缓冲区中存在请求的数据，Oracle系统会直接从高速数据缓冲区中读取数据并返回给用户；否则，Oracle系统会打开数据文件读取请求的数据。

若无法在高速数据缓冲区中找到所需要的数据，Oracle首先从数据文件中读取指定的数据块到缓冲区，然后再从缓冲区中将请求的数据返回给用户。由于高速数据缓冲区被所有的用户所共享，只要数据文件中的某些数据块被当前用户或其他用户请求过，那么这些数据块就会被装载到高速数据缓冲区中。这样当任何用户再次访问相同的数据时，Oracle就不必再从数据文件中读取数据，而是可以直接将缓冲区中的数据返回给用户。经常或最近被访问的数据块会被放置到高速数据缓冲区前端，不常被访问的数据块会被放置到高速数据缓冲区的后端。当高速数据缓冲区填满时，会自动挤掉一些不常被访问的数据块。

（2）共享池

共享池（Shared Pool）是SGA保留的内存区域，用于缓存SQL语句、PL/SQL语句、数据字典、资源锁、字符集以及其他控制结构等。共享池包含库高速缓冲区（Library Cache）和字典高速缓冲区

（Dictionary Cache），如图2-4所示。

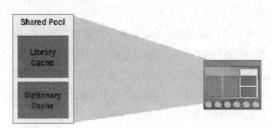

图2-4　共享池

（3）重做日志缓冲区

重做日志缓冲区（Redo Log Buffer Cache）用于存放对数据库进行修改操作时所产生的日志信息，这些日志信息在写入重做日志文件之前，首先存放到重做日志缓冲区中。然后，在检查点发生或重做日志缓冲区中的信息量到达一定峰值时，由日志写入进程（LGWR）将此缓冲区的内容写入重做日志文件中。

（4）Java池

Java池用来提供内存空间给Java虚拟机使用，目的是支持在数据库中运行Java程序包，其大小由JAVA_POOL_SIZE参数决定。

（5）大型池

大型池（Large Pool）在SGA区中不是必需的内存结构，只在某些特殊情况下，实例需要使用大型池来减轻共享池的访问压力，常用的情况有以下几种。

☑　当使用恢复管理器进行备份和恢复操作时，大型池将作为I/O缓冲区使用。

☑　使用I/O Slave仿真异步I/O功能时，大型池将被当作I/O缓冲区使用。

☑　执行具有大量排序操作的SQL语句。

☑　当使用并行查询时，大型池作为并行查询进程彼此交换信息的地方。

大型池的缓存区大小是通过LARGE_POOL_SIZE参数定义的，在Oracle 11g中，用户可以使用alter system命令动态地修改其缓存区的大小。

（6）流池

Oracle流池用于在数据库与数据库之间进行信息共享。如果没有用到Oracle流，就不需要设置该池。流池的大小由参数STREAMS_POOL_SIZE决定。

后台进程

2. 后台进程

Oracle后台进程是一组运行于Oracle服务器端的后台程序，是Oracle实例的重要组成部分。这组后台进程有若干个，它们分工明确——分别完成不同的系统功能，如图2-5所示。其中SMON、PMON、DBWR、LGWR和CKPT这5个后台进程必须正常启动，否则将导致数据库实例崩溃。此外，还有很多辅助进程，用于实现相关的辅助功能，如果这些辅助进程发生问题，只是某些功能受到影响，一般不会导致数据库实例崩溃。下面将对其中的主要进程进行讲解。

（1）数据写入进程

数据写入进程（DBWR）的主要任务是负责将内存中的"脏"数据块回写到数据文件中。所谓的"脏"数据块是指高速数据缓冲区中被修改过的数据块，这些数据块的内容与数据文件的数据块内容不一致。但DBWR并不是随时将所有的"脏"数据块都写入数据文件，只有满足一定的条件时，DBWR进程才开始批量地将"脏"数据块写入数据文件，Oracle这样做的目的是为了尽量减少I/O操作，提高Oracle服务器性能。通常在以下几种情况发生时，DBWR进程会将"脏"数据块写入到数据文件。

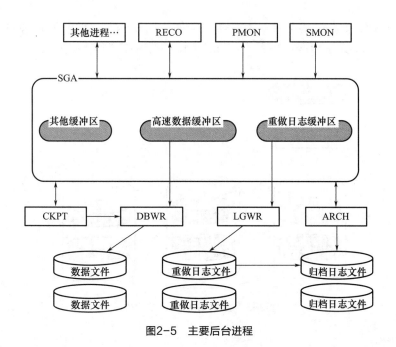

图2-5　主要后台进程

- 当用户进程执行插入或修改等操作时，需要将"新数据"写入高速数据缓冲区。如果在高速数据缓冲区中没有找到足够的空闲数据块来存放这些"新数据"时，Oracle系统将启动DBWR进程并将"脏"数据块写入数据文件，以获得空闲数据块来存储这些"新数据"。
- 检查点进程启动后，它会强制要求DBWR将某些"脏"数据块写入数据文件中。
- 当"脏"数据块在高速数据缓冲区中存放超过3秒钟时，DBWR进程会自行启动并将某些"脏"数据块写入数据文件中。

在某些比较繁忙的应用系统中，可以修改服务器参数文件SPFILE的DB_WRITER_PROCESSES参数，以允许使用多个DBWR进程。但是DBWR进程的数量不应当超过系统处理器的数量，否则多余的DBWR不但无法发挥作用，反而会耗费系统资源。

（2）检查点进程

检查点进程（CKPT）可以看作一个事件，当检查点事件发生时，CKPT会要求DBWR将某些"脏"数据块写回到数据文件。当用户进程发出数据请求时，Oracle系统从数据文件中读取需要的数据并将其存放到高速数据缓冲区中，用户对数据的操作是在缓冲区中进行的。当用户操作数据时，就会产生大量的日志信息并存储在重做日志缓冲区。当Oracle系统满足一定条件时，日志写入进程（LGWR）会将日志信息写入重做日志文件组，当发生日志切换时（写入操作正要从一个日志文件组切换到另一组时），就会启动检查点进程。

另外，DBA还可以通过修改初始化参数文件SPFILE中的CHECKPOINT_PROCESS参数为TRUE来启动检查点进程。

（3）日志写入进程

日志写入进程（LGWR）用于将重做日志缓冲区中的数据写入重做日志文件。Oracle系统首先将用户所做的修改日志信息写入日志文件，然后再将修改结果写入数据文件。

Oracle实例在运行中会产生大量日志信息，这些日志信息首先被记录在SGA的重做日志缓冲区中，当发生提交命令或者重做日志缓冲区的信息满1/3或者日志信息存放超过3秒钟时，LGWR进程就将日志信息从重做日志缓冲区中读出并写入日志文件组中序号较小的文件中，一个日志组写满后接着写另外一组。当LGWR

进程将所有的日志文件都写过一遍之后，它将再次转向第一个日志文件组重新覆盖，如图2-6所示。对于LGWR进程写满一个日志文件组而转向写另外一组的过程，我们称之为日志切换。

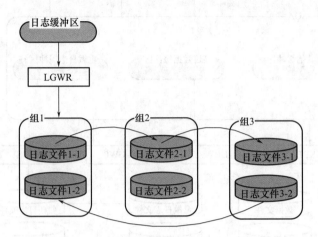

图2-6　通过LGWR写日志文件

（4）归档进程

归档进程（ARCH）是一个可选择的进程，只有当Oracle数据库处于归档模式时，该进程才可能起到作用。若Oracle数据库处于归档模式，在各个日志文件组都被写满而即将被覆盖之前，先由归档进程（ARCH）把即将被覆盖的日志文件中的日志信息读出，然后再把这些"读出的日志信息"写入归档日志文件，如图2-7所示。

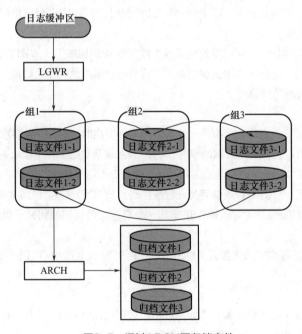

图2-7　通过ARCH写归档文件

当系统比较繁忙而导致LGWR进程处于等待ARCH进程时，可通过修改LOG_ARCHIVE_MAX_PROCESSES参数启动多个归档进程，从而提高归档写磁盘的速度。

（5）系统监控进程

系统监控进程（SMON）是在数据库系统启动时执行回复工作的强制性进程。比如，在并行服务器模式下，SMON可以回复另一条处于失败的数据库，使系统切换到另外一台正常的服务器上。

（6）进程监控进程

进程监控进程（PMON）用于监控其他进程的状态，当有进程启动失败时，PMON会清除失败的用户进程，释放用户进程所用的资源。

（7）锁进程

锁进程（LCKN）是一个可选进程，多个锁定进程出现在并行服务器模式下有利于数据库通信。

（8）恢复进程

恢复进程（RECO）是在分布式数据库模式下使用的一个可选进程，用于数据不一致时进行恢复工作。

（9）调度进程

调度进程（DNNN）是一个可选进程，它在共享服务器模式下使用，可以启动多个。

（10）快照进程

快照进程（SNPN）用于处理数据库快照的自动刷新，并通过DBMS_JOB包运行预定的数据库存储过程。

以上讲解了Oracle 11g中的若干个典型进程，不同版本Oracle的后台进程也不同。默认情况下，Oracle 11g会启动200多个后台进程。

2.2　界面方式创建数据库

创建数据库的最简单的方法是使用Oracle数据库配置向导来完成。数据库配置向导（DataBase Configuration Assistant，DBCA）是Oracle提供的一个图形化界面的工具，用来帮助数据库管理员快速、直观地创建数据库。

在安装Oracle数据库服务器系统时，如果不选择创建数据库，就选择"仅安装服务器软件"，如图2-8所示；如要使用Oracle系统，就必须首先创建数据库。

图2-8　安装数据库服务器时，选择"仅安装数据库软件"

可以使用DBCA完成以下任务。

☑　创建数据库。

☑ 更改已有数据库的配置。

    ☑ 删除数据库。

    ☑ 管理模板。

> **说明** 使用DBCA的最大好处是，针对经验不丰富的程序员，它让Oracle自己设置所有配置参数，并且快速启动一个新数据库而不出错误。

2.2.1 数据库的创建与删除

本节主要对如何使用DBCA创建与删除数据库进行详细讲解。

界面方式创建和
删除数据库

1. 数据库的创建

【例2-1】使用DBCA创建一个员工信息管理的数据库MR。

使用DBCA创建数据库的主要步骤如下。

（1）打开Database Configuration Assistant，首先出现的是"欢迎使用"界面，然后单击"下一步"按钮，打开如图2-9所示的"操作"界面，在该界面选择"创建数据库"选项。

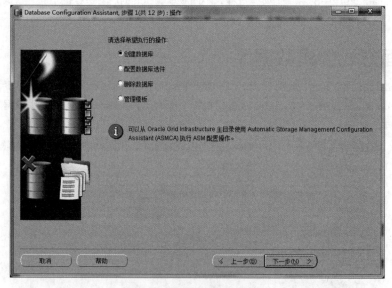

图2-9 选择"创建数据库"

（2）单击"下一步"按钮，打开如图2-10所示的"数据库模板"界面，这里建议选择"数据仓库"选项，这样我们可以创建一个功能比较完善的数据仓库。

（3）单击"下一步"，打开如图2-11所示的"数据库标识"界面，并输入"全局数据库名"（如MR）和SID（通常与全局数据库名相同）。

创建后的数据库在Administration Assistant for Windows中打开，显示效果如图2-12所示。

2. 数据库的删除

【例2-2】使用DBCA删除数据库MR。

使用DBCA删除数据库的主要步骤如下。

（1）单击"开始"→"所有程序"→"Oracle-OraDB11g_home1"→"配置和移植工具"→"Database Configuration Assistant"，启动DBCA，将DBCA激活并初始化，如图2-13所示。初始

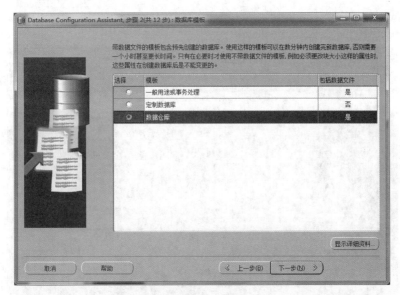

图2-10　选择"数据仓库"

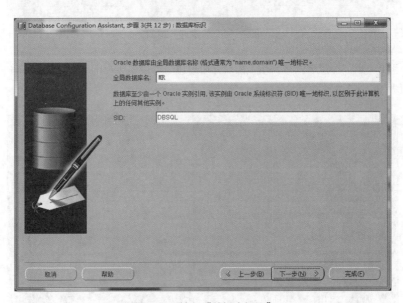

图2-11　输入"数据库标识"

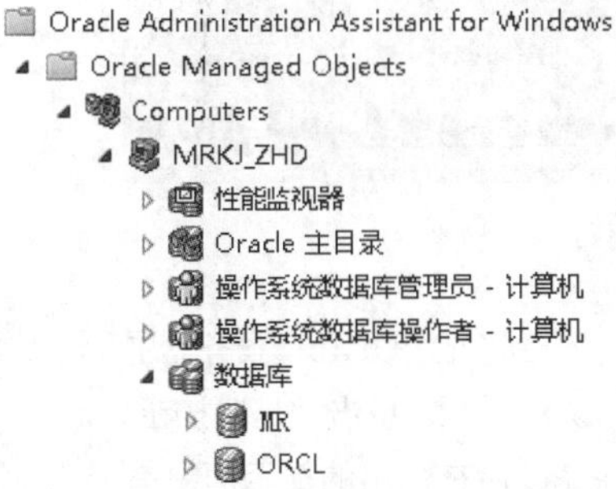

Oracle Administration Assistant for Windows
▲ Oracle Managed Objects
　▲ Computers
　　▲ MRKJ_ZHD
　　　▷ 性能监视器
　　　▷ Oracle 主目录
　　　▷ 操作系统数据库管理员 - 计算机
　　　▷ 操作系统数据库操作者 - 计算机
　　　▲ 数据库
　　　　▷ MR
　　　　▷ ORCL

图2-12　通过DBCA创建的DBSQL数据库

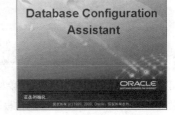

图2-13　DBCA初始化窗口

化完成后自动进入"欢迎"窗口，如图2-14所示。

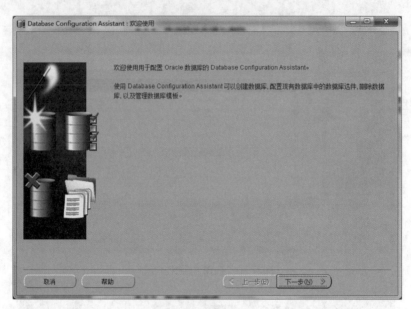

图2-14 "欢迎"窗口

（2）单击"下一步"按钮进入"操作"窗口，用户可以选择要进行的操作，这里选择"删除数据库"选项，如图2-15所示。

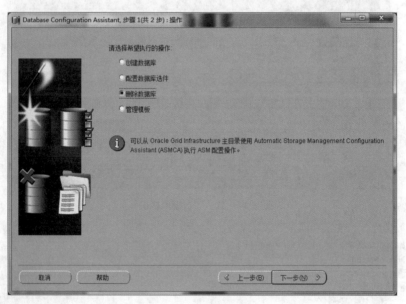

图2-15 "操作"窗口

（3）单击"下一步"按钮进入"数据库"窗口，"数据库"栏将显示Oracle服务器中所有数据库，选择"MR"数据库，如图2-16所示，单击"完成"按钮，弹出确认对话框，单击"是"按钮。

之后会显示正在删除数据库的过程，如图2-17所示，删除完成后在弹出的提示框中单击"是"按钮完成删除工作。

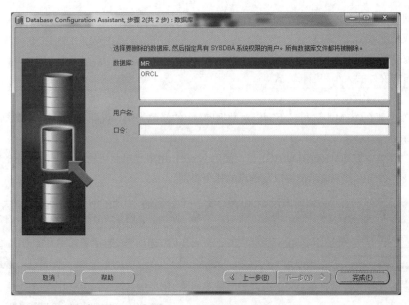

图2-16 "数据库"窗口

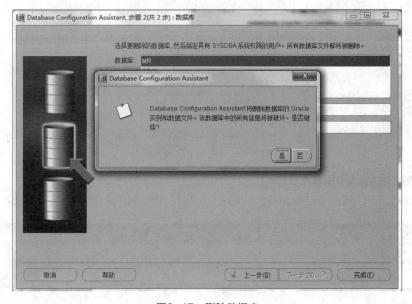

图2-17 删除数据库

2.2.2 数据库的修改

为什么会对数据库进行修改呢?

数据库创建后,经常会由于种种原因需要修改其某些属性。例如针对员工信息管理创建的数据库MR,在创建时确定了最大空间大小,但是由于员工人数的增加,数据库原来的空间就不能满足要求,而出现数据库物理存储容量不够的问题。此时,就必须扩大数据库的空间,才能与变化了的现实相适应。

可以对数据库哪些内容进行修改呢?

在数据库创建后,数据文件和日志文件名一般就不再改变了。对已存在的数

数据库的修改

据库可以进行的修改主要有以下几个方面。

☑ 增加或删除数据文件。

☑ 改变数据文件的大小和增长方式。

☑ 改变日志文件的大小和增长方式。

数据库如何进行修改呢？

修改数据库主要在OEM中进行，下面以对数据库MR的修改为例，说明在OEM中对数据库某些定义进行修改的操作方法。

在"开始"菜单中启动MR数据库的OEM，使用system用户登录后可看到图2-18所示的Oracle企业管理器的"主目录"页面，其中显示预警以及信息的几个类别。

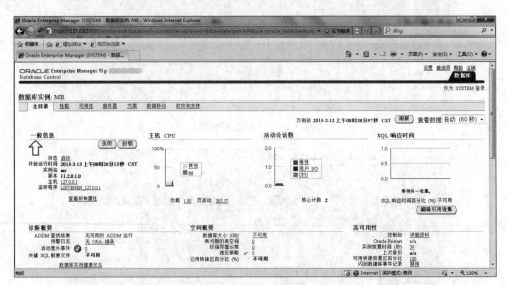

图2-18　OEM主目录页面

1. 改变数据文件的大小和增长方式

在图2-18所示的页面中，单击"服务器"选项卡，出现了图2-19所示的"服务器"选项页面。在"存

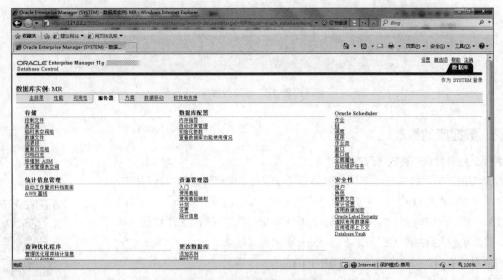

图2-19　"服务器"选项页面

储"类别中选择"数据文件",进入图2-20所示的"数据文件"页面,可直接选择或通过搜索功能查找要修改的数据文件,例如数据库中的用户对象(表、视图、过程等)都存放在USERS表空间中。下面以修改USERS数据文件为例,介绍如何修改已有数据文件的已分配空间、增长方式和最大值等属性。

【例2-3】 将MR数据库的USERS01.DBF的最大文件大小改为无限制。

修改USERS01.DBF数据文件的步骤如下。

在图2-20所示的"数据文件"页面中,选中"USERS01.DBF"文件的单选按钮,单击"编辑"按钮,进入数据文件USERS01.DBF的编辑页面。

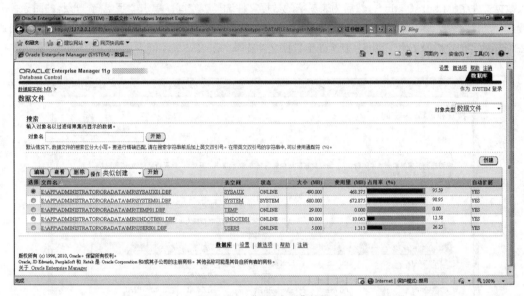

图2-20 "数据文件"页面

在"存储"类别中的"最大文件大小"选项选择"无限制"单选按钮,如图2-21所示。然后单击"应用"按钮,保存设置。

图2-21 USERS01.DBF数据文件编辑页面

2. 增加数据文件

当原有数据库的存储空间不够时，除了扩大原有数据文件的存储量之外，还可以增加新的数据文件。或者从系统管理的需求出发，采用多个数据文件来存储数据，以避免数据文件过大，此时，也会用到向数据库中增加数据文件的操作。

【例2-4】在MR数据库增加数据文件users02.dbf，其属性均取系统默认值。

（1）在"数据库文件"项中增加数据文件

在图2-20所示的页面中单击"创建"按钮，进入"创建数据文件"页面。首先在"文件名"文本框输入数据文件名称users02.dbf，然后为表新增的数据文件选择表空间。单击"手电筒"形状的图标，出现"搜索和选择：表空间"页面，选择"USERS"单选按钮，如图2-22所示。单击"选择"按钮，返回到图2-23所示的"创建数据文件"页面，就为新增数据文件选择了USERS表空间。

图2-22 "搜索和选择：表空间"页面

勾选"数据文件满后自动扩展"并设置"增量"为1MB，设置"最大文件大小"为"无限制"，如图2-23所示。单击"确定"按钮，系统自动执行创建工作。

创建成功后，系统返回到图2-20所示的"数据文件"页面，在页面上方会出现"确认：已成功创建对象"的提示信息，并在"文件名"栏最后会出现新增的数据文件。

（2）在相应的表空间中增加数据文件

在图2-19所示的"服务器"选项页面中，单击"表空间"，进入"表空间"页面，如图2-24所示。

选中"USERS"表空间的"选择"单选按钮，在"操作"下拉列表框中选择"添加数据文件"，单击"开始"按钮，出现创建数据文件界面，然后参考上面所述添加数据文件的步骤进行创建即可。

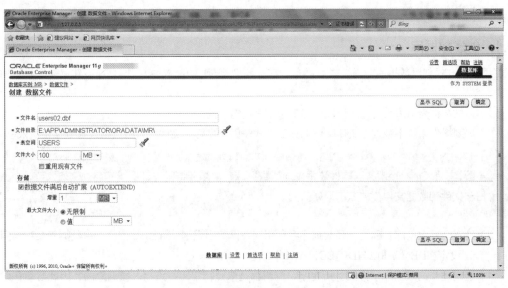

图2-23　创建数据文件users02

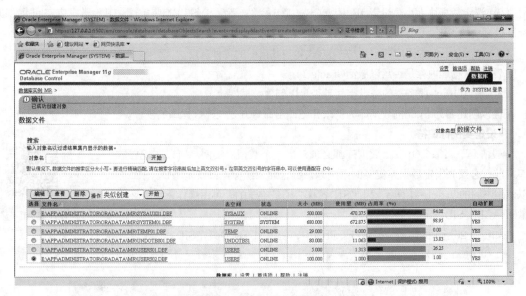

图2-24　"表空间"页面

3. 删除数据文件

当不再需要数据库中的某些数据文件时，应及时将其删除。

数据文件在使用过程中是不能被删除的。若要删除数据文件，可以在关闭数据库后，再进行删除操作。

如果要删除该数据文件，在图2-24所示的数据文件中选中该文件，单击"删除"按钮即可。

在Oracle数据库中，SYSTEM数据文件不能被删除。

2.3　命令方式创建数据库

除了使用DBCA图形界面方式来创建数据库外，还可以使用PL/SQL命令（称为命令方式）来创建数据库。在Oracle中，使用命令方式创建数据库的过程非常复杂，因此应尽量使用DBCA来创建数据库。

2.3.1 创建数据库

使用命令方式创建数据库前需要做好准备。在开始创建新的Oracle数据库之前，建议先做好下列准备工作。

（1）评估数据表与索引的存放位置，尽量预估其所需空间。

（2）规划操作系统下数据库实体文件的存放方式，因为良好的文件配置将大幅改善数据存取效率。

> 不管是安装Oracle服务器软件还是创建新数据库，都必须特别注意上述两点。例如，可以将重做日志文件和数据文件存放在不同硬盘分区上。

（3）确定全局数据库名称。全局数据库名称用来在网络上识别Oracle数据库，由数据库名称与网域名称组成，分别设定在DB_NAME与DB_DOMAIN参数内。

（4）选定适当的数据库字符集。所有字符资料都是依照特定字符集存入数据库的，因此必须在建立数据库时指定适当字符集。

（5）选定数据块大小。设定DB_BLOCK_SIZE参数，除了SYSTEM表空间，其他数据表空间也可以遵守标准数据块的设定。

（6）熟悉Oracle数据库的激活/关闭方式和与其搭配的各种选项。

（7）确认物理内存是否足以激活Oracle 11g。

（8）确认Oracle服务器的磁盘空间是否足以创建数据库。

下面以创建名为mydb的数据库为例来介绍使用命令方式创建数据库的步骤。

1. 设定实例标识符

一般情况下，每个Oracle数据库都必须对应一个数据库实例。所以在建立数据库之前，必须先指定数据库实例的系统标识符，此系统标识符就是SID。SID可用以识别不同的Oracle数据库，因此SID名称必须是唯一的，可由操作系统的环境变量ORACLE_SID设定。

设定实例标识符

在如图2-25所示的"命令提示符"页面中，使用如下命令设定SID。

```
SET ORACLE_SID = mydb
```

图2-25　"命令提示符"页面

2. 创建初始化参数

对于任何一个Oracle数据库，实例（系统全局区和后台进程）都是从使用初始化参数文件（PFILE）开始的。为了使操作更加简单，使用默认的名称将初始化参数文件存储在Oracle的默认路径中。这样，当启动数据库时，Oracle就在默认路径寻找初始化参数文件，不必指定PFILE参数。

以下是创建新数据库之前必须新增或编辑的初始化参数。

创建初始化参数

- ☑ 全局数据库名称。
- ☑ 控制文件名称与路径。
- ☑ 数据块大小。
- ☑ 影响系统全局区容量的初始化参数。
- ☑ 设定处理程序最大数目。
- ☑ 设定空间撤销管理方法。

下面分别来介绍如何设置这些初始化参数。

（1）设置全局数据库名称

Oracle 11g的全局数据库名称由数据库名称和网域名称组成，数据库名称和网域名称分别由DB_NAME和DB_DOMAIN参数设定。这两个参数合并之后就可以唯一地识别每一个Oracle 11g数据库了。

在此设置如下两个参数。

```
DB_NAME = mydb
DB_DOMAIN = " "
```

也就是说，所要创建的数据库的全局数据库名称为mydb。

 说明 DB_NAME必须是ASCII字符，且不能超过8个字符。在创建数据库的过程中，DB_NAME与DB_DOMAIN设定值会记录在数据文件、控制文件以及重做日志文件中。如果启动Oracle实例的时候，初始化参数文件中设定的DB_NAME值不同于控制文件中所记录的值，那么数据库将无法启动。

（2）设置控制文件

控制文件是Oracle数据库中相当重要的文件。因此必须在新的初始化参数文件内加入CONTROL_FILE参数以设定控制文件的名称以及路径。

当指定CREATE DATABASE命令（创建数据库命令）时，列在CONTROL_FILE参数内，所指定的控制文件将随之建立。如果初始化参数文件忽略了此参数，Oracle会在执行CREATE DATABASE命令时自动建立控制文件并命名，然后放在系统默认的路径下。如果CONTROL_NAME内设定的控制文件已经存在，那么Oracle会自动覆盖既有的控制文件。如果想建立全新的控制文件，请确定CONTROL_NAME设定的控制文件名不会与操作系统中任何文件名重复。

（3）设定数据块大小

Oracle数据库存放数据的最小单位为数据块（DATA BLOCK）。数据库标准数据块大小设定在初始化参数文件的DB_BLOCK_SIZE参数中。

需要注意的是，标准数据块大小在数据库建立之后就无法改变，除非重建数据库。如果数据库的数据块大小不同于操作系统区块大小，那么建议将DB_BLOCK_SIZE设为操作系统区块大小的整数倍。假定操作系统区块大小为4KB，则不妨设定DB_BLOCK_SIZE为8KB。在某些情况下，这样的配置方式将会显著地提升数据存取效率。

所以数据块大小设置如下。

```
DB_BLOCK_SIZE = 8192
```

（4）配置影响系统全局区容量的初始化参数

有如下两种初始化参数控制系统全局区的大小。

① 设定数据库缓冲区大小。Oracle数据库缓冲区大小是由初始化参数文件DB_CACHE_SIZE参数决定

的。数据库缓冲区以标准数据块作为数据存取单位。如果设定一组DB_CACHE_SIZE与DB_nK_CACHE_SIZE参数，则可在Oracle数据库中使用多重数据块大小。

例如缓冲区大小可设置为：

```
DB_CACHE_SIZE = 20M
DB_2K_CACHE_SIZE = 10M
DB_8K_CACHE_SIZE = 8M
```

> DB_nK_CACHE_SIZE参数不能设定为标准数据块大小，也就是说，如果DB_CACHE_SIZE设定为4KB，就不能再设定DB_4K_CACHE_SIZE参数。

② 设定共享池和大型池容量。系统全局区内的共享池（Shared Pool）与大型池（Large Pool）分别由SHARED_POOL_SIZE与LARGE_POOL_SIZE设定。这两个参数都属于动态参数。如果初始化参数文件未设定这两个参数，Oracle会自动决定其适合的大小。

共享池和大型池的容量大小可设置如下。

```
SHARED_POOL_SIZE = 83886080
LARGE_POOL_SIZE = 8388608
```

> 在设定系统全局区时需注意，系统全局区最大容量由SGA_MAX_SIZE控制。可动态地改变该参数值，但是需注意SGA_MAX_SIZE是数据库缓冲区、共享池、大型池以及其他系统全局区组件的容量总和。各区域之大小总和不能超过SGA_MAX_SIZE。如果SGA_MAX_SIZE未设定，Oracle会自动将SGA_MAX_SIZE设定为所有系统全局区组件大小的总和。

（5）设定处理进程最大数量

初始化参数PROCESSES可决定同时连接Oracle的操作系统程序的最大数量。

处理进程最大数量可设置如下。

```
process = 150
```

（6）设定空间撤销管理方法

Oracle为了确保数据的一致性和完整性，以便必要时回滚（rollback）失败的数据，或是撤销（undo）某个数据处理动作。Oracle将这些信息统称为撤销项目。Oracle的撤销项目存放在撤销表空间或回滚段中。

针对撤销项目的管理，初始化参数文件的UNDO_MANAGEMENT有两种设置方法。

第一种：UNDO_MANAGEMENT = AUTO，以"自动撤销管理模式"启动Oracle实例，其撤销项目将存储于撤销表空间。

第二种：UNDO_MANAGEMENT = MANUAL，以"手动模式"启动Oracle实例，其撤销项目将存储于回滚段。UNDO_MANAGEMENT的默认值就是MANUAL。

【例2-5】创建数据库mydb的初始化参数文件initmydb.ora。

初始化参数文件initmydb.ora如图2-26所示。

3. 启动SQL *Plus并以SYSDBA连接到Oracle实例

以SYSDBA连接到Oracle实例可设置如下。

```
SQL> conn system/Ming12 as sysbda
```

启动SQL
*Plus并以
SYSDBA连接
到Oracle实例

图2-26 初始化参数文件inimydb.ora

结果如图2-27所示。

图2-27 以SYSDBA连接到Oracle实例

4. 启动实例

在没有装载数据库的情况下启动实例，通常只有在数据库创建期间或在数据库上实施维护操作时才会这么做。使用带有NOMOUNT选项的STARTUP命令即可实现。设置如下。

启动实例

```
SQL> STARTUP NOMOUNT pfile=" E:\app\Administrator\admin\mydb\pfile\initmydb.ora"
```

结果如图2-28所示。

图2-28 启动实例

此时，还没有数据库。在准备创建新数据库的过程中，仅仅创建了系统全局区（SGA），并且后台进程才刚开始。

5．创建数据库

在Oracle中创建数据库时，需使用CREATE DATABASE语句，如下所示。

```
CREATE DATABASE 数据库名
{          [ USER 用户名 IDENTIFIED BY 密码 ]
           [ CONTROLFILE REUSE ]
           [ LOGFILE [ GROUP integer ]日志文件,…]
           [ MAXLOGFILES 整数 ]
           [ MAXLOGMEMBERS 整数 ]
           [ MAXLOGHISTORY 整数 ]
           [ MAXDATAFILES 整数 ]
           [ MAXINSTANCES 整数 ]
           [ ARCHIVELOG | NOARCHIVELOG ]
           [ CHARACTER SET 字符集 ]
           [ NATIONAL CHARACTER SET 民族字符集 ]
           [ FORCE LOGGING ]
           [ DATAFILE 数据文件, … ]
           [ SYSAUX DATAFILE 数据文件, … ]
           [ DEFAULT TABLESPACE 表空间名 ]
           [ DEFAULT TEMPORARY TABLESPACE 临时表空间名TEMPFILE 临时文件名 ]
           [ UNDO TABLESPACE 撤销表空间名 DATAFILE 文件名 ]
           [ SET TIME_ZONE='time zone' ]}
```

创建数据库

 说明　在对语法格式进行解释之前，先介绍本书的PL/SQL语法格式中使用的约定。表2-1列出了这些约定，并进行了说明。这些约定在本书介绍SQL和PL/SQL语法时都适用。

表2-1　PL/SQL语法格式中使用的约定及说明

约　　定	用　　途
大写	关键字
|	分隔括号或大括号中的语法项。只能选择其中一项
[ ]	可选语法项。不要输入方括号
{ }	必选语法项。不要输入大括号
[, …n]	指示前面的项可以重复n次。每一项由逗号分隔
[…n]	指示前面的项可以重复n次。每一项由空格分隔
[;]	可选的语句终止符。不要输入方括号

创建数据库语句CREATE DATABASE的参数说明如表2-2所示。

表2-2　CREATE DATABASE语句的参数及说明

参　　数	说　　明
CREATE DATABASEe	创建一个数据库
USER（用户名）IDENTIFIED BY（密码）	设置数据库管理员的密码，有SYS用户或是SYSTEM用户。如果省略该子句，则Oracle为SYS和SYSTEM用户创建默认的密码
CONTROLFILE REUSEe	重新使用由初始化参数CONTROL_FILES识别的现有控制文件，它们当前所包含的信息被忽略或重写。通常该子句只在重建数据库时使用，初建数据库时不用
LOGFILE	定义日志文件组和成员
MAXLOGFILES	定义重做日志文件组的最大数量
MAXLOGMEMBERS	定义每个重做日志文件组的最大成员数
MAXLOGHISTORY	在集群（RAC）配置下（在Oracle早期的版本中为Oracle并行服务器），自动的介质恢复所需的最大归档日志文件数。这一子句只是在使用集群（RAC）时才有意义，因此在一个数据库上运行一个实例时可不使用这一子句，接受Oracle的默认值即可
MAXDATAFILES	指定数据库所拥有的最大数据文件数量
MAXINSTANCES	指定可同时装载或打开数据库的最大实例数。最小值为1，最大值和默认值取决于操作系统
ARCHIVELOG|NOARCHIVELOG	ARCHIVELOG关键字指定重做日志文件组在重用前其内容必须归档。NOARCHIVELOG指定重做日志文件组在重用前其内容不必归档。默认为NOARCHIVELOG模式
CHARACTER SET	指定数据库用于保存数据的字符集。数据库创建后，字符集不能再更改
NATIONAL CHARACTER SET	指定民族字符集
FORCE LOGGING	表示除了临时表空间和临时段中的变化之外，所有的变化都将记录到重做日志中
DATAFILE	指定一个或多个数据文件的初始位置和初始大小。这些文件都成为SYSTEM表空间的组成部分。若忽略该子句，Oracle创建默认的数据文件。默认文件的名字和大小取决于操作系统
SYSAUX DATAFILE	定义SYSAUX表空间中数据文件的位置和初始大小
DEFAULT TABLESPACE	创建一个默认的永久表空间
DEFAULT TEMPORARY TABLESPACE	定义临时表空间的位置和初始化大小
UNDO TABLESPACE	创建并命名撤销表空间，定义撤销表空间的位置和文件位置。使用撤销表空间目的是为数据库存储撤销记录
SET TIME_ZONE	设置数据库的时区

在了解了创建数据库的语法后，下面就使用CREATE DATABASE语句来创建数据库mydb。

【例2-6】使用CREATE DATABASE语句创建数据库mydb，代码如下。

```
CREATE DATABASE mydb
    USER SYS IDENTIFIED BY Ming12
    USER SYSTEM IDENTIFIED BY Ming12
    LOGFILE 'E:\app\Administrator\oradata\mydb\redo01.log' SIZE 100M,
            'E:\app\Administrator\oradata\mydb\redo02.log' SIZE 100M,
```

```
                    'E:\app\Administrator\oradata\mydb\redo03.log' SIZE 100M
        MAXLOGHISTORY 1
        MAXLOGFILES 5
        MAXLOGMEMBERS 5
        MAXINSTANCES 1
        MAXDATAFILES 300
        CHARACTER SET ZHS16GBK
        NATIONAL CHARACTER SET AL16UTF16
        DATAFILE 'E:\app\Administrator\oradata\mydb\system01.dbf' SIZE 500M
        SYSAUX DATAFILE 'E:\app\Administrator\oradata\mydb\sysaux01.dbf' SIZE 300M
        UNDO TABLESPACE UNDOTBS1
            DATAFILE 'E:\app\Administrator\oradata\mydb\undotbs01.dbf'
            SIZE 150M；
```

上面创建的数据库具有以下特点。

☑ 数据库名为mydb，全局数据库名称也为mydb。

☑ SYS用户的口令为Ming12。

☑ SYSTEM用户的口令为Ming12。

☑ 新数据库拥有3个重做日志文件，分别在LOGFILE子句中设定。MAXLOGHISTORY、MAXLOGFILES和MAXLOGMEMBERS选项为重做日志文件的相关设定。

☑ MAXINSTANCES 1表示可同时加载（MOUNT）和打开（OPEN）mydb数据库的最大实例个数为1个。

☑ MAXDATAFILES 300表示在该数据库的控制文件中预留300个数据文件记录的空间。如果当新增加的数据文件数超过了300，但是小于或等于DB_FILES（初始化参数文件initmydb.ora中的一个参数）所规定的数目，会造成控制文件的扩展。

☑ ZHS16GBK为数据库存放数据的字符集，它支持中文。

☑ AL16UTF16为数据库用来存储数据的国家字符集。它在Oracle9i之后的版本中也是默认的字符集。

☑ DATAFILE子句设定该数据库所使用的数据文件为E:\app\Administrator\oradata\mydb\system01.dbf，该文件的大小为500M。它是系统表空间（SYSTEM表空间）所基于的数据文件。假如该文件已事先存在，将被覆盖。

☑ 创建默认表空间Sysaux。必须创建Sysaux，否则数据库创建语句将失败。

☑ UNDO_TABLESPACE子句创建并命名撤销表空间UNDOTBS，它所基于的数据文件为E:\app\Administrator\oradata\mydb\undotbs01.dbf，其文件大小为150M。可用于存储撤销记录。

☑ 新数据库的时区与操作系统的时区相同。

2.3.2 修改数据库

数据库创建之后，可以使用ALTER DATABASE语句来修改数据库的某些设置。

语法格式：

```
ALTER DATABASE [database_name];
```

其中database_name是要删除的数据库名。

例如，使用ALTER DATABASE语句修改创建的mydb数据库，代码如下：

alter database archivelog;

创建结果如图2-29所示。

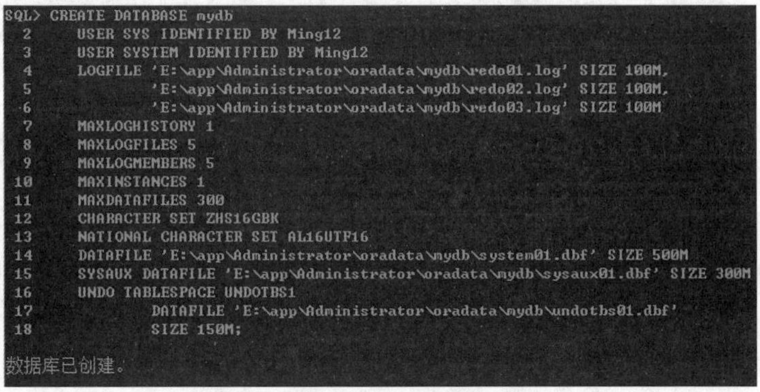

图2-29　使用命令创建数据库

2.3.3　删除数据库

删除数据库使用DROP DATABASE命令。在发布这条命令时，所有数据文件、重做日志文件和控制文件都被自动删除。但它不能删除参数文件，如initmydb.ora这个文件。

删除数据库的语法格式如下。

DROP DATABASE [database_name];

其中database_name是要删除的数据库名。

【例2-7】 删除数据库mydb。

为执行删除数据库的操作，必须以RESTRICT MOUNT方式启动数据库，代码如下。

SQL> START RESTRICT MOUNT

SQL> SELECT name FROM v$database;

SQL> DROP DATABASE;

运行结果如图2-30所示。

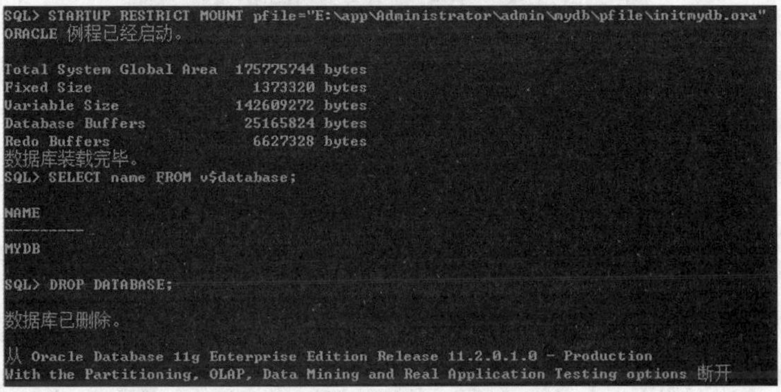

图2-30　使用命令删除数据库

此时，mydb数据库就被删除了。

说明　STARTUP RESTRICT MOUNT命令保证没有其他用户连接到数据库。

不要随便实验DROP DATABASE命令！必须谨慎，因为这条命令是不能反悔的，它不提供取消命令的机会。命令执行之后，此数据库中的数据文件、日志文件、控制文件就永久消失了！

小 结

本章首先分别对Oracle的逻辑存储结构和物理存储结构进行了介绍；然后重点讲解了使用界面和命令两种方式创建数据库。学习本章内容时，应该重点掌握如何使用界面和命令方式创建数据库。

上机指导

使用命令方式修改数据库。

数据库创建之后，可以使用ALTER DATABASE语句来修改数据库的某些设置。要求使用ALTER DATABASE语句将数据库mydb切换到归档模式。

将数据库mydb切换到归档模式，设置语句如下。

SQL> shutdown immediate

SQL> startup mount

SQL> alter database archivelog;

运行结果如图2-31所示。

图2-31 将数据库mydb切换到存档模式

 修改归档模式的操作只能在mount状态下进行。

查看数据库归档模式的语句如下。

SQL> archive log list

查询结果如图2-32所示。

```
SQL> archive log list
数据库日志模式            存档模式
自动存档             启用
存档终点            USE_DB_RECOVERY_FILE_DEST
最早的联机日志序列      1
下一个存档日志序列    3
当前日志序列           3
```

图2-32　查看数据库的归档模式

习 题

2-1　从数据字典dba_segments中，查询数据库中所有段的存储空间。

2-2　从数据字典v$datafile中，查询数据库所使用的数据文件。

2-3　获取在使用数据库的用户。

2-4　简述Oracle数据库实例与Oracle用户的关系。

2-5　使用代码创建额外的表空间。

2-6　如何获取数据库的SID?

PART03

第3章
表与表数据操作

本章要点

了解关于数据表的基本概念 ■
掌握数据类型 ■
掌握如何创建和管理表空间 ■
掌握如何创建和维护数据表 ■

■ 创建数据库之后，下一步就需要建立数据表。表是数据库中最基本的数据对象，用于存储数据库中的数据。对表中的数据的操作包括添加、删除、修改、查询等。

3.1 表结构和数据类型

　　数据库中的每一个表都被一个模式（或用户）所拥有，因此表是一种典型的模式对象。在创建数据表时，Oracle将在一个指定的表空间中为其分配存储空间。最初创建表是一个裸的逻辑存储结构，其中不包含任何数据记录。

表

3.1.1 表和表结构

　　表是日常工作和生活中经常使用的一种表示数据以及关系的形式，表3-1就是用来表示学生情况的一个学生表。

表3-1　学生表

学　　号	姓　名	性　　别	出生时间	专　业	总 学 分	备　注
081101	王林	男	1990-10-02	计算机	50	
081103	王燕	女	1989-10-06	计算机	50	
081108	林一凡	男	1989-08-05	计算机	52	已提前修完一门课
081202	王林	女	1989-01-29	通信工程	40	有一门课不及格
081204	马琳琳	女	1989-02-10	通信工程	42	

　　每个表都有一个名字，以标识该表。表3-1的名字是"学生"，它共有7列，每一列也都有一个名字称为列名（一般就用标题作为列名），描述了学生某一方面的属性。每个表由若干行组成，表的第一行为各列标题，其余各行都是数据。

　　关系数据库使用表来表示实体及其联系。表包括下列概念。

- ❑ 表结构：每个数据库包含了若干个表。每个表包含一组固定的列，而列由数据类型和长度两部分组成，以描述该表所跟踪的实体的属性。
- ❑ 记录：每个表包含了若干行数据，它们是表的"值"，表中的一行称为一条记录，因此，表是记录的有限集合。
- ❑ 字段：每条记录由若干个数据项构成，将构成记录的每个数据项称为字段。例如表3-1中，表结构为学号、姓名、性别、出生时间、专业、总学分、备注，包含了7个字段，由5条记录组成。
- ❑ 关键字：若表中记录的某一字段或字段组合能作为标识记录，则称该字段或字段组合为候选关键字。若一个表有多个候选关键字，则选定其中一个为主关键字，也称为主键。当一个表仅有唯一的一个候选关键字时，该候选关键字就是主关键字，可以用来唯一标识记录行。

　　例如，在学生表中，两个及其以上的记录的姓名、性别、出生时间、专业、总学分和备注这6个字段的值有可能相同，但是学号字段的值对所有记录来说一定不同，即通过学号字段可以将表中的不同记录区分开来。所以，学号字段是唯一的候选关键字，就是主关键字。

3.1.2 数据类型

　　表是最常见的一种组织数据的方式，一张表一般都具有多个列（即多个字段）。每个字段都具有特定的属性，包括字段名、数据类型、字段长度、约束、默认值等，这些属性在创建表时被确定。从用户的角度来看，数据库中数据的逻辑结构是一张二维的平面表，在表中通过行和列来组织数据。在表中每一行存放一条信息，通常称表中的一行为一条记录。

　　Oracle提供了多种内置的列的数据类型，常用到的包括字符类型、数值类型、日期时间类型、LOB类型与ROWID类型。除了这些类型之外，用户还可以定

表结构和数据类型

义数据类型。前面列出的这5种常用数据类型的使用方法如下。

1. 字符类型

字符数据类型用于声明包含字母、数字数据的字段。对字符数据类型再进行细分可包括定长字符串和变长字符串两种，它们分别对应着CHAR数据类型和VARCHAR2数据类型。

（1）CHAR数据类型

CHAR数据类型用于存储固定长度的字符串。一旦定义了CHAR类型的列，该列就会一直保持声明时所规定的长度大小。当为该列的某个单元格（行与列的交叉处就是单元格）赋予长度较短的数值后，Oracle会用空格自动填充空余部分；如果字段保存的字符长度大于规定的长度，则Oracle会产生错误信息。CHAR类型的长度范围为1~2 000字节。

（2）VARCHAR2数据类型

VARCHAR2数据类型与CHAR类型相似，都用于存储字符串数据。但VARCHAR2类型的字段用于存储变长，而非固定长度的字符串。将字段定义为VARCHAR2数据类型时，该字段的长度将根据实际字符数据的长度自动调整；即如果该列的字符串长度小于定义时的长度，系统不会使用空格填充，而是保留实际的字符串长度。因此，在大多数情况下，都会使用VARCHAR2类型替换CHAR数据类型。

2. 数值类型

数值类型的字段用于存储带符号的整数或浮点数。Oracle中的NUMBER数据类型具有精度（PRECISION）和范围（SCALE）。精度（PRECISION）指定所有数字位的个数，范围（SCALE）指定小数的位数，这两个参数都是可选的。如果插入字段的数据超过指定的位数，Oracle将自动进行四舍五入。例如字段的数据类型为NUMBER(5,2)，如果插入的数据为3.1 415 926，则实际上字段中保存的数据为3.14。

3. 日期时间类型

Oracle提供的日期时间数据类型是DATE，它可以存储日期和时间的组合数据。用DATE数据类型存储日期时间比使用字符数据类型进行存储更简单，并且可以借助于Oracle提供的日期时间函数方便地处理数据。

在Oracle中，可以使用不同的方法建立日期值。其中，最常用的获取日期值的方法是通过SYSDATE函数获取，调用该函数可以获取当前系统的日期值。除此之外，还可以使用TO_DATE函数将数值或字符串转换为DATE类型。Oracle默认的日期和时间格式由初始化参数NLS_DATE_FORMAT指定，一般为DD-MM-YY。

4. LOB类型

LOB类型用于大型的、未被结构化的数据，例如，二进制文件、图片文件和其他类型的外部文件。LOB类型的数据可以直接存储在数据库内部，也可以将数据存储在外部文件中，而将指向数据的指针存储在数据库中。LOB类型分为BLOB、CLOB和BFILE三种类型。

（1）BLOB类型

BLOB类型用于存储二进制对象。典型的BLOB可以包括图像、音频文件、视频文件等。在BLOB类型的字段中能够存储最大为128MB的二进制对象。

（2）CLOB类型

CLOB类型用于存储字符格式的大型对象。CLOB类型的字段能够存储最大为128MB的对象。Oracle首先把数据转换成Unicode格式的编码，然后再将它存储在数据库中。

（3）BFILE类型

BFILE类型用于存储二进制格式的文件。在BFILE类型的字段中可以将最大为128MB的二进制文件作为操作系统文件存储在数据库外部，文件的大小不能超过操作系统的限制。BFILE类型的字段中仅保存二进制文件的指针，并且BFILE字段是只读的，不能通过数据库对其中的数据进行修改。

5. ROWID类型

ROWID类型被称为"伪列类型"，用于在Oracle内部保存表中的每条记录的物理地址。在Oracle内部是通过ROWID来定位所需记录的。由于ROWID实际上保存的是数据记录的物理地址，所以通过ROWID来访问数据记录可以获得最快的访问速度。为了便于使用，Oracle自动为每一个表建立一个名称为ROWID的字段，可以对这个字段进行查询、更新和删除等操作，设置利用ROWID来访问表中的记录以获得最快的操作速度。

3.1.3 表结构设计

创建表的实质就是定义表结构以及设置表和列的属性。创建表之前，先要确定表的名字、表的属性，同时确定表所包含的列名、列的数据类型、长度、是否可为空值、约束条件、默认值设置、规则以及所需索引、哪些列是主键、哪些列是外键等属性，这些属性构成表结构。

表结构设计

下面以三张表为例，来介绍如何设计表的结构，三张表分别是：学生表（表名为XSB）、课程表（表名为KCB）和成绩表（表名为CJB）。

学生表（XSB）包含的属性有学号、姓名、性别、出生时间、专业、总学分和备注。在实际开发中，使用英文字母来表明列名，所以这里使用属性的拼音首位字母表示列名。

其中，"XH"列的数据是学生的学号，学号值有一定的意义，例如"081101"中"08"表示学生的年级，"11"表示所属班级，"01"表示学生在班级中的序号，所以"XH"列的数据类型可以是6位定长字符型数据；

"XM"列记录学生的姓名，姓名一般不超过4个中文字符，所以可以是8位定长字符型数据；

"XB"列记录学生的性别，有"男""女"两种值，所以可以使用2位定长字符型数据，默认是"男"；

"CSSJ"列记录学生的出生时间，是日期时间类型数据，列的数据类型定为date；

"ZY"列记录学生的专业，为12位定长字符型数据；

"ZXF"列记录学生的总学分，是整数型数据，值在0～160，列的数据类型定为number，长度为2，默认是0；

"BZ"列存放的是学生的备注信息，备注信息的内容在0～200个字符，所以应该使用varchar2类型。

在XSB表中，只有"XH"列能唯一标识一个学生，所以将"XH"列设为该表主键。最后设计的XSB的表结构如表3-2所示。

表3-2　XSB的表结构

列　　　名	数据类型	是否可空	默　认　值	说　　　明	列名含义
XH	char(6)	×	无	主键，前2位年级，中间2位班级号，后2位序号	学号
XM	char(8)	×	无		姓名
XB	char(2)	×	"男"		性别
CSSJ	date	×	无		出生时间
ZY	char(12)	√	无		专业

续表

列　　名	数据类型	是否可空	默　认　值	说　　明	列名含义
ZXF	number(2)	√	0	0≤总学分<160	总学分
BZ	varchar2(200)	√	无		备注

当然，如果要包含学生的"ZP"列，即照片列，可以使用BLOB数据类型；要包含学生的"联系方式"列（LXFS），可以使用XMLType数据类型。

参照XSB表结构的设计方法，同样可以设计出其他两个表的结构，表3-3所示的是KCB的表结构，表3-4所示的是CJB的表结构。

表3-3　KCB的表结构

列　　名	数据类型	是否可空	默　认　值	说　　明	列名含义
KCH	char(3)	×	无	主键	课程号
KCM	char(16)	×	无		课程名
KKXQ	number(1)	√	1	只能为1~8	开课学期
XS	number(2)	√	0		学时
XF	number(1)	×	0		学分

表3-4　CJB的表结构

列　　名	数据类型	是否可空	默　认　值	说　　明	列名含义
XH	char(6)	×	无	主键	学号
KCH	char(3)	×	无	主键	课程号
CJ	number(2)	√	无		成绩

3.2　创建和管理表空间

表空间就像一个文件夹，是存储数据库对象的容器。如果要创建表，首先要创建能够存储表的表空间，表空间分别可以通过Oracle企业管理器（OEM）图形界面方式和PL/SQL命令方式创建。

表空间由数据文件组成，这些数据文件是数据库实际存放数据的地方，数据库的所有系统数据和用户数据都必须放在数据文件中。每一个数据创建的时候，系统都会默认为它创建一个"SYSTEM"表空间，以存储系统信息。一个数据库至少有一个表空间（即SYSTEM表空间）。一般情况下，用户数据应该存放在单独的表空间中，所以必须创建和使用自己的表空间。

OEM提供了创建和管理表空间的工具。使用SYS用户登录OEM，连接身份选择"SYSDBA"，在"服务器"属性页中单击"表空间"，进入"表空间"页面。

3.2.1　界面方式创建表空间

下面通过实例来说明创建表空间的具体操作。

例如，使用OEM创建永久性表空间MYMR。

在"表空间"页面中，单击"创建"按钮进入"创建表空间"页面。该页面包括两个选项页面："一般信息"和"存储"。

（1）"一般信息"选项页面

进入"一般信息"选项页面，在"名称"文本框中输入表空间名称MYMR。

界面方式创建表空间

注意，只能使用数据库字符集中的字符，长度不得超过30个字符。名称在数据库中必须是唯一的。

该页面中包括：区管理、类型和状态。

- 区管理：区管理是对表空间分区的管理。区管理分本地管理和在字典中管理。本地管理是由使用者对表空间进行的管理，是表空间管理的默认方法。在字典中管理由数据字典进行管理。Oracle系统强烈建议用户只创建本地管理的表空间。本地管理的表空间比字典管理的表空间要有效得多。

- 类型：表空间有三种类型——永久性、临时性和还原性。永久性表空间指该表空间用于存放永久性数据库对象；而临时性表空间指该表空间仅用于存放临时对象，任何永久性对象都不能驻留于临时表空间中。在建立用户时，如果不指定表空间，默认的临时性表空间是TEMP，永久性表空间是SYSTEM。为了避免应用系统与Oracle系统竞争SYSTEM表空间，Oracle 11g允许DBA将非TEMP临时性表空间设置为默认临时性表空间，将其他表空间设置为永久性表空间。还原性表空间为支持事务处理回滚的表空间。这里选择"永久"选项。

- 状态：状态选项用于设置表空间状态，状态有读写、只读和脱机三种，这里选择"读写"选项，如图3-1所示。

图3-1　"创建表空间"——"一般信息"选项页面

为了解决过去存储文件大小不够的问题，Oracle允许创建大文件（Bigfile）的表空间。大文件表空间就是可以创建带BIGFILE保留字的表空间，它只能包含一个数据文件或临时文件。文件大小最大可以是2^{32}或4G个数据块，例如，如果块为32KB，那么单个文件最大可达128TB。大文件空间只限于本地化、SEGMENT SPACE MANAGEMENT AUTO类型表空间。仅在本地管理的表空间中才支持大文件表空间。

一个表空间至少有一个数据文件。单击"添加"按钮，按照第2章2.2.2小节中为数据库添加数据文件的方法为MYMR表空间创建数据文件MTTEST01.DBF，文件大小为100MB，允许以2MB的大小自动扩展，最大大小无限制。创建完成后，返回到"创建表空间"页面。

（2）"存储"选项页面

单击"存储"选项页面，则出现图3-2所示的界面。在该选项卡中进行区分配、段空间管理、压缩选项和启用事件记录设置。

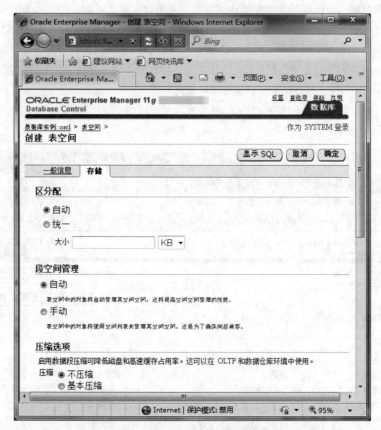

图3-2　"本地管理"——"存储"选项页面

这里都按照默认值设置，单击"确定"按钮。系统开始执行表空间的创建任务，完成后返回到"表空间"页面，此时在该页面可以找到新建的MYMR表空间。

3.2.2　命令方式创建表空间

为了简化表空间的管理并提高系统性能，Oracle建议将不同类型的数据对象存放到不同的表空间中，因此，在创建数据库后，数据库管理员还应该根据具体应用的情况，建立不同类型的表空间。例如，建立专门用于存放表数据的表空间、建立专门用于存放索引或簇数据的表空间等，因此创建表空间的工作就显得十分重要，必须要考虑以下几点。

- ❑　是创建小文件表空间，还是大文件表空间（默认为小文件表空间）。
- ❑　是使用局部盘区管理方式，还是使用传统的目录盘区管理方式（默认为局部盘区管理）。
- ❑　是手工管理段空间，还是自动管理段空间（默认为自动管理段空间）。
- ❑　是否是用于临时段或撤销段的特殊表空间。

命令方式创建表空间的语法格式如下。

```
CREATE [SMALLFILE/BIGFILE] TABLESPACE tablespace_name
DATAFILE '/path/filename' SIZE num[k/m] REUSE
            [AUTOEXTEND [ON | OFF] NEXT num[k/m]
            [MAXSIZE [UNLIMITED | num[k/m]]]]
            [MINIMUN EXTENT num[k/m]]
            [DEFAULT STORAGE storage]
            [ONLINE | OFFLINE]
            [LOGGING | NOLOGGING]
            [PERMANENT | TEMPORARY]
            [EXTENT MANAGEMENT DICTIONARY | LOCAL [AUTOALLOCATE | UNIFORM [SIZE num[k/m]]]]
```

在上面的语法中出现了大量的关键字和参数，为了让大家比较清晰地理解这些内容，下面对这两方面的内容分开进行讲解。

（1）语法中的关键字

创建表空间语法的参数说明如表3-5所示。

表3-5　创建表空间语法的参数说明

参　　数	说　　明
SMALLFILE/BIGFILE	表示创建的是小文件表空间还是大文件表空间
DATAFILE	保存表空间的磁盘路径
AUTOEXTEND [ON	OFF] NEXT	数据文件为自动扩展（ON）或非自动扩展（OFF），如果是自动扩展，则需要设置NEXT的值。NEXT值指定当需要更多盘区时分配给数据文件的磁盘空间
MAXSIZE	当数据文件自动扩展时，允许数据文件扩展的最大长度字节数，如果指定UNLIMITED关键字，表示对分配给数据文件的磁盘空间没有设置限制，不需要指定字节长度
MINIMUN EXTENT	将现有文件复制到新文件
ONLINE	在创建表空间之后，使授权访问该表空间的用户立即可用该表空间。这是默认设置
OFFLINE	在创建表空间之后使该表空间不可用
LOGGING	NOLOGGING	指定该表空间内的表在加载数据时是否产生日志，默认为产生日志（LOGGING）。即使设置为NOLOGGING，但在进行INSERT、UPDATE和DELETE操作时，Oracle仍会将操作信息记录到Redo Log Buffer中
PERMANENT	指定表空间，将其用于保存永久对象，这是默认设置
TEMPORARY	指定表空间，将其用于保存临时对象
DICTIONARY	指定使用字典表来管理表空间，这是默认值
LOCAL	指定本地管理表空间
AUTOALLOCATE	指定表空间由系统管理，用户不能指定盘区尺寸
UNIFORM	指定使用SIZE字节的统一盘区来管理表空间。默认的SIZE为1MB。如果既没指定AUTOALLOCATE又没指定UNIFORM，那么默认为AUTOALLOCATE

（2）语法中的参数

❑ tablespace_name：该参数表示要创建的表空间的名称。

❑ '/path/filename'：该参数表示数据文件的路径与名字；REUSE表示若该文件存在，则清除该文件再重新建立该文件，若该文件不存在，则创建该文件。

❑ DEFAULT STORAGE storage：指定以后要创建的表、索引及簇的存储参数值，这些参数将影响以后表等的存储参数值。

如果指定了LOCAL，就不能指定DEFAULT STORAGE_clause和TEMPORARY。

1. 通过本地化管理方式创建表空间

本地化表空间管理使用位图跟踪表空间所对应的数据文件的自由空间和块的使用状态，位图中的每个单元对应一个块或一组块。当分配或释放一个扩展时，Oracle会改变位图的值以指示该块的状态。这些位图值的改变不会产生回滚信息，因为它们不更新数据字典的任何表。所以，本地管理表空间具有以下优点。

通过本地化管理
方式创建表空间

❑ 使用本地化的扩展管理功能（包括自动大小和等同大小两种），可以避免发生重复的空间管理操作。

❑ 本地化管理的自动扩展（AUTOALLOCATE）能够跟踪临近的自由空间，这样可以消除结合自由空间的麻烦。本地化的扩展大小可以由系统自动确定（AUTOALLOCATE），也可以选择所有扩展有同样的大小（UNIFORM）。通常使用EXTENT MANAGEMENT LOCAL子句创建本地化的可变表空间。

为创建表空间，除了system用户之外必须具有CREATE TABLESPACE系统权限。即在system用户下，输入命令：grant create tablespace to用户名with admin option;用户名为scott或mr等用户的名字。将创建表空间的权限赋予用户，或者直接在system用户下操作表空间。

下面来看两个创建表空间的例子，一个是指定等同的扩展大小，另一个是由系统自动指定扩展大小。

【例3-1】 通过本地化管理方式（LOCAL）创建一个表空间，其扩展大小为等同的256KB，代码及运行结果如下。

```
SQL> create tablespace tbs_test_1 datafile 'D:\OracleFiles\OracleData\TEST01.dbf'
    size 10m
    extent management local uniform size 256K;
```

运行结果如图3-3所示。

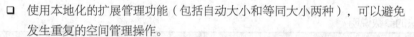

图3-3　创建表空间tbs_test_1

在文件说明前必须使用DATAFILE子句说明这是一个永久表空间。对于临时性表空间，必须使用TEMPFILE子句。

> 文件目录要存在。在进行数据文件创建的时候请保证目录存在，否则程序执行时会出现"ORA_01119:创建数据库文件'D:\OracleFiles\OracleData\TEST01.dbf'时出错"的错误提示信息。

2. 通过段空间管理方式创建表空间

段空间管理方式是建立在本地化空间管理方式基础之上的，即只有本地化管理方式的表空间，才能在其基础上进一步建立段空间管理方式，它使用"SEGMENT SPACE MANAGEMENT MANUAL/AUTO"语句，段空间管理又可分为手工段和自动段两种空间管理方式。

通过段空间管理方式创建表空间

（1）手工段空间管理方式

手工段空间管理方式是为了往后兼容而保留的，它使用自由块列表和PCT_FREE与PCT_USED参数来标识可供插入操作使用的数据块。

在每个INSERT或UPDATE操作后，数据库都会比较该数据块中的剩余自由空间与该段的PCT_FREE设置。如果数据块的剩余自由空间少于PCT_FREE自由空间（也就是说剩余空间已经进入系统的下限设置），则数据库就会从自由块列表上将其取下，不再对其进行插入操作。剩余的空余空间保留给可能会增大该数据块中行大小的UPDATE操作。

而在每个UPDATE操作或DELETE操作后，数据库会比较该数据块中的已用空间与PCT_USED设置，如果已用空间少于PCT_USED已用空间（也就是已用空间未达到系统的上限设置），则该数据块会被加入自由列表，供INSERT操作使用。下面来看一个实例。

【例3-2】 通过本地化管理方式（LOCAL）创建一个表空间，其扩展大小为自动管理，其段空间管理方式为手工，代码及运行结果如下。

```
SQL> create tablespace tbs_test_3 datafile 'D:\OracleFiles\OracleData\TEST03.dbf'
    size 20m
    extent management local autoallocate
    segment space management manual;
```

运行结果如图3-4所示。

```
SQL> create tablespace tbs_test_3 datafile 'D:\OracleFiles\OracleData\TEST03.dbf'
  2  size 20m
  3  extent management local autoallocate
  4  segment space management manual;

表空间已创建。
```

图3-4　创建表空间tbs_test_3

（2）自动段空间管理方式

如果采用自动段空间管理方式，那么数据库会使用位图而不是自由列表来标识哪些数据块可以用于插入操作，哪些数据块需要从自由块列表上将其取下。此时，表空间段的PCT_FREE和PCT_USED参数会被自动忽略。

由于自动段空间管理方式比手工段空间管理方式具有更好的性能，所以它是创建表空间的首选方式，下面来看一个实例。

【例3-3】 通过本地化管理方式（LOCAL）创建一个表空间，其扩展大小为自动管理，其段空间管理方式为自动，代码及运行结果如下。

```
SQL> create tablespace tbs_test_4 datafile 'D:\OracleFiles\OracleData\TEST04.dbf'
```

size 20m

extent management local autoallocate

segment space management auto;

运行结果如图3-5所示。

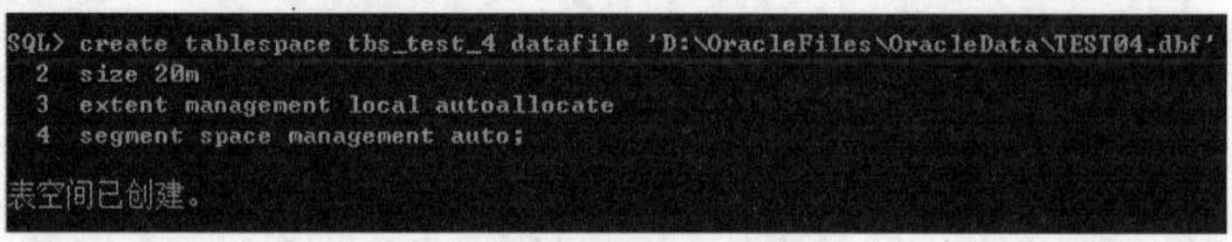

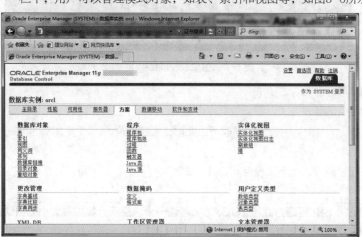

```
SQL> create tablespace tbs_test_4 datafile 'D:\OracleFiles\OracleData\TEST04.dbf'
  2  size 20m
  3  extent management local autoallocate
  4  segment space management auto;

表空间已创建。
```

图3-5　创建表空间tbs_test_4

对于使用自动段空间管理方式，用户需要注意以下两种情况。

- 自动段空间管理方式不能用于创建临时性表空间和系统表空间。
- Oracle本身推荐使用自动段空间管理方式管理永久性表空间，但其默认情况下却是MANUAL（手工）管理方式，所以在创建表空间时需要明确指定为AUTO。

 Oracle Database 11g的表空间默认为具有自动段空间管理的本地管理。在创建这种类型的表空间时，不能指定默认的存储参数，如INITIAL、NEXT、PCTINCREASE、MINEXTENTS或MAXENTENTS等。

3.3　界面方式操作表

创建和操作数据库中的表既可以通过OEM图形界面方式进行，又可以通过SQL Developer工具进行，还可以通过PL/SQL命令方式进行。

创建表

3.3.1　OEM方式操作表

1. 创建表

以创建XSB表为例，使用OEM创建表的操作步骤如下。

（1）使用system账户登录数据库实例ORCL的OEM页面，在"方案"属性页中的"数据库对象"一栏中，用户可以管理模式对象，如表、索引和视图等，如图3-6所示。

图3-6　"方案"属性页

这里选择"表"选项，进入图3-7所示的"表搜索"页面。

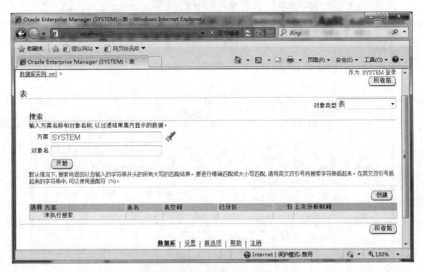

图3-7 "表搜索"页面

（2）单击"创建"按钮进入"创建表：表组织"页面，如图3-8所示，在其中指定表的存储类型及是否为临时表。这里按照默认设置，选择"标准"选项。

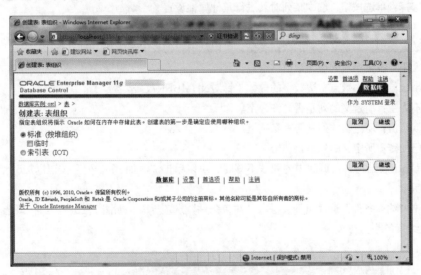

图3-8 "创建表：表组织"页面

（3）单击"继续"按钮，进入"创建表"页面，如图3-9所示。该界面有5个选择页面，可以完成对表的定义。

在图3-9所示的"一般信息"选项页中定义表的名称、所属方案、使用的表空间和表的基本属性。该选项页面包括如下信息。

- □ 名称：要创建的表的名称。在此使用XSB。
- □ 方案：单击手电筒形状图标定义该表的用户方案，也可以直接输入已存在的用户方案名称。在此使用SYSTEM。
- □ 表空间：表所述的表空间，这里选择默认。
- □ 在定义列的可编辑的电子表格中编辑获奖列添加到数据库表。该电子表格主要由"选择""名

图3-9 "创建表"页面

称""数据类型""大小""小数位数""不为空""默认值"和"已加密"8项组成。

- 选择：单选按钮，选中某列对其进行其他属性设置。
- 名称：要定义的列的名称。
- 数据类型：所定义的列的数据类型，可以从下拉列表中选择其中的一个。
- 大小：设置字段的最大取值字符数。
- 小数位数：小数点右边数字的位数（针对NUMBER数据类型）。
- 不为空：所定义的列是否允许为空。
- 默认值：所定义的列是否有默认值。
- 已加密：所定义的列是否加密。

这里填写XSB表结构，当页面中的列数不够时，可以单击"添加5个表列"按钮添加5行空白行，最终结果如图3-9所示。

（4）单击"约束条件"选项页面，进入"约束条件"选项界面，如图3-10所示。在该选项页面可以定义表的完整性约束条件。

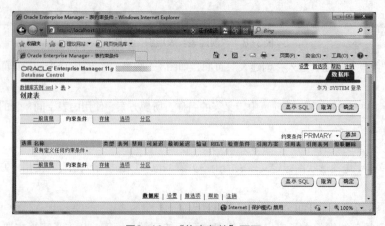

图3-10 "约束条件"页面

在"添加"按钮左边的下拉列表中选择约束条件的类型。

（5）选择"PRIMARY"约束条件，单击"添加"按钮，进入图3-11所示的"添加PRIMARY约束条件"页面。

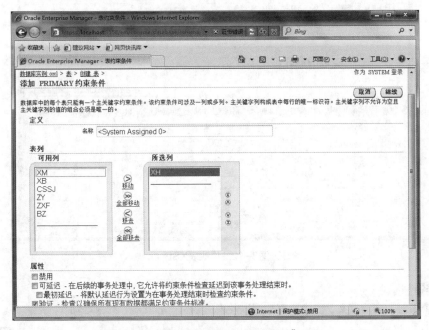

图3-11　"添加PRIMARY约束条件"页面

在"名称"文本框中位表的约束条件输入一个有效的Oracle标识符作为约束条件的名称。如果没有指定，数据库为该约束条件制定一个默认名称。

在表列选项的"可用列"列表中选择"XH"作为主键，双击XH字段，出现字段自动添加到所选列列表，其他按照默认设置。

单击"继续"按钮，返回到图3-10所示界面，这时在该界面中能看到刚才添加的主键约束。

（6）在图3-10所示的界面中，单击"确定"按钮，表XSB创建成功。系统完成表创建后，返回到"表搜索"页面，在该页面可以看见新增的表XSB。

2. 修改表

修改表

在创建了一个表之后，使用过程中可能需要对表结构、约束或其他列的属性进行修改，另外可能会对表的存储方式等信息进行修改。表的修改与表的创建一样，也可以通过OEM进行。

例如在表XSB中添加一个"奖学金等级"列，名称为JXJ，类型为NUMBER，允许为空值。

在OEM的"方案"属性页下选项"表"进入"表搜索"页面，在"对象名"栏输入XSB，单击"开始"按钮，在结果列表中选择XSB，单击"编辑"按钮，进入图3-12所示界面。在空白行中输入新增列的名称、数据类型、大小等信息。当需向表中添加的列均输入完毕后，单击"应用"按钮，保存修改后的表。

例如在XSB中删除"奖学金等级"列。

如图3-12所示的页面中，选中要删除的列"JXJ"，前面的单选按钮，单击"删除"按钮，然后单击"应用"按钮保存修改后的表。

图3-12　修改表XSB

3. 删除表

删除一个表时，表的定义、表中所有数据以及表的索引、触发器、约束等均被删除。

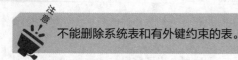

不能删除系统表和有外键约束的表。

例如，需将XSB删除，操作步骤如下。

① 在"表搜索"页面中，搜索出要删除的表XSB；

② 单击"使用选项删除"按钮，转入删除选项确认界面，选择"删除表定义，其中所有数据和从属对象（DROP）"选项；

③ 单击"是"按钮即可删除表。

删除表

3.3.2　使用SQL Developer操作表

使用SQL Developer工具可以更加灵活地创建数据库对象，包括创建表和修改表等操作。

1. 创建表

以创建KCB课程表为例，使用SQL Developer创建表的操作步骤如下。

（1）启动SQL Developer，在"连接"节点下打开数据库连接system_ora。右键单击"表"节点，选择"新建表"菜单。

（2）进入"创建表"窗口，在"名称"栏填写表名KCB，在"表"选项卡的列名、类型、大小、非空和主键栏填入KCB表中课程号的列名、数据类型、长度、非空性和是否为主键等信息，输入完一列后单击"添加列"按钮添加下一列，直到所有的列填完为止，如图3-13所示。

（3）输入最后一列的信息后，选中右上角的"高级"复选框，这时，会显出更多的表选项，如表的类型、列的默认值、约束条件、外键和存储选项等，如图3-14所示。

使用SQL
Developer操作
表

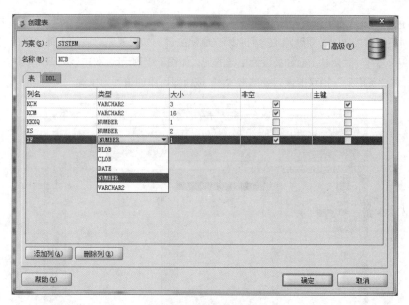

图3-13　创建表KCB

图3-14　"高级"选项

　　例如，要设置默认值可以在"列"选项页中该列的"默认"栏输入默认值。这里暂不对其他选项进行设置，单击"确定"按钮完成表的创建。

 说明 在之前的数据类型选择中没有char类型可选，"高级"窗口中可以将原来的varchar2类型修改为char类型。

2. 修改表

　　使用SQL Developer工具修改表的方法很简单。KCB表创建完成后在主界面的"表"目录可以找到该表。右键单击KCB表选择"编辑"菜单项，进入"编辑表"窗口，窗口与图3-14类似。在该窗口中的"列"选项页中单击"+"按钮可以添加列，单击"×"按钮可以删除一列，在"列属性"栏双击该列或单

击 ">" 按钮即可添加该列为主键。

表的主键列不能直接删除，要删除主键列必须先删除主键。如果要删除表的主键，单击 "主键" 选项，在窗口右边的 "所选列" 栏会显示已经被设为主键的列，如图3-15所示。双击该列即可取消主键。如果要设某一列为主键，在 "可用列" 栏双击该列或单击 ">" 按钮即可添加该列为主键。

图3-15　修改表

3. 删除表

以删除KCB表为例，在 "表" 目录下右键单击KCB表，选择 "表" 菜单下的 "删除" 子菜单，如图3-16所示。

之后弹出 "删除" 确认对话框，如图3-17所示。选中 "级联约束条件" 复选框，单击 "应用" 按钮，之后弹出已经删除表的提示信息，单击 "确认" 按钮即可。

图3-16　删除表

图3-17　"删除" 确认对话框

3.4　命令方式操作表

3.4.1　创建表

在Oracle中，创建数据表的操作严格来讲称为数据对象的创建操作。如果想创建这个数据表对象，可以使用CREATE TABLE命令来完成。

CREATE TABLE命令的语法格式如下。

创建表

```
CREATE TABLE 用户名.表名称(
    字段名称 字段类型 [DEFAULT 默认值]
    字段名称 字段类型 [DEFAULT 默认值]
    ...
);
```

创建表的操作属于DDL（数据库定义语言）操作，所以是由命令要求的，对于表名称及列名称的定义要求如下。

- ❑ 必须以字母开头。
- ❑ 长度为1~30个字符。
- ❑ 表名称由字母（A~Z、a~z）、数字（0~9）、_、$、#组成，而且名称要有意义。
- ❑ 对同一个用户不能使用相同的表名称。
- ❑ 不能使用Oracle中的保留字，如CREATE、SELECT等都是保留字。

 表结构中不要使用中文。虽然Oracle数据库本身已经支持中文对象的创建，但是在用户创建表或者定义列的时候，一定不要使用中文，这样可以避免一些不必要的麻烦。

下面按照语法创建一张学生表（XSB），表结构如表3-2所示。

【例3-4】 在scott用户中，使用CREATE TABLE命令创建表XSB，具体代码及运行结果如下。打开SQL *Plus工具，以scott用户连接数据库，输入以下语句。

```
SQL> CREATE TABLE XSB(
    XH char(6) NOT NULL PRIMARY KEY,
    XM char(8) NOT NULL,
    XB char(2) DEFAULT '1' NOT NULL,
    CSSJ date NOT NULL,
    ZY char(12) NULL,
    zxf number(2) NULL,
    BZ varchar2(200) NULL
    );
```

运行结果如图3-18所示。

```
SQL> CREATE TABLE XSB(
  2  XH char(6) NOT NULL  PRIMARY KEY,
  3  XM char(8) NOT NULL,
  4  XB char(2) DEFAULT '1' NOT NULL,
  5  CSSJ date NOT NULL,
  6  ZY char(12) NULL,
  7  ZXF number(2) NULL,
  8  BZ varchar2(200) NULL
  9  );

表已创建。
```

图3-18　创建数据表XSB

本表一共定义了7个字段，其中有1个字段（XB）设置了默认值，这样在增加数据的时候，即使没有设置字段的数据，也会将默认值设置上。

此时建立了一个数据表的模型，在这张数据表中还没有任何数据，下面按照指定的数据类型向XSB表中增加数据。

【例3-5】 向XSB中增加2条测试数据，具体代码及运行结果如下。

```
SQL> insert into xsb(xh,xm,xb,cssj,zy,zxf,bz)
       values(081101,'王林','男',to_date('02-10-1990','dd-mm-yyyy'),'计算机',50,null);
SQL> insert into xsb(xh,xm,xb,cssj,zy,zxf,bz)
       values(081103,'王燕','女',to_date('06-10-1989','dd-mm-yyyy'),'计算机',50,null);
```

向XSB表中增加数据，结果如图3-19所示。

图3-19　向XSB表中增加数据

从XSB表中查询当前表中的记录，具体代码如下。

```
SQL> select * from xsb;
```

向XSB表中增加数据的结果如图3-20所示。

图3-20　XSB表的全部记录

图3-20所示的结果中，标题栏出现了折行的情况，因为BZ列设置长度是200，超出了界面的宽度，所以发生了折行的现象。这么看十分不方便，需要对BZ列的长度进行修改。

3.4.2　修改表

当一张表根据业务需求建立完成之后，如果发现表中的字段设置得不合理或者业务需求发生变更时，就需要对数据表进行修改，例如，增加、删除、修改数据列等操作，由于数据表本身属于Oracle的对象，所以对数据表的修改也就是对数据库对象的修改，而对象的修改使用ALTER命令完成。

修改表

> 不建议修改表结构。虽然SQL语法中提供了表结构的修改操作，但是从实际应用来讲，并不建议读者过多地进行表结构的修改，例如IMB DB2数据库就是不允许修改表结构的。

（1）为表中增加数据字段

为已有数据表增加字段的时候也像定义数据表一样，需要给出字段名称、类型、默认值，语法格式如下。

ALTER TABLE 表名称 ADD(字段名称 字段类型 DEFAULT 默认值，字段名称 字段类型DEFAULT默认值,...);

通过以上语法可以发现，可以通过一条ALTER命令向一张数据表同时增加多个字段。本书为了浏览方便，ALTER命令每次只增加一个字段。

【例3-6】向XSB表中增加3个字段，具体代码及运行结果如下。

SQL>ALTER TABLE XSB ADD(TEL NUMBER(11));

SQL>ALTER TABLE XSB ADD(ADDR VARCHAR2(10));

SQL>ALTER TABLE XSB ADD(PHOTO VARCHAR2(20) DEFAULT 'nophoto.jpg');

为XSB表中增加字段，结果如图3-21所示。

```
SQL> ALTER TABLE XSB ADD(TEL NUMBER(11));

表已更改。

SQL> ALTER TABLE XSB ADD(ADDR VARCHAR2(10));

表已更改。

SQL> ALTER TABLE XSB ADD(PHOTO VARCHAR2(20) DEFAULT 'nophoto.jpg');

表已更改。
```

图3-21　向XSB表中增加字段

向XSB学生表中增加电话（TEL）、地址（ADDR）和照片（PHOTO）3个字段，增加完毕之后，再次查询XSB表的表结构，观察是否成功。

查询XSB表结构，代码如下。

SQL>DESC XSB

查询结果如图3-22所示。

```
SQL> DESC XSB
名称                                              是否为空? 类型
                                                  ----------------------
XH                                                NOT NULL CHAR(6)
XM                                                NOT NULL CHAR(8)
XB                                                NOT NULL CHAR(2)
CSSJ                                              NOT NULL DATE
ZY                                                         CHAR(12)
ZXF                                                        NUMBER(2)
BZ                                                         VARCHAR2(10)
TEL                                                        NUMBER(11)
ADDR                                                       VARCHAR2(10)
PHOTO                                                      VARCHAR2(20)
```

图3-22　增加字段后查询XSB表结构

查询修改后的XSB表数据，代码如下。

SQL>SELECT * FROM XSB;

查询结果如图3-23所示。

XH	XM	XB	CSSJ	ZY	ZXF	BZ	TEL	ADDR	PHOTO
81101	王林	男	02-10月-90	计算机	50				nophoto.jpg
81103	王燕	女	06-10月-89	计算机	50				nophoto.jpg

图3-23　查询XSB表数据

可以发现，在新增加的3个字段中，TEL和ADDR都没有默认值，所以所有数据都是null，而对于

PHOTO由于设置了默认值"nophoto.jpg"，所以当增加完这个列之后，PHOTO字段的默认值全部都为"nophoto.jpg"。

（2）修改表中字段

如果现在发现表中的某一列设计不合理，也可以对已有的列进行修改，通过如下的语法格式来完成。

ALTER TABLE 表名称 MODIFY(字段名称 字段类型 DEFAULT 默认值);

【例3-7】 将XSB表BZ字段的长度改为20，具体代码及运行结果如下。

SQL>ALTER TABLE XSB MODIFY(BZ VARCHAR(20));

修改结果如图3-24所示。

图3-24　修改XSB表中的BZ字段

BZ列原来的长度是200，现在为了便于浏览数据，将BZ列的长度改为20，那么接下来查看XSB表的表结构。

SQL>DESC XSB

XSB表的表结构如图3-25所示。

```
SQL> DESC XSB
名称                                 是否为空? 类型

XH                                  NOT NULL CHAR(6)
XM                                  NOT NULL CHAR(8)
XB                                  NOT NULL CHAR(2)
CSSJ                                NOT NULL DATE
ZY                                           CHAR(12)
ZXF                                          NUMBER(2)
BZ                                           VARCHAR2(20)
TEL                                          NUMBER(11)
ADDR                                         VARCHAR2(10)
PHOTO                                        VARCHAR2(20)
```

图3-25　修改字段后查看XSB表结构

（3）删除表中的字段

如果要删除表中的一个列，可以通过如下的语法格式来完成。

ALTER TABLE 表名称 DROP COLUMN 列名称;

【例3-8】 删除XSB表中的PHOTO和ADDR字段，具体代码及运行结果如下。

SQL>ALTER TABLE XSB DROP COLUMN PHOTO;

SQL>ALTER TABLE XSB DROP COLUMN ADDR;

删除结果如图3-26所示。

图3-26　删除XSB表中PHOTO和ADDR字段

查看XSB表的表结构。

SQL>DESC XSB

XSB表的表结构如图3-27所示。

图3-27　删除字段后查看XSB表结构

删除表字段时至少保留一个字段，在删除表中字段时，里面不管是否有数据都不会影响最终的删除结果。但是在进行表字段删除时一定要保证，在被删除字段的表中，在删除某些字段之后至少还存在一个字段。

3.4.3　删除表

如果不再使用数据库中的某些数据表，则可以通过如下语法格式进行数据表的删除操作。

DROP TABLE 表名称;

删除表

【例3-9】删除STUD表，具体代码及运行结果如下。

SQL>DROP TABLE STUD;

删除结果如图3-28所示。

图3-28　删除STUD表

3.5　操作表数据

3.5.1　插入数据

插入数据就是将数据记录添加到已经存在的数据表中，Oracle数据库通过INSERT语句来实现插入数据记录。该语句既可以实现向数据表中一次插入一条记录，也可以使用SELECT子句将查询结果集批量插入数据表。

操作表数据

使用INSERT语句有以下注意事项。

- 当为数字列增加数据时，可以直接提供数字值，或者用单引号引住。
- 当为字符列或日期列增加数据时，必须用单引号引住。
- 当增加数据时，数据必须要满足约束规则，并且必须为主键列和NOT NULL列提供数据。
- 当增加数据时，数据必须与列的个数和顺序保持一致。

1. 单条插入数据

单条插入数据是INSERT语句最基本的用法，其语法格式如下。

INSERT INTO table_name [(column_name1[,column_name2]…)]
VALUES(express1[,express2]…)

- table_name：表示要插入的表名。
- column_name1和column_name2：指定表的完全或部分列名称。如果指定多个列，那么列之间用逗号分开。

❑ express1和express2：表示要插入的值列表。

当使用INSERT语句插入数据时，既可以指定列列表，也可以不指定列列表。如果不指定列列表，那么在VALUES子句中必须为每个列提供数据，并且数据顺序必须与表列顺序完全一致。如果指定列列表，则只需要为相应列提供数据。下面用实例来说明增加单行数据的方法。

（1）使用列列表增加数据

在INSERT语句的几种使用方式中，最常用的形式是在INSERT INTO子句中指定添加数据的列，并在VALUES子句中为各个列提供一个值。

【例3-10】在dept表中，使用INSERT语句添加一条记录，具体代码及运行结果如下。

```
SQL> insert into dept(deptno,dname,loc)
    values(88,'design','beijing');
已创建1行。
```

在上面的示例中，INSERT INTO子句中指定添加数据的列，既可以是数据表的全部列，也可以是部分列。在指定部分列时，需要注意不许为空（NOT NULL）的列必须被指定出来，并且在VALUES子句中的对应赋值也不许为NULL，否则系统显示"无法将 NULL 插入"的错误信息提示。例如，修改上面的例子，在INSERT INTO子句不指定deptno列（通过desc dept命令可以看到该列是NOT NULL的），将出现图3-29所示的错误提示。

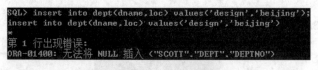

图3-29　不许为空的错误提示

说明　在使用INSERT INTO子句指定为表的部分列添加数据时，为了防止产生不许为空值的错误，可以使用DESC命令查看数据表中的哪些列不许为空。对于可以为空的列，用户可以不指定其值。

（2）不使用列列表增加数据

在向表的所有列添加数据时，也可以省略INSERT INTO 子句后面的列表清单，使用这种方法时，必须根据表中定义的列的顺序，为所有的列提供数据。用户可以使用DESC命令来查看表中定义列的顺序。

【例3-11】在HR模式下，使用desc命令查看jobs表的结构和列的定义顺序，然后使用insert语句插入一条记录，具体代码及运行结果如下。

```
SQL> connect hr/hr
已连接。
SQL> desc jobs;
```

名称	是否为空？	类型
JOB_ID	NOT NULL	VARCHAR2(10)
JOB_TITLE	NOT NULL	VARCHAR2(35)
MIN_SALARY		NUMBER(6)
MAX_SALARY		NUMBER(6)

```
SQL> insert into jobs values('PRO','程序员',5000,10000);
已创建1行。
```

数据库工程师在设计数据表时，为了保证数据的完整性和唯一性，除了需要设置某些列不许为空的约束条件外，还会设置其他一些约束条件。例如在jobs表中，为了保证表中每条记录的唯一性，为JOB_ID列定义了主键约束条件，这就要求该列的值不允许重复。对于上面的示例代码，再次尝试运行，将出现图3-30所示的错误提示。

```
SQL> insert into jobs values('PRO','程序员',5000,10000);
insert into jobs values('PRO','程序员',5000,10000)
*
第 1 行出现错误:
ORA-00001: 违反唯一约束条件 (HR.JOB_ID_PK)
```

图3-30 主键重复的错误提示

上面这种情况的解决办法就是必须重新换一个与现有JOB_ID的值不重复的值。

2. 批量插入数据

INSERT语句还有一种强大的用法，就是可以一次向表中添加一组数据，也就是批量插入数据。用户可以使用SELECT语句替换掉原来的VALUES子句，这样由SELECT语句提供添加的数值。其语法格式如下。

INSERT INTO table_name [(column_name1[,column_name2]…)] selectSubquery

- ❑ table_name：表示要插入的表名称。
- ❑ column_name1和column_name2：表示指定的列名。
- ❑ selectSubquery：任何合法的SELECT语句，其所选列的个数和类型要与语句中的column对应。

【例3-12】 在HR模式下，创建一个与jobs表结构类似的表jobs_temp，然后将jobs表中最高工资额（max_salary）大于10 000的记录插入到新表jobs_temp中，具体代码及运行结果如下。

```
SQL>  create table jobs_temp(
    job_id varchar2(10) primary key,
    job_title varchar2(35) not null,
    min_salary number(6),
    max_salary number(6));
表已创建。
SQL>  insert into jobs_temp
    select * from jobs
    where jobs.max_salary > 10000;
已创建9行。
```

从上面的运行结果可以看出，使用INSERT语句和SELECT语句的组合可以一次性向指定的数据表中插入多条记录（这里是9条记录）。需要注意的是，在使用这种组合语句实现批量插入数据时，INSERT INTO子句指定的列名可以与SELECT子句指定的列名不同，但它们之间的数据类型必须是兼容的，即SELECT语句返回的数据必须满足INSERT INTO表中列的约束。

3.5.2 修改记录

如果表中的数据不正确或不符合需求，那么就需要对其进行修改。Oracle数据库通过UPDATE语句来修改现有的数据记录。

在更新数据时，更新的列数可以由用户自己指定，列与列之间用逗号（","）分隔；更新的条数可以通过WHERE子句来加以限制，使用WHERE子句时，系统只更新符合WHERE条件的记录信息。UPDATE语句的语法格式如下。

UPDATE table_name

SET {column_name1=express1[,column_name2=express2…]

| (column_name1[,column_name2…])=(selectSubquery)}

[WHERE condition]

❑ table_name：表示要修改的表名。

❑ column_name1和column_name2：表示指定要更新的列名。

❑ selectSubquery：任何合法的SELECT语句，其所选列的个数和类型要与语句中的column对应。

❑ condition：筛选条件表达式，只有符合筛选条件的记录才被更新。

使用UPDATE语句有以下注意事项。

❑ 当更新数字列时，可以直接提供数字值，或者用单引号引住。

❑ 当更新字符列或日期列时，必须用单引号引住。

❑ 当更新数据时，数据必须要满足约束规则。

❑ 当更新数据时，数据必须与列的数据类型匹配。

1. 更新单列数据

当更新单列数据时，set子句后只需要提供一个列。

【例3-13】 在SCOTT模式下，把emp表中雇员名为SCOTT的工资调整为2 460元，具体代码及运行结果如下。

```
SQL> update emp
    set sal = 2460
    where ename='SCOTT';
```

运行结果如图3-31所示。

图3-31　更新单列数据

2. 更新多列数据

当使用update语句修改表行数据时，既可以修改一列，也可以修改多列。当修改多列时，列之间用逗号分开。

【例3-14】 在SCOTT模式下，把emp表中职务是销售员（SALESMAN）的工资上调20%，具体代码及运行结果如下。

```
SQL> update emp
    set sal = sal*1.2
    where job='SALESMAN';
```

已更新4行。

上面的代码中，UPDATE语句更新记录的数量是通过WHERE子句实现控制的，这里限制只更新销售员的工资，若取消WHERE子句的限制，系统会将emp表中所有人员的工资都上调20%。

3.5.3　删除记录

Oracle系统提供了向数据库添加记录的功能，自然也提供了从数据库删除记录的功能。从数据库中删除记录可以使用DELETE语句和TRUNCATE语句，但这两种语句还是有很大区别的，下面分别进行讲解。

1. DELETE语句

DELETE语句用来删除数据库中的所有记录和指定范围的记录，若要删除指定范围的记录，同UPDATE语句一样，要通过WHERE子句进行限制，其语法格式如下。

```
DELETE FROM table_name
[WHERE condition]
```

- ❑ table_name：表示要删除记录的表名。
- ❑ condition：筛选条件表达式，是个可选项，当该筛选条件存在时，只有符合筛选条件的记录才被删除掉。

删除满足条件的数据：当使用DELETE语句删除数据时，通过指定WHERE子句可以删除满足条件的数据。

【例3-15】 在HR模式下，删除jobs表中职务编号（job_id）是"PRO"的记录，具体代码及运行结果如下。

```
SQL> delete from jobs where job_id='PRO';
已删除1行。
```

上面的代码中，DELETE语句删除记录的数量是通过WHERE子句实现控制的，这里限制只删除职务编号（job_id）是"PRO"的记录，若取消WHERE子句的限制，则系统会将jobs表中所有人员的记录都删除。

删除表的所有数据：当使用DELETE删除表的数据时，如果不指定WHERE子句，那么会删除表的所有数据。

【例3-16】 删除emp表中所有数据，具体代码及运行结果如下。

```
SQL> delete from emp;
已删除5行。
```

 说明 使用DELETE语句删除数据时，Oracle系统会产生回滚记录，所以这种操作可以使用ROLLBACK语句来撤销。

2. TRUNCATE语句

如果用户确定要删除表中的所有记录，则除了可以使用DELETE语句之外，还可以使用TRUNCATE语句，而且Oracle本身也建议使用TRUNCATE语句。

使用TRUNCATE语句删除表中的所有记录要比DELETE语句快得多。这是因为使用TRUNCATE语句删除数据时，它不会产生回滚记录。当然，执行了TRUNCATE语句的操作也就无法使用ROLLBACK语句撤销。

【例3-17】 使用truncate语句清除自定义表jobs_temp中的所有记录，具体代码及运行结果如下。

```
SQL> truncate table jobs_temp;
表被截断。
SQL> select * from jobs_temp;
未选定行
```

另外，需要补充说明的是，在TRUNCATE语句中还可以使用REUSE STORAGE关键字或DROP STORAGE关键字，前者表示删除记录后仍然保存记录所占用的空间；后者表示删除记录后立即回收记录占用的空间。默认情况下TRUNCATE语句使用DROP STORAGE关键字。

在DML操作之前，将原始数据复制到回滚段中的设计本身在某些情况下也会产生效率方面的问题。例如，在一个大型的商业数据库中，数据库操作员在维护时使用DELETE语句删除了一个一百万条记录的表。这样一个DML操作将要在回滚段上产生一百万条相同的记录项，这有可能会将回滚段所在的磁盘空间耗光，造成Oracle数据库系统的挂起。因此，如果要删除一个大表，为了数据库运行的效率，可以使用TRUNCATE语句而不用DELETE语句，因为TRUNCATE是DDL语句，不需要使用回滚段。

小 结

本章首先对表结构和数据类型的概念进行了介绍；然后重点讲解了界面、命令方式创建、修改、删除表空间；界面、命令方式创建、修改、删除表；最后，对如何使用命令来操作表中的数据进行了介绍。本章是学习Oracle表与表结构的基础，学习本章内容时，应该重点掌握如何管理表空间，管理数据表和操作表数据。

上机指导

将创建的数据表置于指定的表空间中。

创建一个students_test数据表，然后将其放置在自定义的tbs_test表空间里。

创建tbs_test数据表空间的代码如下。

```
SQL>create tablespace tbs_test datafile 'D:\OracleFiles\OracleData\datafile_test. dbf'
     size 100m
     extent management local autoallocate
     segment space management auto;
```

创建一个students_test数据表，并将该表置于tbs_test数据表空间中，代码如下。

```
SQL>create table students_test(
     stuno number(10) not null,              --学号
     stuname varchar2(8),                    --姓名
     sex char(2),                            --性别
     age int
     )tablespace tbs_test;
```

运行程序，效果如图3-32所示。

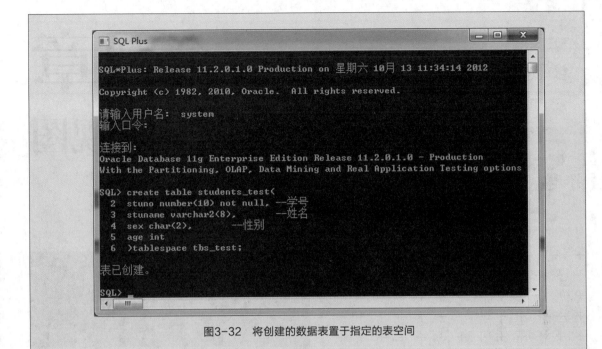

图3-32　将创建的数据表置于指定的表空间

习 题

3-1　在Oracle数据库中创建一个表空间，表空间大小为100MB，然后将其设置为默认永久表空间。

3-2　在Oracle数据库中创建一个临时表空间，然后将其设置为默认临时表空间。

3-3　使用下面代码创建临时表空间。

SQL>create temporary tablespace tbl

　　　tempfile

　　　'/home/oracle/oradate/ora/temptt.ora2' size 100M

　　　autoextend on next 10M maxsize 200M

　　　extent management local autoallocate;

执行该段代码时，出现 "invalid option for create temporary tablespace" 的错误提示，这是什么原因？

3-4　创建一个学生档案信息表students，该表包括了学生编号、学生姓名、性别、年龄、系别编号、班级编号和建档日期等信息。

3-5　使用命令将表XSB重命名为stu。

PART04

第4章
数据库的查询和视图

本章要点

了解关系运算中的选择、投影和连接 ■
掌握SELECT查询语句的使用 ■
掌握子查询 ■
掌握视图的创建和使用方法 ■

■ 在数据库应用中，最常用的操作就是查询，它是数据库的基础操作（如统计、插入、删除及修改）的基础。在Oracle 11g中，对数据库的查询使用SELECT语句。SELECT语句功能非常强大，使用灵活。本章重点讨论利用该语句对数据库进行各种查询的方法。

■ 视图是由一个或多个基本表导出的数据信息，可以根据用户的需要进行创建。视图对于数据库的用户来说很重要，本章将讨论视图概念以及视图的创建与使用方法。

4.1 选择、投影和连接

Oracle是一个关系数据管理系统。关系数据库建立在关系模型基础之上，具有严格的数学理论基础。关系数据库对数据的操作除了包括集合代数的并、差等运算外，还定义了一组专门的关系运算：连接、选择和投影。关系运算的特点是运算的对象和结果都是表。

4.1.1 选择

选择（Selection），简单地说就是通过一定的条件把自己所需要的数据检索出来。选择是单目运算，其运算对象是一个表。该运算按给定的条件，从表中选出满足条件的行形成一个表，作为运算结果。

选择

例如学生情况表如表4-1所示。

表4-1 学生情况表

学号	姓名	性别	平均成绩
104215	王敏	男	74
104211	李晓林	女	82
104210	胡小平	男	88

若要在学生情况表中找到性别为女且平均成绩在80分以上的行形成一个新表，该选择运算的结果如图4-1所示。

学生表

学号	姓名	性别	平均成绩
104215	王敏	男	74
104211	李晓林	女	82
104210	胡小平	男	88

 选择

选择后的表

学号	姓名	性别	平均成绩
104211	李晓林	女	82

图4-1 选择

4.1.2 投影

投影（Projection）也是单目运算。投影操作用来从一个表A中生成一个新的表B，而这个新的表B只包含原来表A中的部分列。投影就是选择表中指定的列，这样在查询结果中只显示指定数据列，减少了显示的数据量，可提高查询的性能。

投影

例如若在表4-1中对"学号"和"平均成绩"投影，投影得到的结果如图4-2所示。

学生表

学号	姓名	性别	平均成绩
104215	王敏	男	74
104211	李晓林	女	82
104210	胡小平	男	88

 投影

投影后的新表

学号	平均成绩
104215	74
104211	82
104210	88

图4-2 投影

表的选择和投影运算分别从行和列两个方向上分割表，而以下要讨论的连接运算则是对两个表的操作。

4.1.3 连接

连接

连接（Join）是把两个表中的行按照给定的条件进行拼接而形成新表。

例如，若有A表和B表，联结条件为T1 = T3，则连接后的结果如图4-3所示。

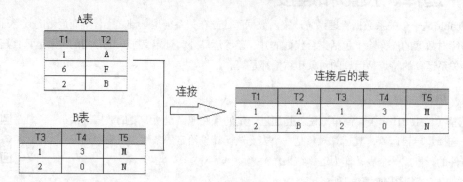

图4-3　等值连接

两个表连接最常用的条件是两个表的某些列值相等，这样的连接称为等值连接，上面的例子就是等值连接。

数据库应用中最常用的是"自然连接"。进行自然连接运算要求两个表有共同属性（列），自然连接运算的结果表是在参与操作两个表的共同属性上进行等值连接后，再去除重复的属性后所得的新表。

例如若有A表和B表，自然连接后的结果如图4-4所示。

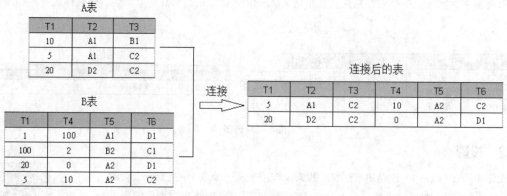

图4-4　自然连接

在实际的数据库管理系统中，对表的连接大多数是自然连接，所以自然连接也简称为连接。本书中若不特别指明，名词"连接"均指自然连接，而普通的连接运算则是按条件连接。

4.2　数据库的查询

用户对表或视图最常进行的操作就是检索数据，检索数据可以通过SELECT语句来实现，该语句由多个子句组成，通过这些子句可以完成筛选、投影和连接等各种数据操作，最终得到用户想要的查询结果。该语句的基本语法格式如下。

```
select {[ distinct | all ] columns | *}
[into table_name]
from {tables | views | other select}
[where conditions]
[group by columns]
[having conditions]
```

[order by columns]

在上面的语法中，共有7个子句，它们的功能分别如下。

- ❑ select子句：用于选择数据表、视图中的列。
- ❑ into子句：用于将原表的结构和数据插入新表中。
- ❑ from子句：用于指定数据来源，包括表、视图和其他select语句。
- ❑ where子句：用于对检索的数据进行筛选。
- ❑ group by子句：用于对检索结果进行分组显示。
- ❑ having子句：用于从使用group by子句分组后的查询结果中筛选数据行。
- ❑ order by子句：用于对结果集进行排序（包括升序和降序）。

接下来将对上面的各种子句和查询方式进行详细介绍。

4.2.1 选择列

选择表中的列组成结果表，通过SELECT语句的SELECT子句来表示。

选择列的语法格式如下。

```
select [distinct|all] <select_list>
```

其中select_list指出了结果的形式，select_list的主要语法格式如下。

```
{       *                                    /*选择当前表或视图的所有列*/
    |{table_name | view_name | table_alias} .*    /*选择指定的表或视图的所有列*/
    |{colume_name | expression}
    [[AS]column_alias]                       /*选择指定的列*/
    |cplumn_alias = expression               /*选择指定列并更改列标题*/
}[,...n]
```

1. 查询所有的列

如果要检索指定数据表的所有列，可以在SELECT子句后面使用星号（*）来实现。

在检索一个数据表时，要注意该表所属的模式。如果在指定表所属的模式内部检索数据，则可以直接使用表名；如果不在指定表所属的模式内部检索数据，则不但要查看当前模式是否具有查询的权限，还要在表名前面加上其所属的模式名称。

查询所有的列

【例4-1】在SCOTT模式下，在SELECT语句中使用星号（*）来检索dept表中所有的数据，代码如下。

```
SQL> select * from dept;
```

通过SQL Developer输入，如图4-5所示。

	DEPTNO	DNAME	LOC
1	10	ACCOUNTING	NEW YORK
2	20	RESEARCH	DALLAS
3	30	SALES	CHICAGO
4	40	OPERATIONS	BOSTON

图4-5　检索dept表中所有的数据

说明

上面的SELECT语句若要在SYSTEM模式下执行，则需要在表dept前面加上scott，即"scott.dept"。

在上面的例子中，from子句的后面只有一个数据表，实际上可以在from子句的后面指定多个数据表，每个数据表名之间使用逗号（,）分隔开，其语法格式如下。

FROM table_name1, table_name2, table_name3…table_namen

【例4-2】在SCOTT模式下，在from子句中指定两个数据表dept和salgrade，代码如下。

SQL> select * from dept,salgrade;

本例运行结果如图4-6所示。

	DEPTNO	DNAME	LOC	GRADE	LOSAL	HISAL
1	10	ACCOUNTING	NEW YORK	1	700	1200
2	10	ACCOUNTING	NEW YORK	2	1201	1400
3	10	ACCOUNTING	NEW YORK	3	1401	2000
4	10	ACCOUNTING	NEW YORK	4	2001	3000
5	10	ACCOUNTING	NEW YORK	5	3001	9999
6	20	RESEARCH	DALLAS	1	700	1200
7	20	RESEARCH	DALLAS	2	1201	1400
8	20	RESEARCH	DALLAS	3	1401	2000
9	20	RESEARCH	DALLAS	4	2001	3000
10	20	RESEARCH	DALLAS	5	3001	9999
11	30	SALES	CHICAGO	1	700	1200
12	30	SALES	CHICAGO	2	1201	1400
13	30	SALES	CHICAGO	3	1401	2000
14	30	SALES	CHICAGO	4	2001	3000
15	30	SALES	CHICAGO	5	3001	9999
16	40	OPERATIONS	BOSTON	1	700	1200
17	40	OPERATIONS	BOSTON	2	1201	1400
18	40	OPERATIONS	BOSTON	3	1401	2000
19	40	OPERATIONS	BOSTON	4	2001	3000
20	40	OPERATIONS	BOSTON	5	3001	9999

图4-6　查询dept表和salgrade表中所有的数据

2. 查询指定的列

用户可以指定查询表中的某些列而不是全部列，并且被指定列的顺序不受限制，指定部分列也称作投影操作。这些列名紧跟在SELECT关键字的后面，每个列名之间用逗号隔开。其语法格式如下。

SELECT column_name1,column_name2,column_name3,column_namen

查询指定的列

利用SELECT指定列的好处就是可以改变列在查询结果中的默认显示顺序。

【例4-3】在SCOTT模式下，检索emp表中指定的列（job、ename、empno），代码如下。

SQL> select job,ename,empno from emp;

本例运行结果如图4-7所示。

上面查询结果中列的显示顺序与emp表结构的自然顺序不同。

	JOB	ENAME	EMPNO
1	CLERK	SMITH	7369
2	SALESMAN	ALLEN	7499
3	SALESMAN	WARD	7521
4	MANAGER	JONES	7566
5	SALESMAN	MARTIN	7654
6	MANAGER	BLAKE	7698
7	MANAGER	CLARK	7782
8	ANALYST	SCOTT	7788
9	PRESIDENT	KING	7839
10	SALESMAN	TURNER	7844
11	CLERK	ADAMS	7876
12	CLERK	JAMES	7900
13	ANALYST	FORD	7902
14	CLERK	MILLER	7934

图4-7　检索emp表
中指定的列

3. 为列指定别名

由于许多数据表的列名都是英文的缩写，用户为了方便查看检索结果，常常需要为这些列指定别名。在Oracle系统中，为列指定别名既可以使用AS关键字，也可以不使用任何关键字而直接指定。

为列指定别名

【例4-4】在SCOTT模式下，检索emp表的指定列（empno、ename、job），并使用as关键字为这些列指定中文的别名，代码如下。

SQL> select empno as "员工编号",ename as "员工名称",job as "职务" from emp;

本例运行结果如图4-8所示。

	员工编号	员工名称	职务
1	7369	SMITH	CLERK
2	7499	ALLEN	SALESMAN
3	7521	WARD	SALESMAN
4	7566	JONES	MANAGER
5	7654	MARTIN	SALESMAN
6	7698	BLAKE	MANAGER
7	7782	CLARK	MANAGER
8	7788	SCOTT	ANALYST
9	7839	KING	PRESIDENT
10	7844	TURNER	SALESMAN
11	7876	ADAMS	CLERK
12	7900	JAMES	CLERK
13	7902	FORD	ANALYST
14	7934	MILLER	CLERK

图4-8 使用AS关键字，指定中文的别名

在为列指定别名时，关键字AS是可选项，用户也可以在列名后面直接指定列的别名。

4. 计算列值

在使用SELECT语句时，对于数字数据和日期数据都可以使用算术表达式。在SELECT语句中可以使用算术运算符，包括加（+）、减（-）、乘（*）、除（/）和括号。另外，在SELECT语句中不仅可以执行单独的数学运算，还可以执行单独的日期运算以及与列名关联的运算。

计算列值

【例4-5】检索emp表的sal列，把其值调整为原来的1.1倍，代码如下。

SQL> select sal*(1+0.1),sal from emp;

本例运行结果如图4-9所示。

	SAL*(1+0.1)	SAL
1	880	800
2	1760	1600
3	1375	1250
4	3272.5	2975
5	1375	1250
6	3135	2850
7	2695	2450
8	3300	3000
9	5500	5000
10	1650	1500
11	1210	1100
12	1045	950
13	3300	3000
14	1430	1300

图4-9 显示工资调整后的值

> **说明** 在上面的查询结果中，左侧显示的是sal列调整为原来1.1倍后的值，右侧显示的sal列的原值。

5. 消除结果集中的重复行

默认情况下，结果集中包含所有符合查询条件的数据行，这样结果集中有可能出现重复数据。而在实际的应用中，这些重复的数据除了占据较大的显示空间外，可能不会给用户带来太多有价值的东西，这样就需要除去重复记录，保留唯一的记录即可。在SELECT语句中，可以使用DISTINCT关键字来限制在查询结果显示重复的数据，该关键字用在SELECT子句的列表前面。

消除结果集中重
复行

【例4-6】在SCOTT模式下，完成以下操作。

（1）显示emp表中的job（职务）列，代码及运行结果如下。

SQL> select job from emp;

本例运行结果如图4-10所示。

（2）显示emp表中的job（职务）列，要求显示的"职务"记录不重复，代码及运行结果如下。

SQL> select distinct job from emp;

本例运行结果如图4-11所示。

图4-10 显示列记录   图4-11 显示列中的不重复记录

4.2.2 选择行

选择行通过WHERE指定条件实现，该子句必须紧跟在FROM子句之后，其基本语法格式为：

WHERE <search_condition>

其中，<search_condition>为查询条件，语法格式为：

{[NOT]<precdicate> | (<searche_condition>)}}

[{AND | OR}[NOT]{<predicate> | (<search_condition>)}]

}[,...n]

其中，<predicate>为判定运行，结果为TRUE、FALSE或UNKNOWN，经常用到的语法格式为：

{expression {= | < | <= | > | >= | <> | !=}expression   /*比较运算*/

  | string_expression [NOT] LIKE string_expression[ESCAPE 'escape_character']

                                                         /*字符串模式匹配*/

  | expression [NOT] BETWEEN expression AND expression   /*指定范围*/

| expression IS [NOT] NULL   /*是否空值判断*/

| expression [NOT] IN (subquery | expression[,...n])   /*IN子句*/

| EXIST (subquery)   /*EXIST子查询*/

}

1. 表达式比较

比较运算符用于比较两个表达式的值，共有7个，分别是=（等于）、<（小于）、<=（小于等于）、>（大于）、>=（大于等于）、<>（不等于）、!=（不等于）。

表达式比较

比较运算符的格式为：

expression {= | < | <= | > | >= | <> | !=}expression

当两个表达式值均不为空值（NULL）时，比较运算返回逻辑值TRUE（真）或FALSE（假）；而当两个表达式中有一个为空值或都为空值时，比较运算将返回UNKNOWN。

【例4-7】 在SCOTT模式下，查询emp表中工资（sal）大于1 500的数据记录，代码如下。

SQL> select empno,ename,sal from emp where sal > 1500;

本例运行结果如图4-12所示。

	EMPNO	ENAME	SAL
1	7499	ALLEN	1600
2	7566	JONES	2975
3	7698	BLAKE	2850
4	7782	CLARK	2450
5	7788	SCOTT	3000
6	7839	KING	5000
7	7902	FORD	3000

图4-12　查询工资大于
1 500的记录

2. 模式匹配

LIKE谓词用于指出一个字符串是否与指定的字符串相匹配，其运算对象可以是char、varchar2和date类型的数据，返回逻辑值TRUE或FALSE。LIKE谓词表达式的语法格式如下。

string_expression [NOT] LIKE string_expression[ESCAPE 'escape_character']

模式匹配

LIKE运算符可以使用以下两个通配符——"%"和"_"。

❑ "%"：代表0个或多个字符。

❑ "_"：代表一个且只能是一个字符。

例如，"K%"表示以字母K开头的任意长度的字符串，"%M%"表示包含字母M的任意长度的字符串，"_MRKJ"表示5个字符长度且后面4个字符是MRKJ的字符串。

【例4-8】 在emp表中，使用like关键字匹配以字母S开头的任意长度的员工名称，代码如下。

SQL> select empno,ename,job from emp where ename like 'S%';

本例运行结果如图4-13所示。

	EMPNO	ENAME	JOB
1	7369	SMITH	CLERK
2	7788	SCOTT	ANALYST

图4-13　使用like关键字

说明　可以在LIKE关键字前面加上NOT，表示否定的判断，如果LIKE为真，则NOT LIKE为假。

3. 范围比较

用于范围比较的关键字有两个：IN和BETWEEN。

（1）IN关键字

范围比较

当测试一个数据值是否匹配一组目标值中的一个时，通常使用IN关键字来指定列表搜索条件。IN关键字的格式是IN（目标值1,目标值2,目标值3,…），目标值的项目之间必须使用逗号分隔，并且括在括号中。

【例4-9】 在emp表中，使用IN关键字查询职务为"PRESIDENT""MANAGER"和"ANALYST"中任意一种的员工信息，代码如下。

SQL> select empno,ename,job from emp where job in('PRESIDENT','MANAGER','ANALYST');

本例运行结果如图4-14所示。

另外，NOT IN表示查询指定的值不在某一组目标值中，这种方式在实际应用中也很常见。

【例4-10】在emp表中，使用NOT IN关键字查询职务不在指定目标列表（PRESIDENT、MANAGER、ANALYST）范围内的的员工信息，代码如下。

SQL> select empno,ename,job from emp where job not in('PRESIDENT','MANA-GER','ANALYST');

本例运行结果如图4-15所示。

（2）BETWEEN关键字

需要返回某一个数据值是否位于两个给定的值之间，可以使用范围条件进行检索。通常使用BETWEEN...AND和NOT...BETWEEN...AND来指定范围条件。

使用BETWEEN...AND查询条件时，指定的第一个值必须小于第二个值。因为BETWEEN...AND实质是查询条件"大于等于第一个值，并且小于等于第二个值"的简写形式。即BETWEEN...AND要包括两端的值，等价于比较运算符（>=…<=）。

【例4-11】 在emp表中，使用BETWEEN...AND关键字查询工资（sal）在2 000元到3 000元之间的员工信息，代码如下。

SQL> select empno,ename,sal from emp where sal between 2000 and 3000;

本例运行结果如图4-16所示。

而NOT...BETWEEN...AND语句返回某一个数据值在两个指定值的范围以外，但并不包括两个指定的值。

例如在emp表中，使用NOT...BETWEEN...AND关键字查询工资（SAL）在1 000元到3 000元之间的员工信息，代码如下。

SQL> select empno,ename,sal from emp where sal not between 1000 and 3000;

本例运行结果如图4-17所示。

4. 空值比较

空值（NULL）从技术上来说就是未知的、不确定的值，但空值与空字符串不同，因为空值是不存在的值，而空字符串是长度为0的字符串。

因为空值代表的是未知的值，所以并不是所有的空值都相等。例如，"student"表中有两个学生的年龄未知，但无法证明这两个学生的年龄相等。这样就不能用"="运算符来检测空值。所以SQL引入了一个IS NULL关键字来检测特殊值之间的等价性，并且IS NULL关键字通常在WHERE子句中使用。

【例4-12】查询emp表中没有奖金的员工信息，代码如下。

SQL> select empno,ename,sal,comm from emp where comm is null;

本例运行结果如图4-18所示。

	EMPNO	ENAME	JOB
1	7566	JONES	MANAGER
2	7698	BLAKE	MANAGER
3	7782	CLARK	MANAGER
4	7788	SCOTT	ANALYST
5	7839	KING	PRESIDENT
6	7902	FORD	ANALYST

图4-14　使用IN关键字

	EMPNO	ENAME	JOB
1	7369	SMITH	CLERK
2	7499	ALLEN	SALESMAN
3	7521	WARD	SALESMAN
4	7654	MARTIN	SALESMAN
5	7844	TURNER	SALESMAN
6	7876	ADAMS	CLERK
7	7900	JAMES	CLERK
8	7934	MILLER	CLERK

图4-15　使用NOT IN关键字

	EMPNO	ENAME	SAL
1	7566	JONES	2975
2	7698	BLAKE	2850
3	7782	CLARK	2450
4	7788	SCOTT	3000
5	7902	FORD	3000

图4-16　使用BETWEEN... AND关键字

	EMPNO	ENAME	SAL
1	7369	SMITH	800
2	7839	KING	5000
3	7900	JAMES	950

图4-17　使用NOT...BETWEEN...AND关键字

空值比较

	EMPNO	ENAME	SAL	COMM
1	7369	SMITH	800	(null)
2	7566	JONES	2975	(null)
3	7698	BLAKE	2850	(null)
4	7782	CLARK	2450	(null)
5	7788	SCOTT	3000	(null)
6	7839	KING	5000	(null)
7	7876	ADAMS	1100	(null)
8	7900	JAMES	950	(null)
9	7902	FORD	3000	(null)
10	7934	MILLER	1300	(null)

图4-18　使用IS NULL关键字

5. 子查询

在查询条件中，可以使用另一个查询的结果作为条件的一部分，例如，判定列值是否与某个查询的结果集中的值相等，作为查询条件一部分的查询称为子查询。PL/SQL允许SELECT多层嵌套使用，用来表示复杂的查询。子查询除了可以用在SELECT语句中，还可以用在INSERT、UPDATE及DELETE语句中。

子查询

子查询通常与谓词IN、EXIST及比较运算符结合使用。

（1）单行子查询

单行子查询是指返回一行数据的子查询语句。当在WHERE子句中引用单行子查询时，可以使用单行比较运算符（=、>、<、>=、<=和<>）。

【例4-13】 在emp表中，查询既不是最高工资，也不是最低工资的员工信息，具体代码如下。

```
SQL> select empno,ename,sal from emp
     where sal > (select min(sal) from emp)
     and sal < (select max(sal) from emp);
```

本例运行结果如图4-19所示。

在上面的语句中，如果内层子查询语句的执行结果为空值，那么外层的WHERE子句就始终不会满足条件，这样该查询的结果就必然为空值，因为空值无法参与比较运算。

在执行单行子查询时，要注意子查询的返回结果必须是一行数据，否则Oracle系统会提示无法执行。另外，子查询中也不能包含ORDER BY子句，如果非要对数据进行排序的话，那么只能在外查询语句中使用ORDER BY子句。

	EMPNO	ENAME	SAL
1	7499	ALLEN	1600
2	7521	WARD	1250
3	7566	JONES	2975
4	7654	MARTIN	1250
5	7698	BLAKE	2850
6	7782	CLARK	2450
7	7788	SCOTT	3000
8	7844	TURNER	1500
9	7876	ADAMS	1100
10	7900	JAMES	950
11	7902	FORD	3000
12	7934	MILLER	1300

图4-19　单行子查询

（2）多行子查询

多行子查询是指返回多行数据的子查询语句。当在WHERE子句中使用多行子查询时，必须使用多行比较符（IN、ANY、ALL）。

❑ 使用IN运算符。

当在多行子查询中使用IN运算符时，外查询会尝试与子查询结果中的任何一个结果进行匹配，只要有一个匹配成功，则外查询返回当前检索的记录。

【例4-14】在emp表中，查询不是销售部门（SALES）的员工信息，具体代码如下。

```
SQL> select empno,ename,job
     from emp where deptno in
     (select deptno from dept where dname<>'SALES');
```

本例运行结果如图4-20所示。

❑ 使用ANY运算符。

ANY运算符必须与单行操作符结合使用，并且返回行只要匹配子查询的任何一个结果即可。

【例4-15】 在emp表中，查询工资大于部门编号为10的任意一个员工工资的其他部门的员工信息，具体代码如下。

```
SQL> select deptno,ename,sal from emp where sal > any
    (select sal from emp where deptno = 10) and deptno <> 10;
```

本例运行结果如图4-21所示。

❑ 使用ALL运算符。

ALL运算符必须与单行运算符结合使用，并且返回行必须匹配所有子查询结果。

【例4-16】 在emp表中，查询工资大于部门编号为30的所有员工工资的员工信息，具体代码如下。

```
SQL> select deptno,ename,sal from emp where sal > all
    (select sal from emp where deptno = 30);
```

本例运行结果如图4-22所示。

（3）关联子查询

在单行子查询和多行子查询中，内查询和外查询是分开执行的，也就是说内查询的执行与外查询的执行是没有关系的，外查询仅仅是使用内查询的最终结果。在一些特殊需求的子查询中，内查询的执行需要借助于外查询，而外查询的执行又离不开内查询的执行，这时，内查询和外查询是相互关联的，这种子查询就被称为关联子查询。

【例4-17】 在emp表中，使用"关联子查询"检索工资大于同职位的平均工资的员工信息，具体代码如下。

```
SQL> select empno,ename,sal
    from emp f
    where sal > (select avg(sal) from emp where job = f.job)
    order by job;
```

本例运行结果如图4-23所示。

在上面的查询语句中，内查询使用关联子查询计算每个职位的平均工资。而关联子查询必须知道职位的名称，为此外查询就使用f.job字段值为内层查询提供职位名称，以便于计算出某个职位的平均工资。如果外查询正在检索的数据行的工资高于平均工资，则该行的员工信息会显示出来，否则不显示。

	EMPNO	ENAME	JOB
1	7934	MILLER	CLERK
2	7839	KING	PRESIDENT
3	7782	CLARK	MANAGER
4	7902	FORD	ANALYST
5	7876	ADAMS	CLERK
6	7788	SCOTT	ANALYST
7	7566	JONES	MANAGER
8	7369	SMITH	CLERK

图4-20　IN运算符

	DEPTNO	ENAME	SAL
1	20	SCOTT	3000
2	20	FORD	3000
3	20	JONES	2975
4	30	BLAKE	2850
5	30	ALLEN	1600
6	30	TURNER	1500

图4-21　ANY运算符

	DEPTNO	ENAME	SAL
1	20	JONES	2975
2	20	SCOTT	3000
3	20	FORD	3000
4	10	KING	5000

图4-22　ALL运算符

	EMPNO	ENAME	SAL
1	7876	ADAMS	1100
2	7934	MILLER	1300
3	7566	JONES	2975
4	7698	BLAKE	2850
5	7499	ALLEN	1600
6	7844	TURNER	1500

图4-23　关联子查询

 在执行关联子查询的过程中，必须遍历数据表中的每条记录，因此如果被遍历的数据表中有大量数据记录，则关联子查询的执行速度会比较缓慢。

4.2.3 连接

在实际的应用系统开发中会设计多个数据表，每个表的信息不是独立存在的，而是存在一定的关系，这样当用户查询某一个表的信息时，很可能需要查询关联数据表的信息，这就是多表关联查询。SELECT语句自身是支持多表关联查询的，多表关联查询要比单表查询复杂得多。在进行多表关联查询时，可能会涉及表别名、内连接、外连接、自然连接、自连接和交叉连接等概念，下面将对这些内容进行讲解。

1. 表别名

在多表关联查询时，如果多个表之间存在同名的列，则必须使用表名来限定列的引用。例如，在SCOTT模式中，dept表和emp表都有DEPTNO列，那么当用户使用该列关联查询两个表时，就需要通过指定表名来区分这两个列的归属。但是，随着查询变得越来越复杂，语句就会因为每次限定列必须输入表名而变得冗长乏味。对于这种情况，SQL语言提供了设定表别名的机制，使用简短的别名就可以替代原有较长的表名称，这样就可以大大缩减语句的长度。

表别名

> 【例4-18】在SCOTT模式下，通过DEPTNO（部门号）列来关联emp表和dept表，并检索这两个表中相关字段的信息，代码及运行结果如下。

```
SQL> select e.empno as 员工编号, e.ename as 员工名称, d.dname as 部门
     from emp e, dept d
     where e.deptno=d.deptno
     and e.job='MANAGER';
     员工编号                  员工名称                      部门
     ---------------         ----------             ---------------
         7782                 CLARK                  ACCOUNTING
         7566                 JONES                  RESEARCH
         7698                 BLAKE                  SALES
```

在上面的SELECT语句中，FROM子句最先执行，然后才是WHERE子句和SELECT子句，这样在FROM子句中指定表的别名后，当需要限定引用列时，其他所有子句都可以使用表的别名。

另外，还需要注意一点，一旦在FROM子句中为表指定了别名，则必须在剩余的子句中都使用表的别名，而不允许再使用原来的表名称，否则，将出现"'EMP' 'JOB'：标识符无效"的提示。

总结一下，使用表的别名的注意事项：

- ❑ 表的别名在FROM子句中定义，别名放在表名之后，它们之间用空格隔开。
- ❑ 别名一经定义，在整个的查询语句中就只能使用表的别名而不能再使用表名。
- ❑ 表的别名只在所定义的查询语句中有效。
- ❑ 应该选择有意义的别名，表的别名最长为30个字符，但越短越好。

2. 内连接

内连接是一种常用的多表关联查询方式，一般使用关键字INNER JOIN来实现。其中，INNER关键字可以省略，当只使用JOIN关键字时，语句只表示内连接操作。在使用内连接查询多个表时，必须在FROM子句之后定义一个ON子句，ON子句指定内连接操作列出与连接条件匹配的数据行，它使用比较运算法比较被连接列值。简单地说，内连接就是使用JOIN指定用于连接的两个表，使用ON指定连接表的连接条件。若进一步限制查询范围，则可以直接在后面添加WHERE子句。内连接的语法格式如下。

内连接

```
SELECT columns_list
FROM table_name1[INNER] JOIN table_name2
ON join_condition;
```

- ❑ columns_list：字段列表。
- ❑ table_name1和table_name2：两个要实现内连接的表。
- ❑ join_condition：实现内连接的的条件表达式。

【例4-19】 在SCOTT模式下，通过deptno字段来内连接emp表和dept表，并检索这两个表中相关字段的信息，代码及运行结果如下。

```
SQL> select e.empno as 员工编号, e.ename as 员工名称, d.dname as
部门
    from emp e inner join dept d
    on e.deptno=d.deptno;
```

本例运行结果如图4-24所示。

	员工编号	员工名称	部门
1	7369	SMITH	RESEARCH
2	7499	ALLEN	SALES
3	7521	WARD	SALES
4	7566	JONES	RESEARCH
5	7654	MARTIN	SALES
6	7698	BLAKE	SALES
7	7782	CLARK	ACCOUNTING
8	7788	SCOTT	RESEARCH
9	7839	KING	ACCOUNTING
10	7844	TURNER	SALES
11	7876	ADAMS	RESEARCH
12	7900	JAMES	SALES
13	7902	FORD	RESEARCH
14	7934	MILLER	ACCOUNTING

图4-24 内连接操作

由于上面代码表示内连接操作，所以在from子句中完全可以省略inner关键字。

3. 外连接

使用内连接进行多表查询时，返回的查询结果中只包含符合查询条件和连接条件的行。内连接消除了与另一个表中的任何行不匹配的行，而外连接扩展了内连接的结果集，除了返回所有匹配的行外，还会返回一部分或全部不匹配的行，这主要取决于外连接的种类。外连接通常有以下三种。

外连接

- ❑ 左外连接：关键字为LEFT OUTER JOIN或LEFT JOIN。
- ❑ 右外连接：关键字为RIGHT OUTER JOIN 或RIGHT JOIN。
- ❑ 完全外连接：关键字为FULL OUTER JOIN或FULL JOIN。

与内连接不同的是，外连接不只列出与连接条件匹配的行，还能够列出左表（左外连接时）、右表（右外连接时）或两个表（完全外连接时）中所有符合搜索条件的数据行。

（1）左外连接

左外连接的查询结果中不仅包含了满足连接条件的数据行，而且还包含左表中不满足连接条件的数据行。

【例4-20】 首先使用insert语句在emp表中插入新记录（注意没有为deptno和dname列插入值，即它们的值为null），然后实现emp表和dept表之间通过deptno列进行左外连接，具体代码如下。

```
SQL> insert into emp(empno,ename,job) values(9527,'EAST','SALESMAN');
已创建 1 行。
SQL> select e.empno,e.ename,e.job,d.deptno,d.dname
    from emp e left join dept d
    on e.deptno=d.deptno;
```

本例运行结果如图4-25所示。

从上面的查询结果中可以看到，虽然新插入数据行的deptno列值为null，但该行记录仍然出现在查询结果中，这说明左外连接的查询结果会包含左表中不满足"连接条件"的数据行。

（2）右外连接

同样道理，右外连接的查询结果中不仅包含了满足连接条件的数据行，而且还包含右表中不满足连接条

	EMPNO	ENAME	JOB	DEPTNO	DNAME
1	7934	MILLER	CLERK	10	ACCOUNTING
2	7839	KING	PRESIDENT	10	ACCOUNTING
3	7782	CLARK	MANAGER	10	ACCOUNTING
4	7902	FORD	ANALYST	20	RESEARCH
5	7876	ADAMS	CLERK	20	RESEARCH
6	7788	SCOTT	ANALYST	20	RESEARCH
7	7566	JONES	MANAGER	20	RESEARCH
8	7369	SMITH	CLERK	20	RESEARCH
9	7900	JAMES	CLERK	30	SALES
10	7844	TURNER	SALESMAN	30	SALES
11	7698	BLAKE	MANAGER	30	SALES
12	7654	MARTIN	SALESMAN	30	SALES
13	7521	WARD	SALESMAN	30	SALES
14	7499	ALLEN	SALESMAN	30	SALES
15	9527	EAST	SALESMAN	(null)	(null)

图4-25　左外连接操作

件的数据行。

【例4-21】 在SCOTT模式下，实现emp表和dept表之间通过deptno列进行右外连接，具体代码
如下。

```
SQL> select e.empno,e.ename,e.job,d.deptno,d.dname
    from emp e right join dept d
    on e.deptno=d.deptno;
```

本例运行结果如图4-26所示。

	EMPNO	ENAME	JOB	DEPTNO	DNAME
1	7369	SMITH	CLERK	20	RESEARCH
2	7499	ALLEN	SALESMAN	30	SALES
3	7521	WARD	SALESMAN	30	SALES
4	7566	JONES	MANAGER	20	RESEARCH
5	7654	MARTIN	SALESMAN	30	SALES
6	7698	BLAKE	MANAGER	30	SALES
7	7782	CLARK	MANAGER	10	ACCOUNTING
8	7788	SCOTT	ANALYST	20	RESEARCH
9	7839	KING	PRESIDENT	10	ACCOUNTING
10	7844	TURNER	SALESMAN	30	SALES
11	7876	ADAMS	CLERK	20	RESEARCH
12	7900	JAMES	CLERK	30	SALES
13	7902	FORD	ANALYST	20	RESEARCH
14	7934	MILLER	CLERK	10	ACCOUNTING
15	(null)	(null)	(null)	40	OPERATIONS

图4-26　右外连接操作

从上面的查询结果中可以看到，虽然部门编号为40的部门现在在emp表中还没有员工记录，但它却出现
在查询结果中，这说明右外连接的查询结果会包含右表中不满足"连接条件"的数据行。

在外连接中也可以使用外连接的连接运算符，外连接的连接运算符为"（＋）"，该连接运算符可以放
在等号的左面也可以放在等号的右面，但一定要放在缺少相应信息的那一面，如放在e.deptno所在的一方。

当使用(+)操作符执行外连接时，应该将该操作符放在显示较少行（完全满足连接条件行）的
一端。

上面的查询语句还可以这么写，代码如下。

```
SQL> select e.empno,e.ename,e.job,d.deptno,d.dname
    from emp e, dept d
    where e.deptno(+)=d.deptno;
```

运行结果和上例一样。

使用(+)操作符时应注意：

- 当使用(+)操作符执行外连接时，如果在WHERE子句中包含多个条件，则必须在所有条件中都包含(+)操作符。
- (+)操作符只适用于列，而不能用在表达式上。
- (+)操作符不能与ON和IN操作符一起使用。

（3）完全外连接

在执行完全外连接时，Oracle会执行一个完整的左外连接和右外连接查询，然后将查询结果合并，并消除重复的记录行。

【例4-22】 在SCOTT模式下，实现emp表和dept表之间通过deptno列进行完全外连接，具体代码如下。

```
SQL> select e.empno,e.ename,e.job,d.deptno,d.dname
    from emp e full join dept d
    on e.deptno=d.deptno;
```

本例运行结果如图4-27所示。

	EMPNO	ENAME	JOB	DEPTNO	DNAME
1	7369	SMITH	CLERK	20	RESEARCH
2	7499	ALLEN	SALESMAN	30	SALES
3	7521	WARD	SALESMAN	30	SALES
4	7566	JONES	MANAGER	20	RESEARCH
5	7654	MARTIN	SALESMAN	30	SALES
6	7698	BLAKE	MANAGER	30	SALES
7	7782	CLARK	MANAGER	10	ACCOUNTING
8	7788	SCOTT	ANALYST	20	RESEARCH
9	7839	KING	PRESIDENT	10	ACCOUNTING
10	7844	TURNER	SALESMAN	30	SALES
11	7876	ADAMS	CLERK	20	RESEARCH
12	7900	JAMES	CLERK	30	SALES
13	7902	FORD	ANALYST	20	RESEARCH
14	7934	MILLER	CLERK	10	ACCOUNTING
15	(null)	(null)	(null)	40	OPERATIONS

图4-27　完全连接操作

4. 自然连接

自然连接和内连接的功能相似，是指在检索多个表时，Oracle会将第一个表中的列与第二个表具有相同名称的列进行自动连接。在自然连接中，用户不需要明确指定进行连接的列，这个任务由Oracle系统自动完成，自然连接使用"NATURAL JOIN"关键字。

自然连接

【例4-23】 在emp表中检索工资（sal字段）大于2 000元的记录，并实现emp表与dept表的自然连接，具体代码如下。

```
SQL> select empno,ename,job,dname
    from emp natural join dept
```

```
where sal > 2000;
```

本例运行结果如图4-28所示。

	EMPNO	ENAME	JOB	DNAME
1	7566	JONES	MANAGER	RESEARCH
2	7698	BLAKE	MANAGER	SALES
3	7782	CLARK	MANAGER	ACCOUNTING
4	7788	SCOTT	ANALYST	RESEARCH
5	7839	KING	PRESIDENT	ACCOUNTING
6	7902	FORD	ANALYST	RESEARCH

图4-28　自然连接操作

由于自然连接强制要求表之间必须具有相同的列名称，这样容易在设计表时出现不可预知的错误，所以在实际应用系统开发中很少用到自然连接。但这毕竟是一种多表关联查询数据的方式，在某些特定情况下还是有一定的使用价值。另外，需要注意的是，在使用自然连接时，不能为列指定限定词（即表名或表的别名），否则Oracle系统会出现"ORA-25155：NATURAL连接中使用的列不能有限定词"的错误提示。

5. 自连接

在应用系统开发中，用户可能会拥有"自引用式"的外键。"自引用式"外键是指表中的一个列可以是该表主键的一个外键。

自连接

自连接主要用在自参考表上显示上下级关系或者层次关系。自参照表是指在同一张表的不同列之间具有参照关系或主从关系的表。例如，emp表包含empno（雇员号）和mgr（管理者号）列，两者之间就具有参照关系，如图4-29所示。这样用户就可以通过mgr列与empno列的关系，实现查询某个管理者所管理的下属员工信息。

```
empno              ename              mgr
-------            ------             -----
7839               KING
7566               JONES              7839
7698               BLAKE              7839
7782               CLARK              7839
...
```

图4-29　emp表中EMPNO列和MGR列之间的关系

根据EMPNO列和MGR列的对应关系，可以确定雇员JONES、BLAKE和CLARK的管理者为KING。为了显示雇员及其管理者之间的对应关系，可以使用自连接。因为自连接是在同一张表之间的连接查询，所以必须定义表别名。通过下面的实例，说明使用自连接的方法。

	上层管理者	下属员工
1	JONES	SCOTT
2	JONES	FORD
3	BLAKE	MARTIN
4	BLAKE	WARD
5	BLAKE	TURNER
6	BLAKE	JAMES
7	BLAKE	ALLEN
8	CLARK	MILLER
9	SCOTT	ADAMS
10	KING	CLARK
11	KING	BLAKE
12	KING	JONES
13	FORD	SMITH
14	(null)	KING

【例4-24】 在SCOTT模式下，查询所有管理者所管理的下属员工信息，具体代码如下。

```
SQL> select em2.ename 上层管理者,em1.ename as 下属员工
     from emp em1 left join emp em2
     on em1.mgr=em2.empno
     order by em1.mgr;
```

本例运行结果如图4-30所示。

图4-30　自连接操作

6. 交叉连接

交叉连接实际上就是不需要任何连接条件的连接，它使用cross join关键字来实现，其语法格式如下。

交叉连接

```
Select colums_list
From table_name1 cross join table_name2
```

❑ colums_list：字段列表。

❑ table_name1和table_name2：两个实现交叉连接的表名。

交叉连接的执行结果是一个笛卡儿积，这种查询结果是非常冗余的，但可以通过WHERE子句来过滤有用的记录信息。

【例4-25】在SCOTT模式下，通过交叉连接dept表和emp表，计算出查询结果的行数，具体代码及运行结果如下。

	COUNT (*)
1	56

图4-31 交叉连接操作

```
SQL> select count(*)
        from dept cross join emp;
```

4.2.4 统计

为了简化表空间的管理并提高系统性能，Oracle建议将不同类型的数据对象存放到不同的表空间中，因此，在创建数据库后，数据库管理员还应该根据具体应用的情况，建立不同类型的表空间。例如，建立专门用于存放表数据的表空间、建立专门用于存放索引或簇数据的表空间等，因此创建表空间的工作就显得十分重要，在创建表空间时必须要考虑以下几点。

聚合函数

1. 聚合函数

使用聚合类函数可以针对一组数据进行计算，并得到相应的结果。比如常用的操作有计算平均值、统计记录数、计算最大值等。Oracle 11g所提供的主要聚合函数如表4-2所示。

表4-2 主要的聚合函数及其说明

函　数	说　明
AVG(x[DISTINCT|ALL])	计算选择列表项的平均值，列表项目可以是一个列或多个列的表达
COUNT(x[DISTINCT|ALL])	返回查询结果中的记录数
MAX(x[DISTINCT|ALL])	返回选择列表项目中的最大数，列表项目可以是一个列或多个列的表达式
MIN(x[DISTINCT|ALL])	返回选择列表项目中的最小数，列表项目可以是一个列或多个列的表达式
SUM(x[DISTINCT|ALL])	返回选择列表项目的数值总和，列表项目可以是一个列或多个列的表达式
VARIANCE(x[DISTINCT|ALL])	返回选择列表项目的统计方差，列表项目可以是一个列或多个列的表达式
STDDEV(x[DISTINCT|ALL])	返回选择列表项目的标准偏差，列表项目可以是一个列或多个列的表达式

在实际的应用系统开发中，聚合函数应用比较广泛，比如统计平均值、记录总数等。下面来看一个例子。

【例4-26】 在SCOTT模式下，使用COUNT函数计算员工总数，使用AVG函数计算平均工资，具体代码及运行结果如下。

```
SQL> select count(empno) as 员工总数,round(avg(sal),2) as 平均工资 from emp;
        员工总数                      平均工资
    _____            _____
            14                      2073.21
```

GROUP BY
函数

2. GROUP BY函数

GROUP BY子句经常与聚集函数一起使用。使用GROUP BY子句和聚集函数可以实现对查询结果中每一组数据进行分类统计。所以，在结果中每组数据都有一个与之对应的统计值。在Oracle系统中，经常使用的统计函数如表4-3所示。

表4-3 常用的统计函数

函 数	说 明
AVG	返回一个数字列或是计算列的平均值
COUNT	返回查询结果中的记录数
MAX	返回一个数字列或是计算列的最大值
MIN	返回一个数字列或是计算列的最小值
SUM	返回一个数字列或是计算列的总和

【例4-27】在emp表中，使用GROUP BY子句对工资记录进行分组，并计算平均工资（AVG）、所有工资的总和（SUM）以及最高工资（MAX）和各组的行数，具体代码如下。

```
SQL> select job,avg(sal),sum(sal),max(sal),count(job)
    from emp
    group by job ;
```

本例运行结果如图4-32所示。

	JOB	AVG (SAL)	SUM (SAL)	MAX (SAL)	COUNT (JOB)
1	CLERK	1037.5	4150	1300	4
2	SALESMAN	1400	5600	1600	4
3	PRESIDENT	5000	5000	5000	1
4	MANAGER	2758.333333333333333333333333333333333333	8275	2975	3
5	ANALYST	3000	6000	3000	2

图4-32 使用GROUP BY子句分组

在使用GROUP BY子句时，要注意以下几点。

❑ 在select子句的后面只可以有两类表达式：统计函数和进行分组的列名。

❑ 在select子句中的列名必须是进行分组的列，除此之外添加其他的列名都是错误的，但是，GROUP BY子句后面的列名可以不出现在select子句中。

❑ 在默认情况下，将按照GROUP BY子句指定的分组列升序排序，如果需要重新排序，可以使用order by子句指定新的排序顺序。

3. HAVING子句

HAVING子句通常与GROUP BY子句一起使用，在完成对分组结果统计后，可以使用HAVING子句对分组的结果做进一步的筛选。如果不使用GROUP BY子句，HAVING子句的功能与WHERE子句一样。

HAVING子句和WHERE子句的相似之处是定义搜索条件。唯一不同的是HAVING子句中可以包含聚合函数，比如常用的聚合函数count、avg、sum等；在WHERE子句中则不可以使用聚合函数。

HAVING子句

如果在SELECT语句中使用了GROUP BY子句，那么HAVING子句将应用于GROUP BY子句创建的那些组。如果指定了WHERE子句，而没有指定GROUP BY子句，那么HAVING子句将应用于WHERE子句的输出，并且整个输出被看作一个组。如果在SELECT语句中既没有指定WHERE子句，也没有指定GROUP BY子句，那么HAVING子句将应用于FROM子句的输出，并且将其看作一个组。

 说明　对HAVING子句作用的理解有一个办法，就是记住SELECT语句中的子句处理顺序。在SELECT语句中，首先由FROM子句找到数据表，WHERE子句则接收FROM子句输出的数据，而HAVING子句则接收来自GROUP BY、WHERE或FROM子句的输出。

【例4-28】在emp表中，首先通过分组的方式计算出每个部门的平均工资，然后再通过having子句过滤出平均工资大于2 000元的记录信息，具体代码如下。

```
SQL> select deptno as 部门编号,avg(sal) as 平均工资
     from emp
     group by deptno
     having avg(sal) > 2000 ;
```

本例运行结果如图4-33所示。

	部门编号	平均工资
1	20	2175
2	10	2916.6666666666666666666666666666666667

图4-33　平均工资大于2 000元的记录信

从查询结果中可以看出，SELECT语句使用GROUP BY子句对emp表进行分组统计，然后再由HAVING子句根据统计值做进一步筛选。

上面的示例无法使用WHERE子句直接过滤出平均工资大于2 000元的部门信息，因为在WHERE子句中不可以使用聚合函数（这里是AVG）。

通常情况下，HAVING子句与GROUP BY子句一起使用，这样可以汇总相关数据后再进一步筛选汇总的数据。

4.2.5　排序

在检索数据时，如果把数据从数据库中直接读取出来，这时查询结果将按照默认顺序排列，但往往这种默认排列顺序并不是用户所需要的。尤其返回数据量较大时，用户查看自己想要的信息非常不方便，因此需要对检索的结果集进行排序。在SELECT语句中，可以使用ORDER BY子句对检索的结果集进行排序，该子句位于FROM子句之后，其语法格式如下。

排序

```
SELECT columns_list
FROM table_name
[WHERE conditional_expression]
[GROUP BY columns_list]
```

ORDER BY { order_by_expression [ASC | DESC] } [,...n]

❑ columns_list：字段列表，在GROUP BY子句中也可以指定多个列分组。

❑ table_name：表名。

❑ conditional_expression：筛选条件表达式。

❑ order_by_expression：表示要排序的列名或表达式。关键字ASC表示按升序排列，这也是默认的排序方式；关键字DESC表示按降序排列。

ORDER BY子句可以根据查询结果中的一个列或多个列对查询结果进行排序，并且第一个排序项是主要的排序依据，其次是那些次要的排序依据。

【例4-29】在SCOTT模式下，检索emp表中的所有数据，并按照部门编号（deptno）、员工编号（empno）排序，具体代码如下。

SQL> select deptno,empno,ename from emp order by deptno,empno;

本例运行结果如图4-34所示。

	DEPTNO	EMPNO	ENAME
1	10	7782	CLARK
2	10	7839	KING
3	10	7934	MILLER
4	20	7369	SMITH
5	20	7566	JONES
6	20	7788	SCOTT
7	20	7876	ADAMS
8	20	7902	FORD
9	30	7499	ALLEN
10	30	7521	WARD
11	30	7654	MARTIN
12	30	7698	BLAKE
13	30	7844	TURNER
14	30	7900	JAMES

图4-34 使用ORDER BY子句排序

4.3 数据库视图

4.3.1 视图的概念

视图是一个虚拟表，它由存储的查询构成，可以将它的输出看作一个表。视图同真的表一样，也可以包含一系列带有名称的列和行数据。但是，视图并不在数据库中存储数据值，其数据值来自定义视图的查询语句所引用的表，数据库只在数据字典中存储视图的定义信息。

视图的概念

视图建立在关系表上，也可以在其他视图上，或者同时建立在两者之上。视图看上去非常像数据库中的表，甚至可以在视图中进行INSERT、UPDATE和DELETE操作。通过视图修改数据时，实际上就是在修改基本表中的数据。与之相对应，改变基本表中的数据也会反映到由该表组成的视图中。

4.3.2 创建视图

视图在数据库中是作为一个对象来存储的。创建视图前，要保证创建视图的用户已被数据库所有者授

权可以使用CREATE VIEW语句，并且有权操作视图所涉及的表或其他视图。
在Oracle 11g中，视图可以在SQL Developer中创建，还可以使用PL/SQL的
CREATE VIEW语句创建。

创建视图

1. 在SQL Developer中创建视图

在SQL Developer中创建视图stu_view的操作步骤如下。

启动SQL Developer，展开orc_scott连接，右键单击"视图"节点选择"新建
视图"菜单项，在方案和名称栏输入方案和视图名，在"SQL查询"选项卡中输入
创建视图的SQL语句，如图4-35所示，之后在"DDL"选项卡中将列出创建该视
图将使用的SQL语句。单击"确定"按钮完成视图的创建。

在"视图"节点下选择视图"stu_view"，单击"数据"选项卡，将显示视图中的数据，如图4-36
所示。

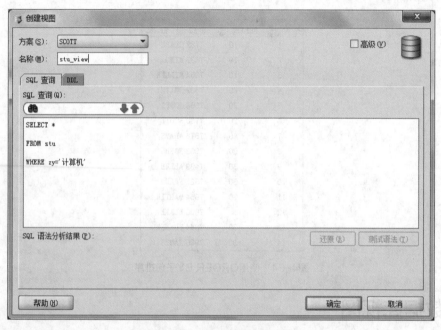

图4-35 创建视图

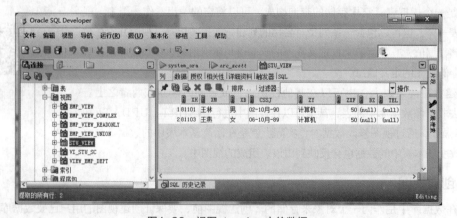

图4-36 视图stu_view中的数据

2. 使用CREATE VIEW语句创建视图

创建视图是使用CREATE VIEW语句完成的。为了在当前用户模式中创建视图，要求数据库用户必须具有CREATE VIEW系统权限；如果要在其他用户模式中创建视图，则用户必须具有CREATE ANY VIEW系统权限，创建视图最基本的语法格式如下。

```
create [or replace] view <view_name> [alias[,alias]···) ]
as <subquery>
[with check option] [constraint constraint_name]
[with read only]
```

- ❑ alias：用于指定视图列的别名。
- ❑ subquery：用于指定视图对应的子查询语句。
- ❑ with check option：该子句用于指定在视图上定义的CHECK约束。
- ❑ with read only：该子句用于定义只读视图。

在创建视图时，如果不提供视图列别名，Oracle会自动使用子查询的列名或列别名；如果视图子查询包含函数或表达式，则必须定义列别名。

视图只是逻辑表，它不包含任何数据。

【例4-30】 在SCOTT模式下，创建一个查询部门编号为20的视图，代码及运行结果如下。

```
SQL> create or replace view emp_view as
    select empno,ename,job,sal,deptno
    from emp
    where deptno = 20;
视图已创建。
```

【例4-31】 在SCOTT模式下，创建一视图，要求能够查询每个部门的工资情况，代码及运行结果如下。

```
SQL> create or replace view emp_view_complex as
    select deptno 部门编号,max(sal) 最高工资,min(sal) 最低工资,avg(sal) 平均工资
    from emp
    group by deptno;
视图已创建。
```

4.3.3 查询视图

用户可以通过SELECT语句像查询普通的数据表一样查询视图的信息，来看下面的例子。

【例4-32】 在SCOTT模式下，通过select语句查询视图emp_view，代码如下。

```
SQL> select * from emp_view;
```

本例运行结果如图4-37所示。

查询视图

	EMPNO	ENAME	JOB	D...	SAL
1	7369	SMITH	CLERK	20	800
2	7566	JONES	MANAGER	20	2975
3	7788	SCOTT	ANALYST	20	3000
4	7876	ADAMS	CLERK	20	1100
5	7902	FORD	ANALYST	20	3000

图4-37　查询视图emp_view

4.3.4　更新视图

通过更新视图（包括插入、修改和删除操作）数据可以修改基表数据。但并不是所有的视图都可以被更新，只有对满足可更新条件的视图，才能进行更新。

更新视图

1. 可更新视图

可更新视图需要满足以下条件。

- 没有使用连接函数、聚合函数和组函数；
- 创建视图的SELECT语句中没有聚合函数且没有GROUP BY、ONNECT BY、START WITH子句及DISTINCT关键字；
- 创建视图的SELECT语句中不包括从基表列通过计算所得的列；
- 创建视图没有包含只读属性。

例如，前面创建的视图emp_view是可更新视图，而emp_view_complex是不可更新视图。

【例4-33】在SCOTT模式下，向视图emp_view中插入一条记录，然后修改这条记录的ename字段值，接着查询emp_view视图中的信息，最后删除该记录并提交到数据库，代码及运行结果如下。

```
SQL> insert into emp_view
     values(9527,'东方', 'MANAGER', '2000',20);
已创建 1 行。
SQL> update emp_view
  2 set ename = '西方'
  3 where empno = 9527;
已更新 1 行。
SQL> select * from emp_view;
    EMPNO        ENAME          JOB              SAL        DEPTNO
-------------  -----------  ----------  ----------  ----------
     9527        西方          MANAGER          2000          20
     7369        SMITH         CLERK            800           20
     7566        JONES         MANAGER          2975          20
     7788        SCOTT         ANALYST          3000          20
     7876        ADAMS         CLERK            1100          20
     7902        FORD          ANALYST          3000          20
已选择6行。
SQL> delete from emp_view where empno=9527;
已删除 1 行。
SQL> commit;
提交完成。
```

系统在执行CREATE VIEW语句创建视图时，只是将视图的定义信息存入数据字典，并不会执行其中的SELECT语句。在对视图进行查询时，系统才会根据视图的定义从基本表中获取数据。由于SELECT是使用最广泛、最灵活的语句，通过它可以构造一些复杂的查询，从而构造一个复杂的视图。

2. 修改数据

使用UPDATE语句可以通过视图修改基本表的数据。

【例4-34】 将emp_view_complex视图中员工编号是7566的员工的工资改为3 000元，代码及运行结果如下。

```
SQL> update emp_view set sal = 3000 where empno = 7566;
已更新 1 行。
```

该语句实际上是将emp_view视图所依赖的基本表emp中部门编号是7566的记录的工资变成3 000元。

4.3.5 修改视图的定义

修改视图定义同样可以通过SQL Developer工具和PL/SQL进行。

1. 使用SQL Developer语句修改视图

在"视图"节点下找到要修改的视图，右键单击选择"编辑"菜单项，弹出"编辑视图"窗口，在窗口中的"SQL查询"栏输入要修改的SELECT语句，如图4-38所示。在"查看信息"选项页中设置"是否强制创建视图"和"READ ONLY"选项。修改完后单击"确定"按钮即可。

修改视图的定义

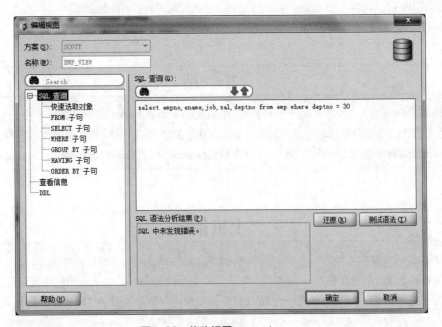

图4-38 修改视图emp_view

2. 使用SQL命令修改视图

Oracle提供了ALTER VIEW语句，但它不是用于修改视图定义，只是用于重新编译或验证现有视图。在Oracle 11g系统中，没有单独的修改视图的语句，修改视图定义的语句就是创建视图的语句。

修改视图而不是删除和重建视图的好处在于，所有相关的权限等安全性都依然存在。如果是删除和重建名称相同的视图，那么系统依然把其作为不同的视图来对待。

【例4-35】 修改视图emp_view_union，使该视图实现查询部门编号为30的功能（原查询信息是部门编号为20的记录），代码及运行结果如下。

```
SQL> create or replace view emp_view_union as
     select d.dname,d.loc,e.empno,e.ename
     from emp e,dept d
     where e.deptno = d.deptno and d.deptno = 30;
视图已创建。
```

说明 在上面代码中，起到至关重要作用的关键字是replace，它表示使用新的视图定义替换掉旧的视图定义。

4.3.6 删除视图

当视图不再需要时，用户可以执行DROP VIEW语句删除视图。用户可以直接删除其自身模式中的视图，但如果要删除其他用户模式中的视图，要求该用户必须具有DROP ANY VIEW 系统权限，下面来看一个例子。

删除视图

【例4-36】删除视图emp_view，代码及其运行结果如下。

```
SQL> drop view emp_view;
视图已删除。
```

执行DROP VIEW语句后，视图的定义将被删除，这对视图内所有的数据没有任何影响，它们仍然存储在基本表中。

小 结

本章首先介绍了三种关系运算——选择、投影和连接；然后重点讲解了数据库中的查询；最后讲解了视图的概念以及视图的创建与使用方法。本章重点讨论了数据库的查询，学习本章内容时，应该重点掌握如何使用SELECT语句对数据库进行各种查询，以及管理视图的操作。

上机指导

使用LIKE关键字，但是要查询的字符串中含有"%"或"_"，要如何操作呢？
要查询的字符串中含有"%"或"_"时，可以使用转义（escape）关键字实现查询。
为了进行练习，必须先创建一个临时的表，之后再往该表中插入1条记录，该记录中包含通配符。
具体步骤如下。
（1）创建一个和dept表相同结构和数据的表dept_temp，代码如下。

```
SQL> create table dept_temp
     as
     select * from dept;
表已创建。
```

（2）插入一条记录，代码如下。

SQL> insert into dept_temp

    values(60,'IT_RESEARCH','BEIJING');

已创建1行

（3）显示临时表dept_temp中部门名称以IT_开头的所有数据行，代码如下。

SQL> select *

    from dept_temp

    where dname like 'IT_%' escape '\';

本例运行结果如图4-39所示。

图4-39　显示临时表dept_temp中部门名称以IT_开头的所有数据行

在（3）查询语句中，使用了"\"，"\"为转义字符，即在"\"之后的"_"字符已不是通配符了，而是它本来的含义，即下划线。因此该查询的结果为：前两个字符为"IT"，第3个字符为"_"，后跟任意字符。

没有必要一定使用"\"字符作为转义符，完全可以使用任何字符来作为转义符。当然许多Oracle的专业人员之所以经常使用"\"字符作为转义符，是因为该字符在UNIX操作系统和C语言中就是转义符。

为了验证以上的论述，输入如下的语句。

SQL> select *

    from dept_temp

    where dname like 'ITa_%' escape 'a';

本例运行结果如图4-40所示。

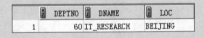

图4-40　验证转义符可以是任何字符

在上面的查询中，将"a"定义为转义符，但是现实结果和图4-40中显示的结果完全相同。

最好不要将在SQL和SQL *Plus中有特殊含义的字符定义为转义符，否则该SQL语句将变得很难理解。

习　题

4-1　在SCOTT模式下，使用all关键字过滤工资（sal）同时不等于3 000元、950元和800元的员工记录。

4-2　使用LIKE关键字，在emp表中，要显示在1981年雇佣的所有员工的信息。

4-3　在emp表中，查询工作是SALESMAN的员工姓名，但是不记得SALESMAN的准确拼写，但还记得它的第1个字符是S，第3个字符是L，第5个字符为S。

4-4　在SCOTT模式下，创建一个dept表与emp表相互关联的视图，并要求该视图只能查询部门编号为20的记录信息。

4-5　通过emp_view_complex视图查询部门员工的工资信息。

4-6　Oracle中如何搜索前 *N* 条记录？

4-7　使用"关联子查询"检索emp表中工资小于同职位平均工资的员工信息。

第5章

索引与数据完整性

本章要点

了解索引的分类 ■
掌握索引对象的创建和维护 ■
掌握约束的主要作用 ■
掌握4种约束的使用形式 ■
掌握操作约束的方法 ■

■ 当我们查阅图书中某些内容时，为了提高阅读速度，并不是从书的第一页开始顺序查找，而是首先查看图书的目录索引，找到需要的内容在目录中所列的页码，然后根据这一页码直接找到需要的章节。

■ 在Oracle中，为了从数据库大量的数据中迅速找到需要的内容，也采用了类似于书目录这样的索引技术，这样不必顺序查找，就能迅速查到所需要的内容。

5.1 索引

在关系型数据库中，用户查找数据与行的物理位置无关紧要。为了能够找到数据，表中的每一行均用一个RowID来标识，RowID能够标识数据库中某一行的具体位置。当Oracle数据库中存储海量的记录时，就意味着有大量的RowID标识，Oracle如何能够快速找到指定的RowID呢？这时就需要使用索引对象，它可以提供服务器在表中快速查找记录的功能。

5.1.1 索引的分类

1. 索引的概念

如果一个数据表中存有海量的数据记录，当对表执行指定条件的查询时，常规的查询方法会将所有的记录都读取出来，然后再把读取的每一条记录与查询条件进行比对，最后返回满足条件的记录。这样进行操作的时间开销和I/O开销都十分巨大。对于这种情况，就可以考虑通过建立索引来减小系统开销。

如果要在表中查询指定的记录，在没有索引的情况下，必须遍历整个表，而有了索引之后，只需要在索引中找到符合查询条件的索引字段值，就可以通过保存在索引中的ROWID快速找到表中对应的记录。如果将表看作一个本书，则索引的作用则类似于书中的目录。在没有目录的情况下，要在书中查找指定的内容必须阅读全书，而有了目录之后，只需要通过目录就可以快速找到包含所需内容的页码（相当于ROWID）。

索引的分类

Oracle系统对索引与表的管理有很多相同的地方，不仅需要在数据字典中保存索引的定义，还需要在表空间中为它分配实际的存储空间。创建索引时，Oracle会自动在用户的默认表空间或指定的表空间中创建一个索引段，为索引数据提供空间。

2. 索引分类

用户可以在Oracle中创建多种类型的索引，以适应各种表的特点。按照索引数据的存储方式可以将索引分为B树索引、位图索引、反向键索引和基于函数的索引；按照索引列的唯一性又可以分为唯一索引和非唯一索引；按照索引列的个数又可以分为单列索引和复合索引。

5.1.2 建立索引的注意事项

建立和规划索引时，必须选择合适的表和列，如果选择的表和列不合适，不仅无法提高查询速度，反而会极大地降低DML操作的速度，所以建立索引必须注意以下几点。

（1）索引应该建立在WHERE子句频繁引用的表列上，如果在大表上频繁使用某列或某几列作为条件执行索引操作，并且检索行数低于总行数15%，那么应该考虑在这些列上建立索引。

建立索引的注意
事项

如果经常需要基于某列或某几列执行排序操作，那么在这些列上建立索引可以加快数据排序速度。

（2）限制表中索引的个数。索引虽然主要用于加快查询速度，但会降低DML操作的速度。索引越多，DML操作速度越慢，尤其会极大地影响INSERT和DELETE操作的速度。因此，规划索引时，必须仔细权衡查询和DML的需求。

（3）指定索引块空间的使用参数。基于表建立索引时，Oracle会将相应表列数据添加到索引块。为索引块添加数据时，Oracle会按照PCTFREE参数在索引块上预留部分空间，该预留空间是为将来的INSERT操作准备的。如果将来在表上执行大量INSERT操作，那么应该在建立索引时设置较大的PCTFREE。

（4）将表和索引部署到相同的表空间，可以简化表空间的管理；将表和索引部署到不同的表空间，可以提高访问性能。

（5）当在大表上建立索引时，使用NOLOGGING选项可以最小化重做记录。使用NOLOGGING选项可以节省重做日志空间，降低索引建立时间，提高索引并行建立的性能。不要在小表上建立索引。

（6）为了提高多表连接的性能，应该在连接列上建立索引。

5.1.3　创建索引

在创建数据库表时，如果表中包含唯一关键字或主关键字，则Oracle 11g自动为这两种关键字所包含的列建立索引。如果不特别指定，系统将默认为该索引定义一个名字。例如将XSB表（学生表）的XH（学号）列设置为主关键字，表建立之后，系统就在表XSB的列XH上建立了一个索引。这种方法创建的索引是非排序索引，即正向索引，以B树形式存储。

如果要在Oracle中另外创建索引，一般有两种方法：使用SQL Developer和PL/SQL命令。

1. 在SQL Developer中创建索引

以在XSB表的姓名列创建索引为例，使用SQL Developer创建索引的操作过程如下。

（1）启动SQL Developer，展开连接orc_scott，右键单击要创建索引的表XSB，选择索引菜单下的"创建索引"子菜单项，如图5-1所示。

（2）在弹出的"创建索引"的窗口中创建索引，如图5-2所示。"方案"栏选择索引的方案，选择SCOTT；在"名称"栏输入索引名称，即XSB_NAME_INDEX；在"定义"选项卡中，"表"栏选择要创建索引的表，这里为XSB；"类型"栏选择索引的类型，这里选择"普通"表示普通索引，"唯一"表示建立唯一索引，"位图"表示建立位图索引；单击"+"按钮，"索引"栏中将会出现XSB表的第一列XH；在"列名或表达式"栏现在要添加索引的列为XM，如果要添加复合索引则继续单击"+"按钮进行添加；在"顺序"栏可以选择索引按升序排列还是降序排列。

（3）所有选项设置完毕之后，单击"确定"按钮完成索引的创建。索引创建完单击XSB表，在XSB表窗口的"索引"选项卡中可以看到新创建的索引XSB_NAME_INDEX。

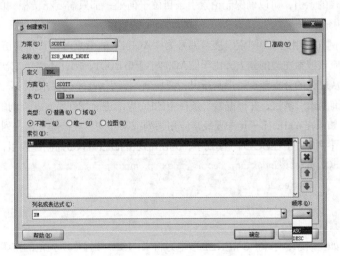

图5-1　"创建索引"
子菜单项

图5-2　"创建索引"窗口

2. 使用SQL命令创建索引

在创建索引时，Oracle首先对将要建立索引的字段进行排序，然后将排序后的字段值和对应记录的ROWID存储在索引段中。建立索引可以使用CREATE INDEX语句，通常由表的所有者来建立索引。如果要以其他用户身份建立索引，则要求用户必须具有CREATE ANY INDEX系统权限或者相应表的INDEX对象权限。

使用SQL命令
创建索引

（1）建立B树索引

B树索引是Oracle数据库最常用的索引类型（也是默认的），它是以B树结构组织并存放索引数据的。默认情况下，B树索引中的数据是以升序方式排列的。如果表包含的数据非常多，并且经常在WHERE子句中引用某列或某几列，则应该基于该列或这几列建立B树索引。B树索引由根块、分支块和叶块组成，其中主要数据都集中在叶子节点，如图5-3所示。

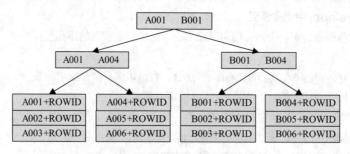

图5-3　B树索引的逻辑结构

- ❑　根块：索引顶级块，它包含指向下一级节点的信息。
- ❑　分支块：它包含指向下一级节点（分支块或叶块）的信息。
- ❑　叶块：通常也称叶子，它包含索引入口数据，索引入口包含索引列的值和记录行对应的物理地址ROWID。

在B树索引中无论用户要搜索哪个分支的叶块，都可以保证所经过的索引层次是相同的。Oracle采用这种方式的索引，可以确保无论索引条目位于何处，都只需要花费相同的I/O即可获取它，这就是该索引被称为B树索引（B是英文BALANCED的缩写）的原因。

例如使用这个B树索引搜索编号为"A004"的节点时，首先要访问根节点，从根节点中可以发现，下一步应该搜索左边的分支，由于值A004小于值B001，因此不需第二次读取数据，而直接读取左边的分支节点。从左边的分支节点可以判断出，要搜索的索引条目位于右侧的第一个叶子节点中。在那里可以很快找到要查询的索引条目，并根据索引条目中的ROWID进而找到所有要查询的记录。

如果在WHERE子句中要经常应用某列或某几列，应该基于这些列建立B树索引。下面来看一个例子。

【例5-1】在SCOTT模式下，为emp表的DEPTNO列创建索引，代码及运行结果如下。

```
SQL> create index emp_deptno_index on emp(deptno)
        pctfree 25
        tablespace users;
索引已创建。
```

如上所示，子句PCTFREE指定为将来INSERT操作所预留的空闲空间，子句TABLESPACE用于指定索引段所在的表空间。假设表已经包含了大量数据，那么在建立索引时应该仔细规划PCTFREE的值，以便为以后的INSERT操作预留空间。

（2）建立位图索引

索引的作用简单地说就是能够通过给定的索引列值，快速地找到
对应的记录。在B树索引中，通过在索引中保存排序的索引列的值以
及记录的物理地址ROWID来实现快速查找。但是对于一些特殊的表，
B树索引的效率可能会很低。

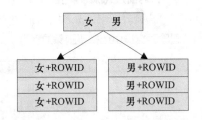

图5-4　"性别"列上的B树索引

例如在某个具有性别列的表中，该列的所有取值只能是：男或
女。如果在性别列上创建B树索引，那么创建的B树只有两个分支，如
图5-4所示。那么使用该索引对该表进行检索时，将返回接近一半的
记录，这样也就是失去了索引的基本作用。

像这样当列的基数很低时，为其建立B树索引显然不合适。"基数低"表示在索引列中，所有取值的数
量比表中行的数量少。如"性别"列只有2个取值；再如某个拥有10 000行的表，它的一个列包含100个不
同的取值，则该列仍然满足低基数的要求，因为该列与行数的比例为1%。Oracle推荐当一个列的基数小于
1%时，这些列不再适合建立B树索引，而适用于位图索引。

但在表中低基数的列上建立位图索引时候，系统将对表进行一次全面扫描，为遇到的各个取值构建"图
表"，下面通过一个例子来看如何创建位图索引。

【例5-2】在HR模式下，为employees的salary列创建位图索引，代码及运行结果如下。

```
SQL> create bitmap index emp_salary_bmp
        on employees(salary)
        tablespace users;
索引已创建。
```

5.1.4　维护索引

创建索引之后，还需要经常性地修改和维护。索引的修改和维护操作包括改
变索引的物理和存储特性值、为索引添加空间、收回索引占用的空间、重新创建索
引等。

维护索引

1. 在SQL Developer中维护索引

右键单击表XSB选择"编辑"菜单项，在表编辑窗口左边选择"索引"选
项，在右边"所有"框中选中要维护的索引，在"索引属性"栏中修改索引的信
息，单击"确认"按钮后完成修改。

2. 使用SQL命令维护索引

修改索引是通常使用ALTER INDEX语句来完成的。一般情况下，修改索引是由索引的所有者完成的，
如果要以其他用户身份修改索引，则要求该用户必须具有ALTER ANY INDEX系统权限或在相应表上的
INDEX对象权限。

【例5-3】重命名索引XSB_NAME_INDEX，代码及运行结果如下。

```
SQL> alter index XSB_NAME_INDEX
        rename to XSB_INDEX;
索引已修改。
```

5.1.5　删除索引

索引的删除既可以通过界面方式实现，也可以通过执行SQL命令实现。

删除索引

1. 界面方式删除索引

在SQL Developer中，右键单击索引所在的表，选择"索引"菜单项的"删除"子菜单项，在弹出的"删除"窗口中选择要删除的索引，如图5-5所示，单击"应用"按钮即可。

图5-5　删除索引

2. 使用SQL命令删除索引

使用SQL命令删除索引的语法格式如下。

DROP INDEX [schema.]index_name

其中，schema是包含索引的方案，index_name是要删除的索引的名称。

【例5-4】删除XSB表中的一个名为XSB_INDEX的索引，代码及运行结果如下。

SQL> DROP INDEX XSB_INDEX;
索引已删除。

5.2　数据的完整性和约束性

数据库不仅仅是存储数据，它还必须保证所有存储数据的正确性，因为只有正确的数据才能提供有价值的信息。如果数据不准确或不一致，那么该数据的完整性就可能受到了破坏，从而给数据库本身的可靠性带来问题。为了维护数据库中数据的完整性，在创建表时常常需要定义一些约束。约束可以限制列的取值范围，强制列的取值来自合理的范围等。在Oracle 11g系统中，约束的类型包括非空约束、主键约束、唯一性约束、外键约束、检查约束的默认约束等，下面对常用的几种约束进行详解。

 对约束的定义既可以在CREATE TABLE语句中进行，也可以在ALTER TABLE语句中进行。在实际应用中，通常是先定义表的字段；然后再根据实际需要通过ALTER TABLE语句为表添加约束。

5.2.1　非空约束

非空约束就是限制必须为某个列提供值。空值（NULL）是不存在值，它既不是数字0，也不是空字符串，而是不存在、未知的情况。

在表中，若某些字段的值是不可缺少的，那么就可以为该列定义非空约束。这样当插入数据时，如果没有为该列提供数据，那么系统就会出现一个错误消息。

如果某些列的值是可有可无的，那么可以定义这些列允许空值。这样，在插入数据时，就可以不向该列提供具体的数据（在默认情况下，表中的列是允许为

非空约束

NULL的）。如果某个列的值不许为NULL，那么就可以使用NOT NULL来标记该列。

【例5-5】创建Books表，要求BookNo（图书编号）、ISBN和PublisherNo（出版社编号）不能为空值，代码及运行结果如下。

```
SQL> create table Books
  (
    BookNo number(4) not null,           --图书编号，不为空
    BookName varchar2(20),               --图书名称
    Author varchar2(10),                 --作者
    SalePrice number(9,2),               --定价
    PublisherNo varchar2(4) not null,    --出版社编号，不为空
    PublishDate date,                    --出版日期
    ISBN varchar2(20) not null           --ISBN，不为空
  );
表已创建。
```

在创建完表之后，也可以使用ALTER TABLE MODIFY语句为已经创建的表删除或重新定义NOT NULL约束，来看下面的示例。

例如为Books表中BookName（图书名称）字段设置非空约束，代码及运行结果如下。

```
SQL> alter table books modify bookname not null;
表已更改。
```

说明 为表中的字段定义了非空约束后，当用户向表中插入数据时，如果未给相应的字段提供值，则添加数据操作将返回一个"无法将NULL插入……"的错误信息提示。

如果使用ALTER TABLE...MODIFY为表添加NOT NULL约束，并且表中该列数据已经存在NULL值，则向该列添加NOT NULL约束将失败。这是因为列应用非空约束时，Oracle会试图检查表中所有的行，以验证所有行在对应的列是否存在NULL值。

另外，使用ALTER TABLE...MODIFY语句还可以删除表的非空约束，实际上也可以理解为修改某个列的值可以为空，来看下面的示例。

例如删除Books表中关于BookName列的非空约束，代码及运行结果如下。

```
SQL> alter table books modify bookname null;
表已更改。
```

5.2.2 主键约束

主键约束用于唯一地标识表中的每一行记录。在一个表中，最多只能有一个主键约束，主键约束既可以由一个列组成，也可以由两个或两个以上的列组成（这种称为联合主键）。对于表中的每一行数据，主键约束列都是不同的，主键约束同时也具有非空约束的特性。

如果主键约束由一列组成时，该主键约束被称为行级约束。如果主键约束由两个或两个以上的列组成时，则该主键约束被称为表级约束。若要设置某个或某些列为主键约束，通常使用CONSTRAINT...PRIMARY KEY语句来定义，下面来看几个相关的实例。

主键约束

【例5-6】 创建Books_1表，并为该表定义行级主键约束BOOK_PK（主键列为BookNo），代码及运行结果如下。

```
SQL> create table Books_1
   (
      BookNo number(4) not null,                     --图书编号
      BookName varchar2(20),                         --图书名称
      Author varchar2(10),                           --作者
      SalePrice number(9,2),                         --定价
      PublisherNo varchar2(4) not null,              --出版社编号
      PublishDate date,                              --出版日期
      ISBN varchar2(20) not null,-                   --ISBN
      constraint BOOK_PK primary key (BookNo)        --创建主键和主键约束
   );
表已创建。
```

 说明 如果构成主键约束的列有多个（即创建表级约束），则多个列之间使用英文输入法下的逗号（,）分隔。

如果表在创建时未定义主键约束，用户可以使用ALTER TABLE...ADD CONSTRAINT...PRIMARY KEY语句为该表添加主键约束，如下面的实例。

【例5-7】使用ALTER TABLE...ADD语句为Books表添加主键约束，代码及运行结果如下。

```
SQL> alter table Books
   add constraint Books_PK primary key(BookNo);
表已更改。
```

在上面的代码中，由于为PRIMARY KEY 约束指定名称，这样就必须使用CONSTRAINT关键字。如果要使用系统自动为其分配的名称（即不指定主键约束的名称），则可以省略CONSTRAINT关键字，并且在指定列的后面直接使用PRIMARY KEY标记就可以，来看下面的实例。

【例5-8】创建Books_2表时，在BookNo列上定义了一个由系统自动分配名称的主键约束，代码及运行结果如下。

```
SQL> create table Books_2
   (
      BookNo number(4) primary key,              --图书编号，设置为由系统自动分配名称的主键约束
      BookName varchar2(20),                     --图书名称
      Author varchar2(10),                       --作者
      SalePrice number(9,2),                     --定价
      PublisherNo varchar2(4) not null,          --出版社编号
      PublishDate date,                          --出版日期
      ISBN varchar2(20) not null                 --ISBN
   );
表已创建。
```

在上面的代码中，BookNo列的后面可以不使用NOT NULL标记其不许为NULL，因为PRIMARY KEY 约束本身就不允许列值为NULL。

既然可以为表添加主键约束，那么就应该可以删除主键约束。删除PRIMARY KEY 约束通常使用ALTER TABLE...DROP语句来完成。

例如删除Books_1表的主键约束BOOK_PK，代码及运行结果如下。

```
SQL> alter table Books_1 drop constraint BOOK_PK;
```

表已更改。

 在表中增加主键约束时，一定要根据实际情况确定。例如，在Books表的BookNo列上增加主键约束是合理的，因为图书编号是不允许重复的；但是，在Author、SalePrice等列上创建主键约束是不合理的，因为作者和图书售价很有可能重复。

5.2.3　唯一性约束

唯一性（UNIQUE）约束强调所在的列不允许有相同的值，但是，它的定义要比主键约束弱，即它所在的列允许空值（主键约束列是不允许为空值的）。唯一性约束的主要作用是在保证除主键列外，其他列值的唯一性。

唯一性约束

在一个表中，根据实际情况可能有多个列的数据都不允许存在相同值。例如，各种"会员表"的QQ、Email等列的值是不允许重复的（但用户可能不提供，这样就必须允许为空值），但是由于在一个表中最多只能由一个主键约束存在，那么如何解决这种多个列都不允许重复数据存在的问题呢？这就是唯一性约束的作用。若要设置某个列为唯一性约束，通常使用CONSTRAINT...UNIQUE标记该列，下面来看几个相关的实例。

【例5-9】 创建一个会员表Members，并要求为该表的QQ列定义唯一性约束，代码及运行结果如下。

```
SQL> create table Members
    (
    MemNo number(4) not null,                    --会员编号
    MemName varchar2(20) not null,               --会员名称
    Phone varchar2(20),                          --联系电话
    Email varchar2(30),                          --电子邮件地址
    QQ varchar2(20) Constraint QQ_UK unique,     --QQ号，并设置为UNIQUE约束
    ProvCode varchar2(2) not null,               --省份代码
    OccuCode varchar2(2) not null,               --职业代码
    InDate date default sysdate,                 --入会日期
    Constraint Mem_PK primary key (MemNo)        --主键约束列为MemNo
    );
```

表已创建。

如果UNIQUE约束的列有值，则不允许重复，但是可以插入多个NULL值，即该列的空值可以重复，来看下面的示例。

例如在Member表中插入两条记录，但要求这两条记录qq列的值都为null，代码和运行结果如下。

```
SQL> insert into members(memno,memname,phone,email,qq,provcode,occucode)
    values(0001,'东方','12345','dognfang@mr.com',null,'01','02');
已创建 1 行。
SQL> insert into members(memno,memname,phone,email,qq,provcode,occucode)
    values(0002,'明日','67890','mingri@mr.com',null,'03','01');
已创建 1 行。
```

 由于UNIQUE约束列可以存在重复的NULL值，为了防止这种情况发生，可以在该列上添加NOT NULL约束。如果向UNIQUE约束列添加NOT NULL约束，那么这种UNIQUE约束基本上就相当于主键PRIMARY KEY约束了。

除了可以在创建表时定义UNIQUE约束，还以使用ALTER TABLE...ADD CONSTRAINT...UNIQUE语句为现有的表添加UNIQUE约束，来看下面的示例。

例如，为Members表的Email列添加唯一性约束，代码和运行结果如下。

```
SQL> alter table members add constraint Email_UK unique (email);
表已更改。
```

 如果要为现有表的多个列同时添加UNIQUE约束，则在括号内使用逗号分隔多个列。

能够为某个列创建唯一性约束，当然也可以删除某个列的唯一性约束限制，通常使用ALTER TABLE...DROP CONSTRAINT语句来删除UNIQUE约束，来看下面的示例。

例如删除Members表的Email_UK这个唯一性约束，代码和运行结果如下。

```
SQL> alter table members drop constraint Email_UK;
表已更改。
```

5.2.4 外键约束

外键约束比较复杂，一般的外键约束会使用两个表进行关联（当然也存在同一个表自连接的情况）。外键是指"当前表"（即外键表）引用"另外一个表"（即被引用表）的某个列或某几个列，而"另外一个表"中被引用的列必须具有主键约束或者唯一性约束。在"另外一个表"中，被引用列中不存在的数据不能出现在"当前表"对应的列中。一般情况下，当删除被引用表中的数据时，该数据也不能出现在外键表的外键列中。如果外键列存储了被引用表中将要被删除的数据，那么对被引用表的删除操作将失败。

外键约束

最典型的外键约束是HR模式中的EMPLOYEES和DEPARTMENTS表。在该外键约束中，外键表EMPLOYEES中的外键列DEPARTMENT_ID将引用被引用表DEPARTMENTS中的DEMPARTMENT_ID列，而该列也是DEPARTMENTS表的主键，下面来看几个相关的实例。

【例5-10】在HR模式中，创建一个新表EMPLOYEES_TEMP（该表的结构拷贝自EMPLOYEES），并为其添加一个与DEPARTMENTS表之间的外键约束，代码和运行结果如下。

```
SQL> create table employees_temp
    as select * from employees
    where department_id=30;                --创建一个新表，并将部门编号为30的员工记录插入
```

表已创建。

```
SQL> alter table employees_temp
    add constraint temp_departid_fk
    foreign key(department_id)
    references departments(department_id);            --创建外键约束，外键列为department_id
表已更改。
```

如果外键表的外键列与被引用表的被引用列列名相同，如上面的示例，则为外键表定义外键列时可以省略"references"关键字后面的列名称。例如，上面示例中创建外键约束的那部分代码也可以写成如下形式。

```
SQL> alter table employees_temp
    add constraint temp_departid_fk
    foreign key(department_id)
    references departments;                           --创建外键约束，外键列为department_id
```

为验证上面所创建的外键约束的有效性，下面通过一个示例来演示外键约束对于外键表中数据的制约性。

例如向employees_temp表（外键表）中插入一条记录，并且设置department_id列（外键列）的值为DEPARTMENTS表（被引用表）中不存在的一个值（9999），代码和运行结果如下。

```
SQL>  insert into employees_temp(employee_id,last_name,email,job_id,hire_date,department_id)
        values(9527,'东方','dongfang@mr.com','IT_PROG',sysdate,9999);
  insert into employees_temp(employee_id,last_name,email,job_id,hire_date,department_id)
  *
第 1 行出现错误:
ORA-02291: 违反完整约束条件 (HR.TEMP_DEPARTID_FK) - 未找到父项关键字
```

通过上面的示例可以看出，外键表中的外键值必须存在于被引用表中，否则该数值会因"违反完整约束条件"而无法插入。

另外，在定义外键约束时，还可以通过关键字ON指定引用行为的类型。当尝试删除被引用表中的一条记录时，通过引用行为可以确定如何处理外键表中的外键列，引用行为的类型包括3种。

- ❑ 在定义外键约束时，如果使用了关键字NO ACTION，那么当删除被应用表中被引用类的数据时将违反外键约束，该操作将被禁止执行，这也是外键的"默认引用类型"。
- ❑ 在定义外键约束时，如果使用了关键字SET NULL，那么当被引用表中被引用列的数据被删除时，外键表中外键列被设置为NULL，要使这个关键字起作用，外键列必须支持NULL值。
- ❑ 在定义外键约束时，如果使用了CASCADE关键字，那么当被引用表中被引用列的数据被删除时，外键表中对应的数据也将被删除，这种删除方式通常称作"级联删除"，它在实际应用程序开发中得到比较广泛的应用。

在创建完外键约束之后，如果想要删除外键约束，则可以使用ALTER TABLE...DROP CONSTRAINT语句，下面来看一个示例。

例如删除EMPLOYEES_TEMP表和DEPARTMENTS_TEMP表之间的外键约束temp_departid_fk2，代码及运行结果如下。

```
SQL> alter table employees_temp
    drop constraint temp_departid_fk2;
表已更改。
```

5.2.5　禁用约束

约束创建之后，如果没有经过特殊处理，就一直起作用。但也可以根据实际需要，临时禁用某个约束。当某个约束被禁用后，该约束就不再起作用了，但它还存在于数据库中。

禁用约束

那么，为什么要禁用约束呢？这是因为约束的存在会降低插入和更改数据的效率，系统必须确认这些数据是否满足定义的约束条件。当执行一些特殊操作时，例如，使用SQL*Loader从外部数据源向表中导入大量数据，并且事先知道这些数据是满足约束条件的，为提高运行效率，就可以禁用这些约束。

禁用约束操作，不但可以对现有的约束执行，而且还可以在定义约束时执行，下面分别来说明这两种情况。

1. 在定义约束时禁用

在使用CREATE TABLE或ALTER TABLE语句定义约束时（默认情况下约束是激活的），如果在定义约束时使用关键字DISABLE，则约束是被禁用的，来看下面的实例。

> **【例5-11】**创建一个学生信息表（Student），并为年龄列（Age）定义一个disable状态的Check约束（要求年龄值在0到120之间），代码及运行结果如下。

```
SQL> create table Student
    (
    StuCode varchar2(4) not null,
    StuName varchar2(10) not null,
    Age int constraint Age_CK check (age > 0 and age <120) disable,
    Province varchar2(20),
    SchoolName varchar2(50)
    );
表已创建。
```

2. 禁用已经存在的约束

对于已存在的约束，则可以使用ALTER TABL...DISABLE CONSTRAINT语句禁止该约束，下面来看一个示例。

例如，禁用employees_temp表中的约束temp_departid_fk，代码及运行结果如下。

```
SQL> alter table employees_temp
    disable constraint temp_departid_fk;
表已更改。
```

关于禁用约束，有以下两点技巧。

（1）在禁用主键约束时，Oracle会默认删除约束对应的唯一索引，而在重新激活约束时，Oracle将会重新建立唯一索引。如果希望在删除约束时保留对应的唯一索引，可以在禁用约束时使用关键字KEEP INDEX（通常放在约束名称的后面）。

（2）在禁用唯一性约束或主键约束时，如果有外键约束正在引用该列，则无法禁用唯一性约束或主键约束。这时可以先禁用外键约束，然后再禁用唯一性约束或主键约束；或者在禁用唯一性约束或主键约束时使用CASCADE关键字，这样可以级联禁用引用这些列的外键约束。

5.2.6　激活约束

激活约束

禁用约束只是一种暂时现象，在特殊需求处理完毕之后，还应该及时激活约束。如果希望激活被禁用的约束，则可以在ALTER TABLE语句中使用ENABLE CONSTRAINT子句。激活约束的语法形式如下。

```
alter table table_name
enable [novalidate | validate] constraint con_name;
```

❑　table_name：表示要激活约束的表的名称。

❑　novalidate：表示在激活约束时不验证表中已经存在的数据是否满足约束，如果没有使用该关键字，或者使用VALIDATE关键字，则在激活约束时系统将验证表中的数据是否满足约束的定义。

下面通过一个示例来演示如何激活一个被禁用的约束。

例如首先禁用Books_1表中的主键BOOK_PK，然后在重新激活该约束，具体步骤如下。

（1）以例5-6中示例所创建的BOOK_PK主键为例，使用ALTER TABLE语句禁用BOOK_PK主键约束，代码及运行结果如下。

```
SQL> alter table books_1
    disable constraint BOOK_PK;
表已更改。
```

（2）在books_1表中插入两行数据，并且这两行数据的bookno列的值相同（如8888），代码及运行结果如下。

```
SQL> insert into books_1(bookno,publisherno,isbn)
    values(8888,'东方','12345678');
已创建 1 行。
SQL> insert into books_1(bookno,publisherno,isbn)
    values(8888,'东方','7890122');
已创建 1 行。
```

通过上面的运行结果可以看出，由于在禁用BOOK_PK主键之后，不受主键约束条件的限制，可以给bookno列添加重复值。

（3）使用ALTER TABLE语句激活BOOK_PK主键约束，代码及运行结果如下。

```
SQL> alter table books_1
    enable constraint BOOK_PK;
alter table books_1
*
第 1 行出现错误:
ORA-02437: 无法验证 (SYSTEM.BOOK_PK) – 违反主键
```

由于bookno列的现有值中存在重复的情况，这导致主键约束的作用存在冲突，所以激活约束的操作一定是失败的。对于这种情况的解决方法，通常更正表中不满足约束条件的数据即可。

5.2.7　删除约束

删除约束

如果不再需要某个约束时，则可以将其删除。可以使用带DROP CONSTRAINT子句的ALTER TABLE语句删除约束。删除约束与禁用约束不同，禁用的约束是可以激活的，但是删除的约束在表中就完全消失了。使用ALTER

TABLE语句删除约束的语法格式如下。

```
alter table table_name
drop constraint con_name;
```

❑ table_name：表示要删除约束的表名称。

❑ con_name：要删除的约束名称。

例如下面的语句删除Student表中所创建的CHECK约束Age_CK，代码及运行结果如下。

```
SQL> alter table Student
    drop constraint Age_CK;
表已更改。
```

小 结

本章首先介绍了索引这种数据库对象，了解到索引对象能够加快大容量数据的查询速度；另外，本章还在最后讲解了数据的完整性和约束性，它们能够保证数据的准确性。

上机指导

如何使用CASCADE关键字创建外键约束以及如何实现数据的级联删除操作。

在HR模式中，创建一个新表DEPARTMENTS_TEMP（该表的结构拷贝自DEPARTMENTS），然后在该表与EMPLOYEES_TEMP表之间建立外键约束，并指定外键约束的引用类型为ON DELETE CASDE，最后删除DEPARTMENTS_TEMP表与EMPLOYEES_TEMP中都存在的外键值，具体操作步骤如下。

（1）在HR模式下，创建一个被引用表（该表的结构拷贝自DEPARTMENTS），并为其设置主键约束，代码如下。

```
SQL> connect hr/hr                              --在hr模式下
已连接。
SQL> create table departments_temp
    as select * from departments
    where department_id = 30;                   --创建departments_temp表
表已创建。
SQL> alter table departments_temp
    add primary key(department_id);             --设置departments_temp表的主键约束
表已更改。
```

（2）在EMPLOYEES_TEMP表和DEPARTMENTS_TEMP表之间创建外键约束，并指定外键约束的引用类型为ON DELETE CASDE，代码如下。

```
SQL> alter table employees_temp
    add constraint temp_departid_fk2
    foreign key(department_id)
    references departments_temp on delete cascade;
```

表已更改。

（3）查看外键表EMPLOYEES_TEMP表中部门编号为30的记录数，代码如下。

SQL> select count(*) from employees_temp where department_id = 30;

　COUNT(*)

　　　6

（4）删除外键表departments_temp中department_id为30的记录，代码如下。

SQL> delete departments_temp

　　where department_id = 30;

已删除 1 行。

SQL> select count(*) from employees_temp where department_id = 30;

　COUNT(*)

　　　0

通过上面的查询结果可以看出，由于指定了外键约束的引用类型为ON DELETE CASDE
后，所以在删除被引用表DEPARTMENTS_TEMP中编号为30的记录时，系统也级联删除了
EMPLOYEES_TEMP表中所有编号为30的记录。

习 题

5-1　在SCOTT模式下，在emp表的job和sal列上创建一个组合索引。

5-2　创建一张部门表temp_dept，要求部门名称不能为空。

5-3　向temp_dept表中插入一条数据，如下所示。

　SQL> insert into temp_dept(deptno,dname) values(20,'');

这时会出现什么样的结果？

5-4　通过数据字典user_constraints查看scott用户所创建的所有的约束。

5-5　为temp_dept表的deptno字段增加主键约束。

第6章
PL/SQL语言介绍

本章要点

了解PL/SQL的相关概述 ■
掌握PL/SQL的
变量、常量和数据类型 ■
掌握PL/SQL的流程控制语句 ■
了解PL/SQI的异常处理机制 ■
掌握函数的定义及调用 ■
掌握PL/SQL的游标 ■
了解程序包的定义及使用 ■

■ PL/SQL是Oracle在数据库中引入的一种过程化编程语言。PL/SQL构建于SQL之上，可以用来编写包含SQL语句的程序。PL/SQL是第三代语言，其中包含这类语言的标准编程结构。

6.1　PL/SQL概述

PL/SQL(Procedural Language/SQL)是一种过程化语言，在PL/SQL中可以通过IF语句或LOOP语句实现控制程序的执行流程，甚至可以定义变量，以便在语句之间传递数据信息，这样PL/SQL语言就能够实现操控程序处理的细节过程，不像普通的SQL语句（如DML语句、DQL语句）那样没有流程控制，也不存在变量，因此使用PL/SQL语言可以实现比较复杂的业务逻辑。PL/SQL是Oracle的专用语言，它是对标准SQL语言的扩展，它允许在其内部嵌套普通的SQL语句，这样就将SQL语句的数据操纵能力、数据查询能力和PL/SQL的过程处理能力结合在一起，达到各自取长补短的目的。

PL/SQL概述

6.1.1　PL/SQL的特点

使用PL/SQL可以编写具有很多高级功能的程序。除了使用PL/SQL外，还可以通过多条SQL语句来实现这些高级功能，但是每条语句都需要在客户端和服务端传递，而且每条语句的执行结果也需要在网络中进行交互，这样就占用了大量的网络带宽，消耗了大量网络传递的时间；而在网络中传输的那些结果，往往都是中间结果，并不是我们所关心的。

虽然通过多个SQL语句也可能实现同样的功能，但是相比而言，PL/SQL具有更为明显的一些优点。

（1）能够使一组SQL语句的功能更具模块化程序特点。

（2）采用了过程性语言控制程序的结构。

（3）可以对程序中的错误进行自动处理，使程序能够在遇到错误的时候不会被中断。

（4）具有较好的可移植性，可以移植到另一个Oracle数据库中。

（5）集成在数据库中，调用更快。

（6）减少了网络的交互，有助于提高程序性能。

使用PL/SQL程序是因为程序代码存储在数据库中，程序的分析和执行完全在数据库内部进行，用户所需要做的就是在客户端发出调用PL/SQL的执行命令。数据库接收到执行命令后，在数据库内部完成整个PL/SQL程序的执行，并将最终的执行结果返馈给用户。在整个过程中网络里只传输了很少的数据，减少了网络传输占用的时间，所以整体程序的执行性能会有明显的提高。

6.1.2　PL/SQL的开发和运行环境

PL/SQL编译和运行系统是一项技术而不是一个独立的产品。PL/SQL能够驻留在Oracle数据库服务器和Oracle开发工具两个环境中，并与Oracle服务器捆绑在一起。在这两个环境中，PL/SQL引擎接受任何PL/SQL块和子程序作为输入，引擎执行过程语句将SQL语句发送给Oracle服务器的SQL语句执行器执行。

6.2　PL/SQL字符集

和所有其他程序设计语言一样，PL/SQL也有一个字符集。用户能从键盘上输入的字符都是PL/SQL的字符。此外，在某些场合，还有使用某些字符的规则。

PL/SQL字符集

6.2.1　合法字符

在使用PL/SQL进行程序设计时，可以使用的有效字符包括以下3类。

（1）所有的大写和小写英文字母。

（2）数字0~9。

（3）符号()、+、-、*、/、<、>、=、!、~、;、:、.、'、@、%、,、"、#、^、&、_、{、}、?、[、]。

PL/SQL标识符的最大长度为30个字符，不区分大小写。但是适当地使用大小写可以提高程序的可读性。

6.2.2　运算符

Oracle提供了3类运算符：算术运算符、关系运算符和逻辑运算符。

1. 算术运算符

算术运算符执行算术运算。算术运算符有+（加）、-（减）、*（乘）、/（除）、**（指数）和||（连接字符）。

其中+（加）和-（减）运算符也可用于对DATE（日期）数据类型的值进行运算。

例如求员工的在职时间。

```
select extract(year from sysdate)-extract(year from hiredate) as 在职时间 from emp;
```

其中，sysdate是当前系统时间，hiredate是员工入职时间。extract函数用于从日期类型数据中抽出年、月、日的部分，year即表示抽出年份。

2. 关系运算符

关系运算符（又称比较运算符）有下面几种。

（1）=（等于）、<>或!=（不等于）、<（小于）、>（大于）、>=（大于等于）、<=（小于等于）；

（2）BETWEEN...AND...（检索两值之间的内容）；

（3）IN（检索匹配列表中的值）；

（4）LIKE（检索匹配字符样式的数据）；

（5）IS NULL（检索空数据）。

关系运算符用于检测两个表达式值满足的关系，其运算结果为逻辑值TRUE、FALSE及UNKNOWN。

例如查询员工工资在2 000到2 500的员工信息。

```
select empno,ename,sal from emp where sal between 2000 and 2500;
```

3. 逻辑运算符

逻辑运算符用于对某个条件进行测试，运算结果为TRUE或FALSE。Oracle提供的逻辑运算符有：

（1）AND（两个表达式同时为真则结果为真）；

（2）OR（只要有一个为真则结果为真）；

（3）NOT（取相反的逻辑值）。

例如查询员工工资不在2 000到2 500的员工信息。

```
select empno,ename,sal from emp where sal not between 2000 and 2500;
```

6.2.3　其他符号

PL/SQL为了支持编程，还使用其他一些符号。表6-1列出了部分符号，它们是最常用的，也是使用PL/SQL的所有用户都必须了解的。

表6-1　部分其他常用符号

符号	意义	样例
()	列表分隔	('Json','king')
;	语句结束	select * from emp;
.	项分离（在例子中分离account与table_name）	Select * fromaccount.table_name

续表

符号	意义	样例
'	字符串界定符	'king'
:=	赋值	a:=a+1
||	并置	Full_name:='Narth'||'Yebba'
--	注释符	--this is a comment
/*与*/	注释界定符	/*this is a comment too*/

6.3 PL/SQL变量、常量和数据类型

6.3.1 定义变量和常量

在上面的章节中，变量的定义和使用已经逐步渗透给大家，相信读者对变量已并不陌生。这节主要是对定义变量的规范进行总结。另外，常量在PL/SQL编程中也经常用到，本节也做相应的介绍。

1. 定义变量

变量是指其值在程序运行过程中可以改变的数据存储结构，定义变量必需的元素就是变量名和数据类型，另外还有可选择的初始值，其标准语法格式如下。

定义变量

```
<变量名> <数据类型> [(长度):=<初始值>];
```

可见，与很多面向对象的编程语言不同，PL/SQL中的变量定义要求变量名在数据类型的前面，而不是后面；语法中的长度和初始值是可选项，需要根据实际情况而定。

【例6-1】定义一个用于存储国家名称的可变字符串变量var_countryname，该变量的最大长度是50，并且该变量的初始值为"中国"，代码如下。

```
var_countryname varchar2(50):='中国';
```

2. 定义常量

常量是指其值在程序运行过程中不可改变的数据存储结构，定义常量必需的元素包括常量名、数据类型、常量值和constant关键字，其标准语法格式如下。

定义常量

```
<常量名> constant <数据类型>:=<常量值>;
```

对于一些固定的数值，比如，圆周率、光速等，为了防止不慎被改变，最好定义成常量。

【例6-2】定义一个常量con_day，用来存储一年的天数，代码如下。

```
con_day constant integer:=365;
```

3. 变量初始化

许多语言没有规定未经过初始化的变量中应该存放什么内容。因此在运行时，未初始化的变量就可能包含随机的或者位置的取值。在一种语言中，运行使用未初始化变量并不是一种很好的编程风格。一般而言，如果变量的取值可以被确定，那么最好为其初始化一个数值。

变量初始化

但是，PL/SQL定义了一个未初始化变量应该存放的内容，被赋值为NULL。NULL意味着"未定义或未知的取值"。换句话讲，NULL可以被默认地赋值给任何未经过初始化的变量。这是PL/SQL的一个独到之处。许多其他程序设计语言没有定义未初始化变量的

取值。

6.3.2 基本数据类型

与其他编程语言一样，PL/SQL语言也有多种数据类型，这些数据类型能够满足在编写PL/SQL程序过程中定义变量和常量之用，本节主要介绍在编写PL/SQL程序时经常用到的基本数据类型。

1. 数值类型

数值类型主要包括NUMBER、PLS_INTEGER和BINARY_INTEGER三种基本类型。其中，NUMBER类型的变量可以存储整数或浮点数；而PLS_INTEGER或BINARY_INTEGER类型的变量只存储整数。

数值类型

NUMBER类型还可以通过NUMBER(P,S)的形式来格式化数字，其中，参数P表示精度，参数S表示刻度范围。精度是指数值中所有有效数字的个数，而刻度范围是指小数点右边小数位的个数，在这里精度和刻度范围都是可选的。下面通过一个示例来具体讲解一下。

例如声明一个精度为9，且刻度范围为2的表示金额的变量Num_Money，代码如下。

```
Num_Money NUMBER(9,2);
```

PL/SQL语言出于代码可读性或为了与来自其他编程语言的数据类型相兼容的考虑，提出了"子类型"的概念，所谓的子类型就是与NUMBER类型等价的类型别名，甚至可以说是NUMBER类型的多种重命名形式，这些等价的子类型主要包括DEC、DECIMAL、DOUBLE、INTEGER、INT、NUMERIC、SMALLINT、BINARY_INTEGER、PLS_INTEGER等。

2. 字符类型

字符类型主要包括VARCHAR2、CHAR、LONG、NCHAR和NVARCHAR2等。这些类型的变量用来存储字符串或字符数据。下面对这几种字符类型进行讲解。

字符类型

（1）VARCHAR2类型

PL/SQL语言中的VARCHAR2类型和数据库类型中的VARCHAR2比较类似，用于存储可变长度的字符串，其声明语法格式如下。

```
VARCHAR2(maxlength)
```

参数maxlength表示可以存储字符串的最大长度，这个参数值在定义变量时必须给出（因为VARCHAR2类型没有默认的最大长度），参数maxlength的最大值是32 767字节。

数据库类型的VARCHAR2的最大长度是4 000字节，所以一个长度大于4 000字节的PL/SQL类型VARCHAR2变量不可以赋值给数据库中的一个VARCHAR2变量，而只能赋值给LONG类型的数据库变量。

（2）CHAR类型

CHAR类型表示指定长度的字符串，其语法格式如下。

```
CHAR(maxlength)
```

参数maxlength是指可存储字符串的最大长度，以字节为单位，最大为32 767字节，CHAR类型的默认最大长度为1。与VARCHAR2不同，maxlength可以不指定，默认为1。如果赋给CHAR类型的值不足maxlength，则在其后面用空格补全，这也是不同于VARCHAR2的地方。

数据库类型中的CHAR只有2 000字节，所以如果PL/SQL中CHAR类型的变量长度大于2 000个字节，则不能赋给数据库中的CHAR。

（3）LONG类型

LONG类型表示一个可变的字符串，最大长度是32 767字节，而数据库类型的LONG最大长度可达2GB，所以几乎任何字符串变量都可以赋值给它。

（4）NCHAR和NVARCHAR2类型

NCHAR和NVARCHAR2类型是PL/SQL8.0以后才加入的类型，它们的长度要根据各国字符集来确定，只能具体情况具体分析。

3. 日期类型

日期类型只有一种——DATE类型，用来存储日期和时间信息，DATE类型的存储空间是7字节，分别使用1字节存储世纪、年、月、天、小时、分钟和秒。

4. 布尔类型

布尔类型也只有一种——BOOLEAN类型，主要用于程序的流程控制和业务逻辑判断，其变量值可以是TRUE、FALSE或NULL中的一种。

日期类型

6.3.3 特殊数据类型

为了提高用户的编程效率和解决复杂的业务逻辑需求，PL/SQL语言除了可以使用Oracle规定的基本数据类型外，还提供了3种特殊的数据类型，但这3种类型仍然是建立在基本数据类型基础之上的。

布尔类型

1. %TYPE类型

使用%TYPE关键字可以声明一个与指定列名称相同的数据类型，它通常紧跟在指定列名的后面。

例如声明了一个与emp表中JOB列的数据类型完全相同的变量var_job，代码如下。

%TYPE类型

```
declare var_job emp.job%type;
```

在上面的代码中，若emp.job列的数据类型为VARCHAR2(10)，那么变量var_job的数据类型也是VARCHAR2(10)，甚至可以把"emp.job%type"就看作一种能够存储指定列类型的特殊数据类型。

使用%TYPE定义变量有两个好处：第一，用户不必查看表中各个列的数据类型，就可以确保所定义的变量能够存储检索的数据；第二：如果对表中已有列的数据类型进行修改，则用户不必考虑对已定义的变量所使用的数据类型进行更改，因为%TYPE类型的变量会根据列的实际类型自动调整自身的数据类型。

【例6-3】在SCOTT模式下，使用%type类型的变量输出emp表中编号为7369的员工名称和职务信息，代码如下。

```
SQL> declare
    var_ename emp.ename%type;                    --声明与ename列类型相同的变量
    var_job emp.job%type;                         --声明与job列类型相同的变量
begin
    select ename,job
    into var_ename,var_job
```

```
    from emp
    where empno=7369;                                --检索数据，并保存在变量中
    dbms_output.put_line(var_ename||'的职务是'||var_job);  --输出变量的值
  end;
    /
```

输出结果为：

SMITH的职务是CLERK

另外，在上面代码中使用into子句，它位于select子句的后面，用于表示将从数据库检索的数据存储到哪个变量中。

> 由于into子句中的变量只能存储一个单独的值，所以要求select子句只能返回一行数据，这个由where子句进行了限定。若SELECT子句返回多行数据，则代码运行后会返回错误信息。

2. RECORD类型

单词RECORD有"记录"之意，因此RECORD类型也称作"记录类型"，使用该类型的变量可以存储由多个列值组成的一行数据。在声明记录类型变量之前，首先需要定义记录类型，然后才可以声明记录类型的变量。记录类型是一种结构化的数据类型，它使用TYPE语句进行定义，在记录类型的定义结构中包含成员变量及其数据类型，其语法格式如下。

RECORD类型

```
type record_type is record
(
var_member1 data_type [not null] [:=default_value],
...
var_membern data_type [not null] [:=default_value])
```

❑ record_type：表示要定义的记录类型名称。
❑ var_member1：表示该记录类型的成员变量名称。
❑ data_type：表示成员变量的数据类型。

从上面的语法结构中可以看出，记录类型的声明类似于C或C++中的结构类型，并且成员变量的声明与普通PL/SQL变量的声明相同。下面通过一个实例来看一下如何声明和使用RECORD类型。

【例6-4】声明一个记录类型emp_type，然后使用该类型的变量存储emp表中的一条记录信息，并输出这条记录信息，代码如下。

```
SQL> declare
    type emp_type is record                --声明record类型emp_type
    (
    var_ename varchar2(20),                --定义字段/成员变量
    var_job varchar2(20),
    var_sal number
    );
    empinfo emp_type;                      --定义变量
  begin
    select ename,job,sal
```

```
        into empinfo
        from emp
        where empno=7369;                        --检索数据
        /*输出雇员信息*/
        dbms_output.put_line('雇员'||empinfo.var_ename||'的职务是'||empinfo.var_job||'、工资是'||empinfo.
var_sal);
        end;
        /
```

本例运行结果如图6-1所示。

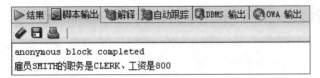

图6-1　定义和使用记录类型

3. %ROWTYPE类型

%ROWTYPE类型的变量结合了"%TYPE类型"和"记录类型"变量的优点，它可以根据数据表中行的结构定义一种特殊的数据类型，用来存储从数据表中检索到的一行数据。它的语法形式很简单，如下所示。

%ROWTYPE
类型

```
rowVar_name table_name%rowtype;
```

❑　rowVar_name：表示可以存储一行数据的变量名。

❑　table_name：指定的表名。

在上面的语法结构中，我们可以不恰当地把"table_name%rowtype"看作一种能够存储表中一行数据的特殊类型。下面通过一个实例来看一下如何定义和使用%ROWTYPE类型。

【例6-5】声明一个%ROWTYPE类型的变量rowVar_emp，然后使用该变量存储emp表中的一行数据，代码如下。

```
SQL> set serveroutput on
SQL> declare
        rowVar_emp emp%rowtype;                --定义能够存储emp表中一行数据的变量rowVar_emp
    begin
        select *
        into rowVar_emp
        from emp
        where empno=7369;                      --检索数据
        /*输出雇员信息*/
            dbms_output.put_line('雇员'||rowVar_emp.ename||'的编号是'||rowVar_emp.empno||',职务是
'||rowVar_emp.job);
        end;
        /
```

本例运行结果如图6-2所示。

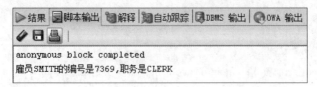

```
anonymous block completed
雇员SMITH的编号是7369,职务是CLERK
```

图6-2 定义和使用%ROWTYPE类型

从上面的运行结果可以看出，变量rowVar_emp的存储结构与emp表的数据结构完全相同，这时用户完全可以使用rowVar_emp变量来代替emp表的某一行数据进行编程操作。

6.4 PL/SQL基本程序结构和语句

结构控制语句是所有过程性程序设计语言的关键，因为只有能够进行结构控制才能灵活地实现各种操作和功能，PL/SQL也不例外，其主要控制语句如表6-2所示。

表6-2 PL/SQL主要控制语句

序号	控制语句	意义说明
01	if...then	判断if正确则执行then
02	if...then...else	判断if正确则执行then，否则执行else
03	if...then...elsif	嵌套式判断
04	case	有逻辑地从数值中作出选择
05	loop...exit...END	循环控制，用判断语句执行exit
06	loop...exit when...END	同上，当when为真时执行exit
07	while...loop...END	当while为真时循环
08	for...in...loop...END	已知循环次数的循环
09	Goto	无条件转向控制

若要在PL/SQL中实现控制程序的执行流程和实现复杂的业务逻辑计算，就必须使用流程控制语句，因为只有能够进行结构控制才能灵活地实现各种复杂操作和功能。PL/SQL中的流程控制语句主要包括选择语句、循环语句两大类，下面将对这两种控制语句进行详细讲解。

6.4.1 PL/SQL程序块

PL/SQL程序都是以块（BLOCK）为基本单位，整个PL/SQL块分3部分：声明部分（用DECLARE开头）、执行部分（以BEGIN开头）和异常处理部分（以EXCEPTION开头）。其中执行部分是必需的，其他2部分可选。无论PL/SQL程序段的代码量有多大，其基本结构就是由这3部分组成。标准PL/SQL块的语法格式如下。

PL/SQL程序块

```
[DECLARE]        --声明部分，可选
BEGIN            --执行部分，必需
[EXCEPTION]      --异常处理部分，可选
END
```

接下来对PL/SQL块的3个组成部分进行详细说明。

1．声明部分

声明部分由关键字DECLARE开始，到BEGIN关键字结束。在这部分可以声明PL/SQL程序块中所用到的变量、常量和游标等。需要注意的是：在某个PL/SQL块中声明的内容只能在当前块中使用，而在其他PL/SQL块中是无法引用的。

2．执行部分

执行部分以关键字BEGIN开始，它的结束方式通常有两种。如果PL/SQL块中的代码在运行时出现异常，则执行完异常处理部分的代码就结束；如果没有使用异常处理或PL/SQL块未出现异常，则以关键字END结束。执行部分是整个PL/SQL程序块的主体，主要的逻辑控制和运算都在这部分完成，所以在执行部分可以包含多个PL/SQL语句和SQL语句。

3．异常处理部分

异常处理部分以关键字EXCEPTION开始，在该关键字所包含的代码执行完毕，整个PL/SQL块也就结束了。在执行PL/SQL代码（主要是执行部分）的过程中，可能会产生一些意想不到的错误，比如除数为零、空值参与运算等，这些错误都会导致程序中断运行。这样程序设计人员就可以在异常处理部分通过编写一定量的代码来纠正错误或者提供一些错误信息提示，甚至是将各种数据操作退回到异常产生之前的状态，以便重新运行代码块。另外，对于可能出现的多种异常情况，用户可以使用WHEN THEN语句来实现多分支判断，然后就可以在每个分支下通过编写代码来处理相应的异常。

对于PL/SQL块中的语句，需要指出的是：每一条语句都必须以分号结束，每条SQL语句可以写成多行的形式，同样必须使用分号来结束。另外，一行中也可以有多条SQL语句，但是它们之间必须以分号分隔。接下来通过一个简单的示例来看一下PL/SQL块的完整应用。

【例6-6】定义一个PL/SQL代码块，计算两个整数的和与这个两个整数的差的商，代码如下。

```
SQL> declare
        a int:=100;
        b int:=200;
        c number;
     begin
     c:=(a+b)/(a-b);
     dbms_output.put_line(c);
     exception
     when zero_divide then
     dbms_output.put_line('除数不许为零!');
     end;
     /
```

在上面的代码中，使用declare关键字声明3个变量，其中，前两个整型（int）变量a和b的初始值分别为100和200；最后在PL/SQL块的执行部分计算出这个两个整数的和与它们之间差的商，并调用"dbms_output.put_line(c);"语句输出计算结果。另外，为了防止除数为零的情况发生，代码中还设置了异常处理部分。若发生除数为零的情况，则代码块通过调用"dbms_output.put_line('除数不许为零!');"语句向用户输出提示信息。

6.4.2　选择语句

选择语句也称为条件语句，它的主要作用是根据条件的变化选择执行不同的代码，主要分为以下4种语句。

1. If...then语句

if...then语句是选择语句中最简单的一种形式，它只做一种情况或条件判断，
其语法格式如下。

```
if < condition_expression> then
plsql_sentence
end if;
```

- □ condition_expression：表示一个条件表达式，当其值为true时，程序会执行if下面的PL/SQL语句
（即 "plsql_sentence" 语句）；如果其值为false，则程序会跳过if下面的语句而直接执行end if后
面的语句。
- □ plsql_sentence：当condition_expression表达式的值为true时，要执行的PL/SQL语句。

【例6-7】 定义两个字符串变量，然后赋值，接着使用if...then语句比较两个字符串变量的长度，并
输出比较结果，代码如下。

```
SQL> set serveroutput on
SQL> declare
        var_name1 varchar2(50);                    --定义两个字符串变量
        var_name2 varchar2(50);
     begin
        var_name1:='East';                         --给两个字符串变量赋值
        var_name2:='xiaoke';
        if length(var_name1) < length(var_name2) then    --比较两个字符串的长度大小
          /*输出比较后的结果*/
          dbms_output.put_line('字符串"'||var_name1||'"的长度比字符串"'||var_name2||'"的长度小');
        end if;
     end;
     /                                             --执行代码
```

本例运行结果如图6-3所示。

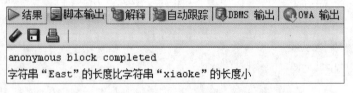

图6-3　使用if...then语句比较两个字符串长度

在上面的例子中，字符串 "East" 的长度（4）肯定小于字符串 "xiaoke" 的长度（6），所以if后面的
条件表达式的值为true，这样程序就会执行if下面的PL/SQL语句。

如果if后面的条件表达式存在 "并且" "或者" "非" 等逻辑运算，则可以使用 "and" "or" "not"
等逻辑运算符。另外，如果要判断if后面的条件表达式的值为空值，则需要在条件表达式中使用 "is" 和
"null" 关键字，比如下面的代码。

```
if last_name is null then
…;
end if;
```

2. If...then...else语句

在编写程序的过程中，if...then...else语句是最常用到的一种选择语句，它可以实现判断两种情况，只要if后面的条件表达式为false，程序就会执行else语句下面的PL/SQL语句。其语法格式如下。

If...then...else
语句

```
if < condition_expression> then
plsql_sentence1;
else
plsql_sentence2;
end if;
```

- ❏ condition_expression：表示一个条件表达式，若该条件表达式的值为true，则程序执行if下面的PL/SQL语句，即plsql_sentence1语句；否则，程序将执行else下面的PL/SQL语句，即plsql_sentence2语句。
- ❏ plsql_sentence1：if语句的表达式为true时，要执行的PL/SQL语句。
- ❏ plsql_sentence2：if语句的表达式为false时，要执行的PL/SQL语句。

【例6-8】通过if...else语句实现只有年龄大于等于56岁，才可以申请退休，否则程序会提示不可以申请退休，代码如下。

```
SQL> set serveroutput on
SQL> declare
    age int:=55;                                  --定义整形变量并赋值
    begin
    if age >= 56 then                             --比较年龄是否大于56岁
    dbms_output.put_line('您可以申请退休了！');       --输出可以退休信息
    else
    dbms_output.put_line('您小于56岁，不可以申请退休！');  --输出不可退休信息
    end if;
    end;
    /
```

本例运行结果如图6-4所示。

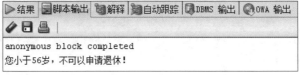

图6-4 使用if...then...else语句判断退休年龄

3. If...then...elsif语句

if...then...elsif语句实现了多分支判断选择，它使程序的判断选择条件更加丰富，更加多样化。该语句中的哪个判断分支的表达式为true，那么程序就会执行其下面对应的PL/SQL语句，其语法格式如下。

If...then...elsif
语句

```
if < condition_expression1 > then
plsql_sentence_1;
elsif < condition_expression2 > then
```

```
plsql_sentence_2;
…
else
plsql_sentence_n;
end if;
```

- ❏ condition_expression1：第一个条件表达式，若其值为false，则程序继续判断condition_expression2表达式。
- ❏ condition_expression2：第二个条件表达式，若其值false，则程序继续判断下面的elsif语句后面的表达式；若再没有"elsif"语句，则程序将执行else语句下面的PL/SQL语句。
- ❏ plsql_sentence_1：第一个条件表达式的值为true时，要执行的PL/SQL语句。
- ❏ plsql_sentence_2：第二个条件表达式的值为true时，要执行的PL/SQL语句。
- ❏ plsql_sentence_n：当其上面所有的条件表达式的值都为false时，要执行的PL/SQL语句。

【例6-9】指定一个月份数值，然后使用if...then...elsif语句判断它所属的季节，并输出季节信息，代码如下。

```
SQL> set serveroutput on
SQL> declare
    month int:=10;                              --定义整形变量并赋值
  begin
   if month >= 0 and month <= 3  then            --判断春季
     dbms_output.put_line('这是春季');
    elsif  month >= 4 and month <= 6 then         --判断夏季
     dbms_output.put_line('这是夏季');
    elsif  month >= 7 and month <= 9  then        --判断秋季
     dbms_output.put_line('这是秋季');
    elsif  month >= 10 and month <= 12 then       --判断冬季
     dbms_output.put_line('这是冬季');
    else
     dbms_output.put_line('对不起，月份不合法！');
    end if;
   end;
   /
```

本例运行结果如图6-5所示。

▷结果 📄脚本输出 📄解释 📄自动跟踪 📄DBMS 输出 📄OWA 输出

🖊🖫🖨 |

anonymous block completed
这是冬季

图6-5　使用if...then...elsif语句判断季节

在if...then...elsif语句中，多个条件表达式之间不能存在逻辑上的冲突，否则程序将判断出错！

6.4.3 循环结构

当程序需要反复执行某一操作时，就必须使用循环结构。PL/SQL中的循环语句主要包括loop语句、while语句和for语句3种，本节将对这3种循环语句分别进行介绍。

循环结构

1. loop语句

loop语句会先执行一次循环体，然后再判断"exit when"关键字后面的条件表达式的值是true还是false，如果是true，则程序会退出循环体，否则程序将再次执行循环体，这样就使得程序至少能够执行一次循环体。它的语法格式如下。

```
loop
  plsql_sentence;
exit when end_condition_ exp
end loop;
```

❑ plsql_sentence：循环体中的PL/SQL语句，可能是一条，也可能是多条，这是循环体的核心部分，这些PL/SQL语句至少被执行一遍。

❑ end_condition_ exp：循环结束条件表达式，当该表达式的值为true时，则程序会退出循环体，否则程序将再次执行循环体。

【例6-10】使用loop语句求前100个自然数的和，并输出到屏幕，代码如下。

```
SQL> set serveroutput on
SQL> declare
      sum_i int:= 0;                                        --定义整数变量，存储整数和
      i int:= 0;                                            --定义整数变量，存储自然数
    begin
    loop                                                    --循环累加自然数
      i:=i+1;                                               --得出自然数
      sum_i:= sum_i+i;                                      --计算前n个自然数的和
      exit when i = 100;                                    --当循环100次时，程序退出循环体
    end loop;
    dbms_output.put_line('前100个自然数的和是：'||sum_i);   --计算前100个自然数的和
    end;
    /
```

本例运行结果如图6-6所示。

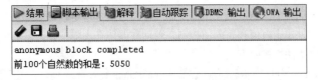

图6-6 使用loop语句求前100个自然数的和

在上面的代码中，每一次循环i的值都会自增1，变成一个新的自然数。然后使用sum_i这个变量存储前n个自然数的和。当i的值为100时，结束循环。

2. while语句

while语句根据它的条件表达式的值执行零次或多次循环体，在每次执行循环体之前，首先要判断条件

表达式的值是否为true，若为true，则程序执行循环体；否则退出while循环，然后继续执行while语句后面的其他代码，其语法格式如下。

```
while condition_expression loop
plsql_sentence;
end loop;
```

❑ condition_expression：表示一个条件表达式，当其值为true时，程序执行循环体；否则程序退出循环体，程序每次在执行循环体之前，都要首先判断该表达式的值是否为true。

❑ plsql_sentence：循环体内的PL/SQL语句。

【例6-11】使用while语句求前100个自然数的和，并输出到屏幕，代码如下。

```
SQL> set serveroutput on
SQL> declare
       sum_i int:= 0;                              --定义整数变量，存储整数和
       i int:= 0;                                  --定义整数变量，存储自然数
    begin
    while i<=99 loop                               --当i的值等于100时，程序退出while循环
      i:=i+1;                                       --得出自然数
      sum_i:= sum_i+i;                             --计算前n个自然数的和
    end loop;
    dbms_output.put_line('前100个自然数的和是：'||sum_i);  --计算前100个自然数的和
end;
    /
```

本例运行效果如图6-7所示。

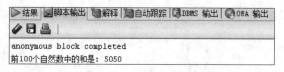

图6-7 使用while语句求前100个自然数的和

在上面的代码中，只要i的值小于100，程序就会反复地执行循环体。这样i的值就会自增1，从而得到一个新的自然数。然后使用sum_i这个变量存储前n个自然数的和，当i的值增长到100时，条件表达式的值就为false，导致while循环结束。

3. for语句

for语句是一个可预置循环次数的循环控制语句，它有一个循环计数器，通常是一个整型变量，通过这个循环计数器来控制循环执行的次数。该计数器可以从小到大进行记录，也可以相反，从大到小进行记录。另外，该计数器值的合法性由上限值和下限值控制，若计数器值在上限值和下限值的范围内，则程序执行循环；否则，终止循环，其语法格式如下。

```
for variable_ counter_name in [reverse] lower_limit..upper_limit loop
plsql_sentence;
end loop;
```

❑ variable_ counter_name：表示一个变量，通常为整数类型，用作计数器。默认情况下计数器的值会循环递增，当在循环中使用reverse关键字时，计数器的值会随循环递减。

❑ lower_limit：计数器的下限值，当计数器的值小于下限值时，程序终止for循环。

❑ upper_limit：计数器的上限值，当计数器的值大于上限值时，程序终止for循环。

❑ plsql_sentence：表示PL/SQL语句，作为for语句的循环体。

【例6-12】使用for语句求前100个自然数中偶数之和，并输出到屏幕，代码如下。

```
SQL> set serveroutput on
SQL> declare
        sum_i int:= 0;                              --定义整数变量，存储整数和
    begin
        for i in reverse 1..100 loop                --遍历前100个自然数
          if mod(i,2)=0 then                        --判断是否为偶数
            sum_i:=sum_i+i;                          --计算偶数和
          end if;
        end loop;
        dbms_output.put_line('前100个自然数中偶数之和是：'||sum_i);
    end;
    /
```

本例运行结果如图6-8所示。

图6-8   使用for语句求前100个自然数中偶数之和

在上面的for语句中，由于使用了关键字"reverse"，表示计数器i的值为递减状态，即i的初始值为100，随着每次递减1，最后一次for循环时i的值变为1。如果在for语句中不使用关键字"reverse"，则表示计数器i的值为递增状态，即i的初始值为1。

6.4.4 选择和跳转语句

1. case语句

从Oracle 9i以后，PL/SQL也可以像其他编程语言一样使用case语句，case语句的执行方式与if...then...elsif语句十分相似。在case关键字的后面有一个选择器，它通常是一个变量，程序就从这个选择器开始执行；接下来是when子句，并且在when关键字的后面是一个表达式，程序将根据选择器的值去匹配每个when子句中的表达式的值，从而实现执行不同的PL/SQL语句，其语法格式如下。

选择和跳转语句

```
case <selector>
when <expression_1> then plsql_sentence_1;
when <expression_2> then plsql_sentence_2;
…
when <expression_n> then plsql_sentence_n;
[else plsql_sentence;]
end case;
```

❑ selector：一个变量，用来存储要检测的值，通常称为选择器。这个选择器的值需要与when子句中的表达式的值进行匹配。

- expression_1：第一个when子句中的表达式，这种表达式通常是一个常量，当选择器的值等于该表达式的值时，程序将执行plsql_sentence_1语句。
- expression_2：第二个when子句中的表达式，它也通常是一个常量，当选择器的值等于该表达式的值时，程序将执行plsql_sentence_2语句。
- expression_n：第n个when子句中的表达式，它也通常是一个常量，当选择器的值等于该表达式的值时，程序将执行plsql_sentence_n语句。
- plsql_sentence：一个PL/SQL语句，当没有与选择器匹配的when常量时，程序将执行该PL/SQL语句，其所在的else语句是一个可选项。

【例6-13】指定一个季度数值，然后使用case语句判断它所包含的月份信息并输出，代码如下。

```
SQL> set serveroutput on
SQL> declare
        season int:=3;                                   --定义整形变量并赋值
        aboutInfo varchar2(50);                          --存储月份信息
    begin
    case season                                          --判断季度
      when 1 then                                        --若是1季度
        aboutInfo := season||'季度包括1，2，3月份';
      when 2 then                                        --若是2季度
        aboutInfo := season||'季度包括4，5，6月份';
      when 3 then                                        --若是3季度
        aboutInfo := season||'季度包括7，8，9月份';
      when 4 then                                        --若是4季度
        aboutInfo := season||'季度包括10，11，12月份';
      else                                               --若季度不合法
        aboutInfo := season||'季节不合法';
    end case;
    dbms_output.put_line(aboutinfo);                     --输出该季度所包含的月份信息
    end;
    /
```

本例运行结果如图6-9所示。

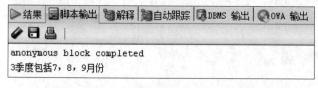

图6-9　使用case语句判断某个季度所包含的月份

2. GOTO语句

GOTO语句的语法格式如下。

```
GOTO label;
```

这是个无条件转向语句。当执行GOTO语句时，控制程序会立即转到由标签标识的语句。其中，label是在PL/SQL中定义的符号。标签是用双箭头括号（<<,>>）括起来的。

例如GOTO语句实例，代码如下。

```
… --程序其他部分
<<goto_mark>>                        --定义了一个转向标签goto_mark
… --程序其他部分
IF no>98050 THEN
    GOTO goto_mark;                  --如果条件成立则转向goto_mark继续执行
… --程序其他部分
```

在使用GOTO语句时务必小心。不必要的GOTO语句会使程序代码复杂化，容易出错，而且难以理解和维护。事实上，几乎所有使用GOTO的语句都可以使用其他的PL/SQL控制结构（如循环或条件结构）来重新进行编写。

6.4.5 异常

语句执行过程中，因为各种原因使得语句不能正常执行，并可能造成更大错误或整个系统的崩溃，所以应该采取必要的措施来防止这种情况的发生。PL/SQL提供了异常（Exception）这一处理错误情况的方法。在PL/SQL代码部分执行的过程中无论何时发生错误，PL/SQL控制程序自动地转向执行异常部分。

1. 异常处理方法

在编写PL/SQL程序时，难免会发生一些错误，可能是程序设计人员自己造成的，也可能是操作系统或硬件环境出错，比如，出现除数为零、磁盘I/O错误等情况。对于出现的这些错误，Oracle采用异常机制来处理，异常处理代码通常放在PL/SQL的EXCEPTION代码块中。根据异常产生的机制和原理，可将Oracle系统异常分为以下两大类。

异常处理方法

- 预定义异常：Oracle系统自身为用户提供了大量的、可在PL/SQL中使用的预定义异常，以便检查用户代码失败的一般原因。它们都定义在Oracle的核心PL/SQL库中，可以被用户在自己的PL/SQL异常处理部分使用名称进行标识。对这种异常情况的处理，用户无须在程序中定义，它们由Oracle自动引发。
- 自定义异常：有时候可能会出现操作系统错误或机器硬件故障，Oracle系统自身无法知晓这些错误，也不能控制它们。例如，操作系统因病毒破坏而产生故障、磁盘损坏、网络突然中断等。另外，因业务的实际需求，程序设计人员需要自定义一些错误的业务逻辑，而PL/SQL程序在运行过程中就可能会触发这些错误的业务逻辑。对于以上这些异常情况的处理，就需要用户在程序中自定义异常，然后由Oracle自动引发。

异常的处理方法分为以下两种。

（1）预定义异常处理方法

每当PL/SQL程序违反了Oracle的规则或超出系统的限制时，系统就自动产生内部异常。每个Oracle异常都有一个号码，但异常必须按名处理。因此，PL/SQL对那些常见的异常预定义了异常名。

（2）用户自定义异常处理方法

- 异常声明：用户定义异常包括预定义异常和用户自定义异常，用户定义的异常只能在PL/SQL块的声明部分进行声明。声明方式与变量声明类似。
- 抛出异常：用户定义的异常使用RAISE语句显式地提出。
- 为内部异常命名：在PL/SQL中，必须使用OTHERS处理程序或用伪命令EXCEPTION_INIT来处理未命名的内部异常。EXCEPTION_INIT的作用是告诉编译程序将一个异常名与一个Oracle错误号码联系起来。因此，用户就可以按名引用任何内部异常，并为它编写一个特定的处理程序。

2. 异常处理语法

（1）声明异常

声明异常的语法格式如下。

```
exception_name EXCEPTION;
```

其中，exception_name为用户定义的异常名。

（2）为内部异常命名

为内部异常命名的语法格式如下。

```
PRAGE EXCEPTION_INIT(exception_name,ORA_errornumber);
```

其中，ORA_errornumber为用户定义的Oracle错误号。

（3）异常定义

异常定义的语法格式如下。

```
DECLARE
    exceprion_name EXCEPTION;
BEGIN
    IF condition THEN
        RAISE exception_name;
    END IF;
    EXCEPTION
        WHEN exception_name THEN
        Statement;
END;
```

（4）异常处理

异常处理的语法格式如下。

```
SET SERVEROUTPUT ON  --将输出流开关打开
EXCEPTION
    WHEN exception1 THEN
        statement1
    WHEN exception2 THEN
        statement2
    ......
    WHEN OTHERS THEN
        statement3
```

异常处理语法

3. 预定义异常

当PL/SQL程序违反了Oracle系统内部规定的设计规范时，就会自动引发一个预定义的异常，例如当除数为零时，就会引发"ZERO_DIVIED"异常。Oracle系统常见的预定义异常标识符如下。

预定义异常

- ❑ ACCESS_INTO_NULL：该异常应用于ORA-06530错误。为了引用对象属性，必须首先初始化对象。当直接引用未初始化对象的属性时，会触发该异常。

- ❑ CASE_NOT_FOUND：该异常应用于ORA-06592错误。当CASE语句的WHEN子句没有包含必需条件分支或者ELSE子句时，会触发该异常。

- ❑ COLLECTION_IS_NULL：该异常应用于ORA-06531错误。在给嵌套表变量或者VARRAY变量赋值之前，必须首先初始化集合变量。如果没有初始化集合变量，会触发该异常。
- ❑ CURSOR_ALREADY_OPEN：该异常应用于ORA-06511错误。当在已打开的游标上执行OPEN操作时，会触发该异常。
- ❑ INVALID_CURSOR：该异常应用于ORA-01001错误。当视图从未打开的游标提取数据，或者关闭未打开游标时，会触发该异常。
- ❑ INVALID_NUMBER：该异常应用于ORA-01722错误。当内嵌SQL语句不能将字符转变成数字时，会触发该异常。
- ❑ LOGIN_DENIED：该异常应用于ORA-01017错误。当连接到Oracle数据库时，如果提供了不正确的用户名或者口令，会触发该异常。
- ❑ NO_DATA_FOUND：该异常应用于ORA-01403错误。当执行SELECT INTO未返回行，或者引用了未初始化的PL/SQL表元素时，会触发该异常。
- ❑ NOT_LOGGED_ON：该异常应用于ORA-01012错误。如果没有连接到Oracle数据库，当执行内嵌SQL语句时，会触发该异常。
- ❑ PROGRAM_ERROR：该异常应用于ORA-06501错误。如果出现该错误，则表示存在PL/SQL内部问题，在这种情况下需要重新安装数据字典视图和PL/SQL包。
- ❑ ROWTYPE_MISMATCH：该异常应用于ORA-016504错误。当执行赋值操作时，如果宿主变量和游标变量具有不兼容的返回类型，会触发该异常。
- ❑ SELF_IS_NULL：该异常应用于ORA-30625错误。当使用对象类型时，如果在null实例上调用成员方法，会触发该异常。
- ❑ STORAGE_ERROR：该异常应用于ORA-06500错误。当执行PL/SQL块时，如果超出内存空间或者破坏了内存，会触发该异常。
- ❑ SUBSCRIPT_BEYOND_COUNT：该异常应用于ORA-06533错误。当使用嵌套表或者VARRAY元素时，如果下标超出了嵌套表或者VARRAY元素的范围，会触发该异常。
- ❑ SUBSCRIPT_OUTSIDE_LIMIT：该异常应用于ORA-06532错误。当使用嵌套表或者VARRAY元素时，如果元素下标为负值，会触发该异常。
- ❑ SYS_INVALID_ROWID：该异常应用于ORA-01410错误。当将字符串转变为ROWID时，如果使用了无效字符串，会触发该异常。
- ❑ TIMEOUT_ON_RESOURCE：该异常应用于ORA-00051错误。当等待资源时如果出现超时错误，会触发该异常。
- ❑ TOO_MANY_ROWS：该异常应用于ORA-01422错误。当执行SELECT INTO语句时，如果返回超过一行，会触发该异常。
- ❑ VALUE_ERROR：该异常应用于ORA-06502错误。当执行赋值操作时，如果变量长度不足以容纳实际数据，会触发该异常。
- ❑ ZERO_DIVIDE：该异常应用于ORA-01476错误。如果除数为0，会触发该异常。

下面通过一个实例来说明如何使用系统预定义异常。

【例6-14】使用SELECT INTO语句检索emp表中部门编号为10的雇员记录信息，然后使用"too_many_rows"预定义异常捕获错误信息并输出，代码如下。

```
SQL> set serveroutput on
SQL> declare
    var_empno number;                              --定义变量，存储雇员编号
```

```
            var_ename varchar2(50);                           --定义变量，存储雇员名称
        begin
            select empno,ename into var_empno,var_ename
            from emp
            where deptno=10;                              --检索部门编号为10的雇员信息
            if sql%found then                             --若检索成功，则输出雇员信息
                dbms_output.put_line('雇员编号：'||var_empno||'；雇员名称'||var_ename);
            end if;
        exception                                          --捕获异常
            when too_many_rows then                       --若SELECT INTO语句的返回记录超过一行
                dbms_output.put_line('返回记录超过一行');
            when no_data_found then                       --若SELECT INTO语句的返回记录为0行
                dbms_output.put_line('无数据记录');
        end;
        /
```

本例运行结果如图6-10所示。

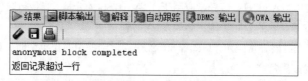

图6-10　使用too_many_rows预定义异常

在上面的例子中，由于部门编号为10的员工记录数大于1，所以SELECT INTO语句的返回行数就要超过一行，由于Oracle系统内部规定不允许该语句的返回行数超过一条，所以必然会引发异常，即引发too_many_rows系统预订以异常。

4．自定义异常

Oracle系统内部的预定义异常仅仅20个左右，而实际程序运行过程中可能会产生几千个异常情况，为此Oracle经常使用错误编号和相关描述输出异常信息。另外，程序设计人员可能会根据实际的业务需求定义一些特殊异常，这样Oracle的自定义异常就可以分为错误编号异常和业务逻辑异常两种。

（1）错误编号异常

错误编号异常是指在Oracle系统发生错误时，系统会显示错误编号和相关描述信息的异常。虽然直接使用错误编号也可以完成异常处理，但错误编号较为抽象，不易于用户理解和记忆。对于这种异常，首先在PL/SQL块的声明部分（DECLARE部分）使用EXCEPTION类型定义一个异常变量名，然后使用语句PRAGMA EXCEPTION_INIT为"错误编号"关联"这个异常变量名"，接下来就可以像对待系统预定义异常一样处理它们了。

【例6-15】定义错误编号为"-00001"的异常变量，然后向dept表中插入一条能够"违反唯一约束条件"的记录，最后在exception代码体中输出异常提示信息，代码如下。

```
SQL> set serveroutput on
SQL> declare
        primary_iterant exception;                        --定义一个异常变量
        pragma exception_init(primary_iterant,-00001);    --关联错误编号和异常变量名
```

```
begin
    /*向dept表中插入一条与已有主键值重复的记录，以便引发异常*/
    insert into dept values(10,'软件开发部','深圳');
exception
when primary_iterant then                          --若Oracle捕获到的异常为-0001异常
    dbms_output.put_line('主键不允许重复！');        --输出异常描述信息
end;
/
```

本例运行结果如图6-11所示。

图6-11　定义主键值重复的异常

通过运行结果可以看到，使用异常处理机制，可以防止Oracle系统因引发异常而导致程序崩溃，使程序有机会自动纠正错误。而且自定义异常容易理解和记忆，方便用户使用。

（2）业务逻辑异常

在实际的应用中，程序开发人员可以根据具体的业务罗规则自定义异常。这样，当用户操作违反业务逻辑规则时，就引发一个自定义异常，从而中断程序的正常执行并转到自定义的异常处理部分。

无论是预定义异常，还是错误编号异常，都是由Oracle系统判断的错误。对于业务逻辑异常，Oracle系统本身是无法知道的，这就需要有一个引发异常的机制。引发业务逻辑异常通常使用RAISE语句来实现。当引发一个异常时，控制就会转到EXCEPTION异常处理部分执行异常处理语句。业务逻辑异常首先在DECLARE部分使用EXCEPTION类型声明一个异常变量，然后在BEGIN部分根据一定的义务逻辑规则执行RAISE语句（在RAISE关键字后面跟着异常变量名），最后在EXCEPTION部分编写异常处理语句。下面通过一个实例来演示如何定义和引发"业务逻辑异常"。

【例6-16】　自定义一个异常变量，在向dept表中插入数据时，若判断"loc"字段的值为null，则使用raise语句引发异常，并将程序的执行流程转入到EXCEPTION部分进行处理，代码如下。

```
SQL> set serveroutput on
SQL> declare
    null_exception exception;                          --声明一个exception类型的异常变量
    dept_row dept%rowtype;                             --声明rowtype类型的变量"dept_row"
    begin
    dept_row.deptno := 66;                             --给部门编号变量赋值
    dept_row.dname := '公关部';                        --给部门名称变量赋值
    insert into dept
    values(dept_row.deptno,dept_row.dname,dept_row.loc); --向dept表中插入一条记录
    if dept_row.loc is null then                       --如果判断"loc"变量的值为null
      raise null_exception;                            --引发null异常，程序转入exception部分
    end if;
    exception
```

```
        when null_exception then                              --当raise引发的异常是null_exception时
            dbms_output.put_line('loc字段的值不许为null');     --输出异常提示信息
            rollback;                                          --回滚插入的数据记录
        end;
        /
```

本例运行结果如图6-12所示。

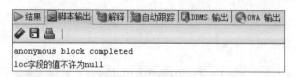

图6-12　业务逻辑异常

 使用desc命令查看dept表的设计情况，可以看到"loc"字段允许为null。但实际应用中loc字段的值（部门位置）可能会要求必须填写，这样程序设计人员就可以通过自定义业务逻辑异常来限制"loc"字段的值不许为空。

6.4.6　空操作和空值

当使用IF逻辑时，用户需要结束测试一个条件。当测试条件为TRUE时，什么工作都不做；而当测试值为FALSE时，则执行某些操作。在PL/SQL中按以下述方法处理。

空操作和空值

```
IF n<0 THEN
NULL
ELSE
DBMS_OUTPUT.PUT_LINE('正常');
```

关键字NULL表示不执行操作。

6.5　系统内置函数

SQL语言是一种脚本语言，它提供了大量内置函数，使用这些内置函数可以大大增强SQL语言的运算和判断功能。本节将对Oracle中的一些常用函数进行介绍，如字符类函数、数字类函数、日期和时间类函数、转换类函数、聚集类函数等。

6.5.1　字符类函数

字符类函数是专门用于字符处理的函数，处理的对象可以是字符或字符串常量，也可以是字符类型的列。常用的字符类函数有如下几种。

（1）ASCII(c)函数和CHR(i)函数

ASCII(c)函数用于返回一个字符的ASCII码，其中参数"c"表示一个字符；CHR(i)函数用于返回给出ASCII码值所对应的字符，"i"表示一个ASCII码值。从这两个函数的功能中可以看出，它们二者之间具有互逆的关系。

字符类函数

【例6-17】分别求字符"Z、H、D和空格"的ASCII值，具体代码如下。

```
SQL> select ascii('Z') Z, ascii('H') H, ascii('D') D , ascii(' ') space from dual;
```

运行结果如图6-13所示。

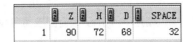

图6-13　ASCII(c)函数

 说明

dual是Oracle系统内部提供的一个用于实现临时数据计算的特殊表，它只有一个列DUMMY，类型为VARCHAR2(1)。后续相关内容若用到，将不再重复。

对于上个例子中求得的ASCII值，使用CHR（i）函数再返回其对应的字符，具体代码如下。

SQL> select chr(90),chr(72),chr(68),(32)S from dual;

运行结果如图6-14所示。

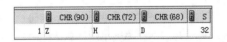

图6-14　CHR(i)函数

（2）CONCAT（s1,s2）函数

该函数将字符串s2连接到字符串s1的后面，如果s1为null，则返回s2；如果s2为null，则返回s1；如果s1和s2都为null，则返回null。

【例6-18】使用CONCAT函数连接"Hello "和"World"两个字符串，具体代码及运行结果如下。

```
SQL> select concat('Hello ','World!') information from dual;
INFORMATION
--------------
Hello World!
```

（3）INITCAP（s）函数

该函数将字符串s的每个单词的第一个字母大写，其他字母小写。单词之间用空格、控制字符、标点符号来区分。

【例6-19】使用INITCAP函数转换字符串"oh my god！"的输出，具体代码及运行结果如下。

```
SQL> select initcap('oh my god! ') information from dual;
INFORMATION
------------------
Oh My God!
```

（4）INSTR（s1,s2[,i][,j]）函数

该函数用于返回字符串s2在字符串s1中第"j"次出现时的位置，搜索从字符串s1的第"i"个字符开始。当没有发现要查找的字符时，该函数返回值为0；如果"i"为负数，那么搜索将从右到左进行，但函数的返回位置还是按从左到右来计算。其中，s1和s2均为字符串；"i"和"j"均为整数，默认值为1。

【例6-20】在字符串"oracle 11g"中，从第3个字符开始查询字符串"1"第2次出现的位置，具体代码及运行结果如下。

```
SQL> select instr('oracle 11g','1',3,2) abc from dual;
     ABC
---------------
     9
```

（5）LENGTH（s）函数

该函数用于返回字符串s的长度，如果s为null，则返回值为null。

【例6-21】在SCOTT模式下，通过使用length函数返回雇员名称长度大于5的雇员信息及所在部门信息，具体代码如下。

```
SQL> select e.empno,e.ename,d.dname
  2 from emp e inner join dept d
  3 on e.deptno = d.deptno
  4 where length(e.ename) > 5;
```

本例运行结果如图6-15所示。

（6）LOWER（s）函数和UPPER函数（s）

LOWER（s）函数和UPPER函数（s）分别用于返回字符串s的小写形式和大写形式，这两个函数经常出现在WHERE子句中。

【例6-22】在SCOTT模式下，在emp表中检索雇员名称以字母"j"开头的员工信息，并将ename字段的值转换为小写，具体代码如下。

	EMPNO	ENAME	DNAME
1	7934	MILLER	ACCOUNTING
2	7844	TURNER	SALES
3	7654	MARTIN	SALES

图6-15　雇员名称长度大于5的雇员信息

```
SQL> select empno,lower(ename) from emp where lower(ename) like 'j%';
```

本例运行结果如图6-16所示。

（7）LTRIM（s1,s2）函数、RTRIM（s1,s2）函数和TRIM（s1,s2）函数

这3个函数分别用来删除字符串s1左边的字符串s2、删除字符串s1右边的字符串s2、删除字符串s1左右两端字符串s2。如果在这3个函数中不指定字符串s2，则表示去除相应方位的空格。

	EMPNO	LOWER(ENAME)
1	7566	jones
2	7900	james

图6-16　将ENAME字数的值转换为小写

【例6-23】使用LTRIM、RTRIM和TRIM函数分别去掉字符串"####East####"、"East"和"####East###"中左侧"#"、右侧空格和左右两侧的"#"，具体代码如下。

```
SQL> select ltrim('####East####','#'),rtrim('East    '),trim('#' from '####East###') from dual;
```

本例运行结果如图6-17所示。

LTRIM('####EAST####','#')	RTRIM('EAST')	TRIM('#' FROM '####EAST###')
1 East####	East	East

图6-17　trim函数

（8）REPLACE（s1,s2[,s3]）函数

该函数使用s3字符串替换出现在s1字符串中的所有s2字符串，并返回替换后的新字符串，其中，s3的默认值为空字符串。

【例6-24】使用replace函数把字符串"Bad Luck Bad Gril"中的"Bad"字符串用"Good"替换掉，具体代码及运行结果如下。

```
SQL> select replace('Bad Luck Bad Gril','Bad','Good') from dual;
REPLACE('BADLUCKBAD
-----------------------------------
Good Luck Good Gril
```

（9）SUBSTR（s,i,[j]）函数

该函数表示从字符串s的第"i"个位置开始截取长度为"j"的子字符串。如果省略参数"j",则直接截取到尾部。其中,"i"和"j"为整数。

【例6-25】使用substr函数在字符串"'MessageBox'"中从第8个位置截取长度为3的子字符串,具体代码及运行结果如下。

```
SQL> select substr('MessageBox',8,3) from dual;
SUB
──────
Box
```

6.5.2 数字类函数

数字类函数主要用于执行各种数据计算,所有的数字类函数都有数字参数并返回数字值。Oracle系统提供了大量的数字类函数,这些函数大大增强了Oracle系统的科学计算能力。Oracle系统中常用的数字类函数如表6-3所示。

数字类函数

表6-3 Oracle系统中常用的数字类函数及其说明

函 数	说 明
ABS(n)	返回n的绝对值
CEIL(n)	返回大于或等于数值n的最小整数
COS(n)	返回n的余弦值,n为弧度
EXP(n)	返回e的n次幂,e=2.71828183
FLORR(n)	返回小于或等于n的最大整数
LOG(n1,n2)	返回以n1为底n2的对数
MOD(n1,n2)	返回n1除以n2的余数
POWER(n1,n2)	返回n1的n2次方
ROUND(n1,n2)	返回舍入小数点右边n2位的n1的值,n2的默认值为0,这会返回小数点最接近的整数。如果n2为负数,就舍入到小数点左边相应的位上,n2必须是整数
SIGN(n)	若n为负数,则返回-1;若n为正数,则返回1;若n=0,则返回0
SIN(n)	返回n的正弦值,n为弧度
SQRT(n)	返回n的平方根,n为弧度
TRUNC(n1,n2)	返回结尾到n2位小数的n1的值,n2默认设置为0,当n2为默认设置时,会将n1截尾为整数,如果n2为负值,就截尾在小数点左边相应的位上

在上表中列举了若干三角函数,这些三角函数的操作数和返回值都是弧度,而不是角度,这一点需要读者注意。接下来,对表6-3中常用的几个函数进行举例说明。

(1)CEIL(n)函数

该函数返回大于或等于数值n的最小整数,它适合一些比较运算。

例如使用CEIL函数返回3个指定小数的整数值,具体代码及运行结果如下。

```
SQL> select ceil(7.3),ceil(7),ceil(-7.3) from dual;
CEIL(7.3)       CEIL(7)       CEIL(-7.3)
─────────      ─────────     ──────────
        8             7              -7
```

(2)ROUND(n1,n2)函数

该函数返回舍入小数点右边n2位的n1的值,n2的默认值为0,这会返回小数点最接近的整数。如果n2为负数，就舍入到小数点左边相应的位上，n2必须是整数。

例如使用ROUND函数返回PI为两位小数的值，具体代码及运行结果如下。

```
SQL> select round(3.1415926,2) from dual;
ROUND(3.1415926,2)
-------------------------
          3.14
```

（3）POWER(n1,n2)函数

该函数返回n1的n2次方。其中n1和n2都为整数。

例如使用POWER函数计算2的3次方的值，具体代码及运行结果如下。

```
SQL> select power(2,3) from dual;
POWER(2,3)
-----------------
        8
```

6.5.3 日期和时间类函数

在Oracle 11g中，系统提供了许多用于处理日期和时间的函数，通过这些函数可以得到需要的特定日期和时间，常用的日期和时间类函数如表6-4所示。

日期和时间类函数

表6-4 常用的日期和时间类函数及其说明

函 数	说 明
ADD_MONTHS(d,i)	返回日期d加上i个月之后的结果。其中，i为任意整数
LAST_DAY(d)	返回包含日期d月份的最后一天
MONTHS_BETWEEN(d1,d2)	返回d1和d2之间的数目，若d1和d2的日期都相同，或者都是该月的最后一天，则返回一个整数，否则返回的结果将包含一个小数
NEW_TIME(d1,t1,t2)	其中，d1是一个日期数据类型，当时区t1中的日期和时间是d1时，返回时区t2中的日期和时间。t1和t2是字符串
SYSDATE()	返回系统当前的日期

日期类型的默认格式是"DD-MON-YY"，其中"DD"表示两位数字的"日"，MON表示3位数字的"月份"，YY表示两位数字的"年份"，例如"01-10月-11"表示2011年10月1日。下面看几个常用函数的具体应用。

（1）SYSDATE()函数

该函数返回系统当前的日期。

例如使用SYSDATE函数返回当期系统的日期，具体代码及运行结果如下。

```
SQL> select sysdate as 系统日期 from dual;
系统日期
----------------
29-9月 -11
```

（2）A+DD_MONTHS(d,i)函数

该函数返回日期d加上i个月之后的结果。其中，i为任意整数。

例如使用ADD_MONTHS函数在当前日期下加上6个月，并显示其值，具体代码及运行结果如下。

```
SQL> select ADD_MONTHS(sysdate,6) from dual;
ADD_MONTHS(SYS
-----------------------------
29-3月 -12
```

6.5.4 转换类函数

转换类函数

在操作表中的数据时，经常需要将某个数据从一种数据类型转换为另外一种数据类型，这时就需要转换类函数。比如把具有"特定格式"字符串转换为日期、把数字转换成字符等。常用的转换类函数如表6-5所示。

表6-5 常用的转换类函数及其说明

函 数	说 明
CHARTORWIDA(s)	该函数将字符串s转换为RWID数据类型
CONVERT(s,aset[,bset])	该函数将字符串s由bset字符集转换为aset字符集
ROWIDTOCHAR()	该函数将ROWID数据类型转换为CHAR类型
TO_CHAR(x[,format])	该函数实现将表达式转换为字符串，format表示字符串格式
TO_DATE(s[,format[lan]])	该函数将字符串s转换成date类型，format表示字符串格式，lan表示所使用的语言
TO_NUMBER(s[,format[lan]])	该函数将返回字符串s代表的数字，返回值按照format格式进行显示，format表示字符串格式，lan表示所使用的语言

下面来看几个常用转换类函数的具体应用。

（1）TO_CHAR()函数

该函数实现将表达式转换为字符串，format表示字符串格式

【例6-26】使用TO_CHAR函数转换系统日期为"YYYY-MM-DD"格式，具体代码及运行结果如下。

```
SQL> select sysdate as 默认格式日期, to_char(sysdate,'YYYY-MM-DD') as 转换后日期
  from dual;
默认格式日期            转换后日期
-----------------       -----------
29-9月 -11              2011-09-29
```

（2）TO_NUMBER(s[,format[lan]])函数

该函数将返回字符串s代表的数字，返回值按照format格式进行显示，format表示字符串格式，lan表示所使用的语言

例如使用TO_NUMBER函数把16进制数"18f"转转为10进制数，具体代码及运行结果如下。

```
SQL> select to_number('18',xxx') as 十进制数 from dual;
十进制数
---------------
339
```

6.5.5 聚合类函数

使用聚合类函数可以针对一组数据进行计算，并得到相应的结果，关于聚合类函数的详细介绍请参见4.2.4小节。

6.6 函数

函数一般用于计算和返回一个值，可以将经常需要使用的计算或功能写成一个函数。函数的调用是表达式的一部分，而过程的调用是一条PL/SQL语句。

函数

函数与过程在创建的形式上有些相似，也是编译后放在内存中供用户使用，只不过调用时函数要用表达式，而不像过程只需要调用过程名。另外，函数必须要有一个返回值，而过程则没有。

6.6.1 函数的创建与调用

1. 创建函数

函数的创建语法与存储过程比较类似，它也是一种存储在数据库中的命名程序块。函数可以接受零或多个输入参数，并且函数必须有返回值（而这一点存储过程是没有的），其定义语法格式如下。

```
create [or replace] function fun_name[(parameter1[,parameter2]…) return data_type is
    [inner_variable]
begin
    plsql_ sentence;
[exception]
    [dowith _ sentences;]
end [fun_name];
```

- ❏ fun_name：函数名称，如果数据库中已经存在此名称，则可以指定"or replace"关键字，这样新的函数将覆盖原来的函数。
- ❏ parameter1：函数的参数，这是个可选项，因为函数可以没有参数。
- ❏ data_type：函数的返回值类型，这是个必选项。在返回值类型的前面要使用return关键字来标明。
- ❏ inner_variable：函数的内部变量，它有别于函数的参数，这是个可选项。
- ❏ plsql_ sentence：PL/SQL语句，它是函数主要功能的实现部分，也就是函数的主体。
- ❏ dowith _ sentences：异常处理代码，也是PL/SQL语句，这是一个可选项

由于函数有返回值，所以在函数主体部分（即begin部分）必须使用return语句返回函数值，并且要求返回值的类型要与函数声明时的返回值类型（即data_type）相同。

根据上面的语法分析，下面来创建一个函数。

【例6-27】定义一个函数，用于计算emp表中指定某个部门的平均工资，代码和结果如下。

```
SQL> create or replace function get_avg_pay(num_deptno number) return number is
--创建一个函数，该函数实现计算某个部门的平均工资，传入部门编号参数
    num_avg_pay number;                                              --保存平均工资的内部变量
    begin
    select avg(sal) into num_avg_pay from emp where deptno=num_deptno;    --某个部门的平均工资
    return(round(num_avg_pay,2));                                    --返回平均工资
    exception
    when no_data_found then                                          --若此部门编号不存在
    dbms_output.put_line('该部门编号不存在');
    return(0);                                                        --返回平均工资为0
```

```
        end;
        /
function get_avg_pay(num_deptno number)已编译
```

2. 调用函数

由于函数有返回值，所以在调用函数时，必须使用一个变量来保存函数的返回值，这样函数和这个变量就组成了一个赋值表达式。以上面的get_avg_pay函数为例，看看如何调用函数。

【**例6-28**】调用函数get_avg_pay，计算部门编号为10的雇员平均工资并输出，代码如下。

```
SQL> set serveroutput on
SQL> declare
        avg_pay number;                                      --定义变量，存储函数返回值
    begin
        avg_pay:=get_avg_pay(10);                            --调用函数，并获取返回值
        dbms_output.put_line('平均工资是：'||avg_pay);        --输出返回值，即员工平均工资
    end;
    /
```

本例运行结果如图6-18所示。

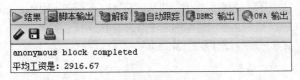

图6-18　使用函数计算平均工资

6.6.2　函数的删除

删除函数的操作比较简单，使用drop function命令，其后面跟着要删除的函数名称，其语法格式如下。

```
drop function fun_name;
```

参数fucn_name表示要删除的函数名称。下面以删除get_avg_pay函数为例，来了解如何删除函数。

使用drop function命令删除get_avg_pay函数，代码如下。

```
SQL> drop function get_avg_pay;
```

当重新定义一个函数时，不必先删除再创建，只需要在CREATE 语句后面加上OR REPLACE关键字即可，如下所示。

```
create or replace function fun_name;
```

6.7　游标

游标提供了一种从表中检索数据并进行操作的灵活手段。游标主要用在服务器上，处理由客户端发送给服务器端的SQL语句，或是批处理、存储过程、触发器中的数据处理请求。游标的作用就相当于指针，通过游标PL/SQL程序可以一次处理查询结果集中的一行，并可以对该行数据执行特定操作，从而为用户在处理数据的过程中提供了很大方便。

在Oracle中，通过游标操作数据主要使用显式游标和隐式游标。另外，还包括具有引用类型特性的REF游标。因篇幅限制，本书主要介绍前两种经常使用的游标（显式游标和隐式游标）。

6.7.1 显式游标

显式游标是由用户声明和操作的一种游标，通常用于操作查询结果集（即由 SELECT语句返回的查询结果），使用它处理数据的步骤包括声明游标、打开游标、读取游标和关闭游标4个步骤。其中读取游标可能是个反复操作的步骤，因为游标每次只能读取一行数据，所以对于多条记录，需要反复读取，直到游标读取不到数据为止，其操作过程如图6-19所示。

显式游标

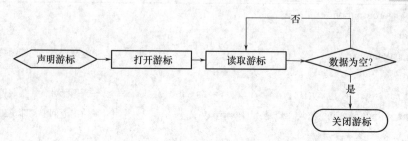

图6-19　显式游标操作数据的过程

游标声明需要在块的声明部分进行，其他的3个步骤都在执行部分或异常处理中进行。

1．声明游标

声明游标主要包括游标名称和为游标提供结果集的SELECT语句。因此，在声明游标时，必须指定游标名称和游标所使用的SELECT语句，声明游标的语法格式如下。

```
cursor cur_name[(input_parameter1[,input_parameter2]…)]
[return  ret_type]
is select_ sentence;
```

❑ cur_name：表示所声明的游标名称。
❑ ret_type：表示执行游标操作后的返回值类型，这是一个可选项。
❑ select_ sentence：游标所使用的SELECT语句，它为游标的反复读取提供了结果集。
❑ input_parameter1：表示游标的"输入参数"，可以有多个，这是一个可选项。它指定用户在打开游标后向游标中传递的值，该参数的定义和初始化格式如下。

```
para_name [in] datatype [{: = | default} para_value]
```

其中，para_name表示参数名称，其后面的关键字"in"表示输入方向，可以省略；datatype表示参数的数据类型，但数据类型不可以指定长度；para_value表示该参数的初始值或默认值，它也可以是一个表达式；para_name参数的初始值既可以以常规的方式赋值（: =），也可以使用关键字defalut初始化默认值。

与声明变量一样，定义游标也应该放在PL/SQL块的declare部分，下面来看一个具体的例子。

声明一个游标，用来读取emp表中职务为销售员（SALESMAN）的雇员信息，代码如下。

```
SQL> declare
        cursor cur_emp(var_job in varchar2:='SALESMAN')
        is select empno,ename,sal
          from emp
          where job=var_job;
```

在上面的代码中，声明了一个名称为cur_emp的游标，并定义一个输入参数var_job（类型为varchar2，但不可以指定长度，如varchar2(10)，否则程序报错）。该参数用来存储雇员的职务（初始值为SALESMAN），然后使用SELECT语句检索职务是销售员的结果集，以等待游标逐行读取它。

2．打开游标

在游标声明完毕之后，必须打开才能使用，打开游标的语法格式如下。

```
open cur_name[(para_value1[,para_value2]…)];
```

- ❑ cur_name：要打开的游标名称。
- ❑ para_value1：指定"输入参数"的值，根据声明游标时的实际情况，可以是多个或一个，这是一个可选项。如果在声明游标时定义了"输入参数"，并初始化其值，而在此处省略"输入参数"的值，则表示游标将使用"输入参数"的初始值；若在此处指定"输入参数"的值，则表示游标将使用这个指定的"参数值"。

打开游标就是执行定义的SELECT语句。执行完毕，查询结果装入内存，游标停在查询结果的首部，注意并不是第一行。当打开一个游标时，会完成以下几件事。

- ☑ 检查联编变量的取值。
- ☑ 根据联编变量的取值，确定活动集。
- ☑ 活动集的指针指向第一行。

紧接上一个例子中的代码，打开游标的代码如下。

```
open cur_emp('MANAGER');
```

上面这条语句表示打开游标cur_emp，然后给游标的"输入参数"赋值为"MANAGER"。当然这里可以省略"('MANAGER')"，这样表示"输入参数"的值仍然使用其初始值（即SALESMAN）。

3．读取游标

当打开一个游标之后，就可以读取游标中的数据了。读取游标就是逐行将结果集中的数据保存到变量中。读取游标使用fetch…into语句，其语法格式如下。

```
fetch cur_name into {variable};
```

- ❑ cur_name：表示要读取的游标名称。
- ❑ variable：表示一个变量列表或"记录"变量（RECORD类型），Oracle使用"记录"变量来存储游标中的数据，这要比使用变量列表方便得多。

在游标中包含一个数据行指针，它用来指向当前数据行。刚刚打开游标时，指针指向结果集中的第一行，当使用fetch…into语句读取数据完毕之后，游标中的指针将自动指向下一行数据。这样就可以在循环结构中使用fetch…into语句来读取数据，每一次循环都会从结果集中读取一行数据，直到指针指向结果集中最后一条记录之后为止（实际上，最后一条记录之后是不存在的，是空的，这里只是表示遍历所有的数据行），这时游标的%found属性值为false。

下面通过一个具体的实例来演示一下如何使用游标读取数据。

【例6-29】 声明一个检索emp表中雇员信息的游标，然后打开游标，并指定检索职务是"MANAGER"的雇员信息，接着使用fetch…into语句和while循环读取游标中的所有雇员信息，最后输出读取的雇员信息，代码如下。

```
SQL> set serveroutput on
SQL> declare
        /*声明游标，检索雇员信息*/
        cursor cur_emp (var_job in varchar2:='SALESMAN')
        is select empno,ename,sal
          from emp
          where job=var_job;
        type record_emp is record          --声明一个记录类型（RECORD类型）
```

151

```
        (
          /*定义当前记录的成员变量*/
          var_empno emp.empno%type,
          var_ename emp.ename%type,
          var_sal emp.sal%type
        );
        emp_row record_emp;              --声明一个record_emp类型的变量
      begin
        open cur_emp('MANAGER');         --打开游标
        fetch cur_emp into emp_row;      --先让指针指向结果集中的第一行，并将值保存到emp_row中
        while cur_emp%found loop
          dbms_output.put_line(emp_row.var_ename||'的编号是'||emp_row.var_empno||',工资是'||emp_row.
var_sal);
          fetch cur_emp into emp_row;    --让指针指向结果集中的下一行，并将值保存到emp_row中
        end loop;
        close cur_emp;                   --关闭游标
      end;
      /
```

本例运行结果如图6-20所示。

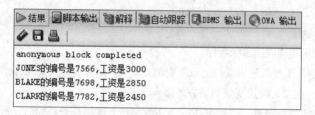

图6-20　使用游标读取员工信息

对于上例中的代码，在while语句之前，首先使用fetch...into语句将游标中的指针移动到结果集中的第一行，这样属性%found的值就为true，从而保证while语句的循环判断条件成立。

4. 关闭游标

当所有的活动集都被检索以后，游标就应该被关闭。PL/SQL程序将被告知对于游标的处理已经结束，与游标相关联的资源可以被释放了。这些资源包括用来存储活动集的存储空间，以及用来存储活动集的临时空间。

关闭游标的语法格式如下。

```
close cur_name;
```

参数cur_name表示要关闭的游标名称。一旦关闭了游标，也就关闭了SELECT操作，释放了占用的内存区。如果再从游标提取数据就是非法的，这样做会产生下面的Oracle错误。

```
ORA-1001: Invalid CUSOR                    --非法游标
```

或者如下。

```
ORA-1002：FETCH out of sequence            --超出界限
```

类似地，关闭一个已经被关闭的游标也是非法的，这也会触发ORA-1001错误。

例如上个例子中，在读取完结果集之后，使用如下的close语句关闭了游标。

```
SQL> close cur_emp;                              --关闭游标
```

6.7.2　隐式游标

在执行一个SQL语句时，Oracle会自动创建一个隐式游标。这个游标是内存中处理该语句的工作区域。隐式游标主要处理数据操纵语句（如UPDATE、DELETE语句）的执行结果，特殊情况下，也可以处理SELECT语句的查询结果。由于隐式游标也有属性，当使用隐式游标的属性时，需要在属性前面加上隐式游标的默认名称——SQL。

隐式游标

在实际的PL/SQL编程中，经常使用隐式游标来判断更新数据行或删除数据行的情况，下面就来看一个实例。

【例6-30】在SCOTT模式下，把emp表中销售员（即SALESMAN）的工资上调20%，然后使用隐式游标sql的%rowcount属性输出上调工资的员工数量，代码如下。

```
SQL> set serveroutput on
SQL> begin
    update emp
    set sal=sal*(1+0.2)
    where job='SALESMAN';                        --把销售员的工资上调20%
    if sql%notfound then                         --若update语句没有影响到任何一行数据
      dbms_output.put_line('没有雇员需要上调工资');
    else                                         --若update语句至少影响到一行数据
      dbms_output.put_line('有'||sql%rowcount||'个雇员工资上调20%');
    end if;
  end;
/
```

本例运行结果如图6-21所示。

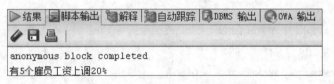

图6-21　使用隐式游标更新数据记录

在上面的代码中，标识符"sql"就是update语句在更新数据过程中所使用的隐式游标，它通常处于隐藏状态，是由Oracle系统自动创建的。当需要使用隐式游标的属性时，标识符"sql"就必须显式地添加到属性名称之前。另外，无论是隐式游标，还是显式游标，它们的属性总是反映最近的一条SQL语句的处理结果。因此在一个PL/SQL块中出现多个SQL语句时，游标的属性值只能反映紧挨着它上面那条SQL的处理结果。

6.7.3　使用游标变量

使用游标变量

如同常量和变量的区别一样，前面所讲的游标都是与一个SQL语句相关联，并且在编译该块的时候此语句已经是可知的、静态的，而游标变量可以在运行时与不同的语句关联，是动态的。游标变量被用于处理多行的查询结果集。在同一个PL\SQL块中，游标变量不同于特定的查询绑定，而是在打开游标时才确定所对应的查询。因此，游标变量可以一次对应多个查询。

使用游标变量之前，必须先声明，然后在运行时必须为其分配存储空间，因为游标变量是REF类型的变量，类似于高级语句中的指针。

1. 游标变量

游标变量就像C和Pascal指针一样，保存在某个项目的内存位置，而不是项目本身。因此，声明游标实质是创建一个指针，而不是项目。在PL/SQL中，指针具有数据类型REF X，REF是REFERENCE，X表示类对象。因此，游标变量具有数据类型REF CURSOR。

为了执行多行查询，Oracle打开命名工作域，存储处理信息。为了访问这些信息，可以用显式游标，它命名工作区或者使用游标变量指向工作区。游标总是指向相同的查询工作区，游标变量能够指向不同的工作区，因此，游标和游标变量不能互操作。

2. 声明游标变量

游标变量是一种引用类型。当程序运行时，它们可以指向不同的存储单元。如果要使用引用类型，首先要声明该变量，然后必须要分配相应的存储单元。PL/SQL中的引用类型通过下述的语法进行声明。

```
REF type
```

其中，type是已经被定义的类型。REF关键字指明新的类型必须是一个指向经过定义的类型的指针。因此，游标可以使用的类型就是REF CURSOR。

定义一个游标变量类型的完整语句如下。

```
TYPE <类型名> IS REF CURSOR
RETURN <返回类型>
```

其中，<类型名>是新的引用类型的名字，而<返回类型>是一个记录类型，它指明了最终由游标变量返回的选择列表的类型。

游标变量的返回类型必须是一个记录类型。它可以被显式声明为一个用户定义的记录，或者隐式使用%ROWTYPE进行声明。在定义了引用类型以后，就可以声明该变量了。

例如在此声明部分，给出用于游标变量的不同游标，代码如下。

```
SQL> set serveroutput on
SQL> DECLARE
        TYPE t_StudentRef IS REF CURSOR              --定义使用%ROWTYPE
        RETURN STUDENTS%ROWTYPE;
        TYPE t_AbstractstudentsRecord IS RECORD(     --定义新的记录类型
            sname STUDENTS.sname%TYPE,
            sex STUDENTS.sex%type);
        v_AbstractStudentsRecord t_AbstractStudentsRecord;
        TYPE t_AbstractStudentsRef IS REF CURSOR     --使用记录类型的游标变量
        RETURN t_AbstractStudentsRecord;
        TYPE t_NameRef2 IS REF CURSOR                --另一类型定义
        RETURN v_AbstractStudentsRecord%TYPE;
        v_StudentCV t_StudentsRef;                   --声明上述类型的游标变量
        v_AbstractStudentCV t_AbstractStudentsRef;
```

上例中极少的游标变量是受限的，它的返回类型只能是特定类型。而在PL/SQL语句中，还有一种非受限游标变量，它在声明的时候没有RETURN子句。一个非受限游标变量可以被任何查询打开。

3. 打开游标变量

如果要将一个游标变量与一个特定的SELECT语句相关联，需要使用OPEN FOR语句，其语法格式如下。

```
OPEN<游标变量>FOR<SELECT语句>;
```

如果游标变量是受限的，则SELECT语句的返回类型必须与游标所限的记录类型匹配；如果不匹配，Oracle会返回错误ORA_6504。

例如，打开游标变量v_StudentSCV，代码如下。

```
SQL> DECLARE
        TYPE t_StudentRef IS REF CURSOR                    --定义使用%ROWTYPE
        RETURN STUDENTS%ROWTYPE;
        v_StudentSCV t_StudentRef;                         --定义新的记录类型
    BEGIN
    OPEN v_StudentSCV FOR
        SELECT * FROM STUDENTS; ;
    END;
```

4. 关闭游标变量

游标变量的关闭和静态游标的关闭类似，都是使用CLOSE语句，这会释放查询所使用的空间。关闭已经关闭的游标变量是非法的。

6.7.4 使用游标表达式

一个游标表达式返回一个嵌套游标，结果集中的每一行都包含值加上子查询生成的游标。然而，单个查询能够从多个表中提取相关的值。可以使用嵌套循环处理这个结果集，首先提取结果集的行，然后处理这些行中的嵌套游标。

PL/SQL支持使用游标表达式的查询作为游标声明的一个部分。语法格式如下。

使用游标表达式

```
CURSOR(subquery)
```

嵌套游标在包含的行从父游标中提取的时候打开。只有在下列情形下，嵌套游标才被关闭。

（1）嵌套游标被用户显示关闭。

（2）父游标被重新执行。

（3）父游标被关闭。

（4）父游标被取消。

（5）在提取父游标的一行时出现错误。

6.8 程序包的使用

程序包由PL/SQL程序元素（如变量、类型）和匿名PL/SQL块（如游标）、命名PL/SQL块（如存储过程和函数）组成。程序包可以被整体加载到内存中，这样就可以大大加快程序包中任何一个组成部分的访问速度。实际上程序包对于用户来说并不陌生，在PL/SQL程序中使用DBMS_OUTPUT.PUT_LINE语句就是程序包的一个具体应用，其中，DBMS_OUTPUT是程序包，而PUT_LINE就是其中的一个存储过程。程序包通常由规范和包主体组成，下面分别进行讲解。

6.8.1　程序包的规范

"规范"用于规定在程序包中可以使用哪些变量、类型、游标和子程序（指各种命名的PL/SQL块），需要注意的是：程序包一定要在"包主体"之前被创建，其语法格式如下。

程序包的规范

```
create [or replace ] package pack_name is

[declare_variable];

[declare_type];

[declare_cursor];

[declare_function];

[declare_ procedure];

end [pack_name];
```

上面语法中的参数说明如表6-6所示。

表6-6　创建程序包规范语法中的参数说明

参　数	说　明
pack_name	程序包的名称，如果数据库中已经存在此名称，则可以指定 "or replace" 关键字，这样新的程序包将覆盖掉原来的程序包
define_variable	规范内声明的变量
define_type	规范内声明的类型
define_cursor	规范内定义的游标
define_function	规范内声明的函数，但仅定义参数和返回值类型，不包括函数体
define_procedure	规范内声明的存储过程，但仅定义参数，不包括存储过程主体

下面通过一个实例来看一下如何创建一个程序包的"规范"。

【例6-31】创建一个程序包的"规范"，首先在该程序包中声明一个可以获取指定部门的平均工资的函数，然后再声明一个可以实现按照指定比例上调指定职务的工资的存储过程，代码如下。

```
SQL> create or replace package pack_emp is

    function fun_avg_sal(num_deptno number) return number; --获取指定部门的平均工资

    procedure pro_regulate_sal(var_job varchar2,num_proportion number);--按照指定比例上调指定职务的
工资

    end pack_emp;

    /
```

从上面的代码中可以看到，在"规范"中声明的函数和存储过程只有头部的声明，而没有函数体和存储过程主体，这正是规范的特点。

仅定义了"规范"的程序包还不可以使用，如果试图在PL/SQL块中通过程序包的名称来调用其中的函数或存储过程，Oracle将会产生错误提示。

6.8.2 程序包的主体

程序包的主体

程序包的主体包含了在规范中声明的游标、过程和函数的实现代码，另外，也可以在程序包的主体中声明一些内部变量。程序包主体的名称必须与规范的名称相同，这样Oracle就可以通过这个相同的名称将"规范"和"主体"结合在一起组成程序包，并实现一起进行编译代码。在实现函数或存储过程主体时，可以将每一个函数或存错过程作为一个独立的PL/SQL块来处理。

与创建"规范"不同的是，创建"程序包主体"使用CREATE PACKAGE BODY语句，而不是CREATE PACKAGE，这一点需要读者注意，创建程序包主体的代码如下。

```
create [or replace] package body pack_name is
    [inner_variable]
    [cursor_body]
    [function_title]
    {begin
      fun_plsql;
    [exception]
      [dowith _ sentences;]
    end [fun_name]}
    [procedure_title]
    {begin
      pro_plsql;
    [exception]
      [dowith _ sentences;]
    end [pro_name]}
    …
    end [pack_name];
```

上面语法中的参数说明如表6-7所示。

表6-7　创建程序包主体语法中的参数说明

参　　数	说　　明
pack_name	程序包的名称，要求与对应"规范"的程序包名称相同
inner_variable	程序包主体的内部变量
cursor_body	游标主体
function_title	从"规范"中引入的函数头部声明
fun_plsql	PL/SQL语句，这里是函数主要功能的实现部分。从begin到end部分就是函数的body
dowith _ sentences	异常处理语句
fun_name	函数的名称
procedure_title	从"规范"中引入的存储过程头部声明
pro_plsql	PL/SQL语句，这里是存储过程主要功能的实现部分。从begin到end部分就是存储过程的body
pro_name	存储过程的名称

下面通过一个实例来看一下如何创建一个程序包的"主体"以及如何调用一个完整的程序包。

【例6-32】创建程序包pack_emp的主体，在该主体中实现对应"规范"中声明的函数和存储过程，代码如下。

```
SQL> create or replace package body pack_emp is
     function fun_avg_sal(num_deptno number) return number is      --引入"规范"中的函数
       num_avg_sal number;                                          --定义内部变量
     begin
       select avg(sal)
       into num_avg_sal
       from emp
       where deptno = num_deptno;                                   --计算某个部门的平均工资
       return(num_avg_sal);                                         --返回平均工资
     exception
       when no_data_found then                                      --若未发现记录
         dbms_output.put_line('该部门编号不存在雇员记录');
       return 0;                                                    --返回0
     end fun_avg_sal;
     procedure pro_regulate_sal(var_job varchar2,num_proportion number) is--引入存储过程
     begin
       update emp
       set sal = sal*(1+num_proportion)
       where job = var_job;                                         --为指定的职务调整工资
     end pro_regulate_sal;
   end pack_emp;
   /
```

小 结

通过本章的学习，能够对PL/SQL的编程基础有一个深入的了解，PL/SQL语言与其他结构化程序语言一样，都具有基本的程序元素，如数据类型、变量、常量、流程控制语句。另外，为了逐行操作数据，PL/SQL语言还提供了游标来操作数据行。

上机指导

查询emp表的工资，输入员工编号，根据编号查询工资。如果工资高于3 000元，则显示高工资；如果工资大于2 000元，则显示中等工资；如果工资小于2 000元，则显示低工资，代码如下。

```
SQL> DECLARE
         v_empSal          emp.sal%TYPE ;              -- 定义变量与emp.sal字段类型相同
         v_empName         emp.ename%TYPE ;            -- 定义变量与emp.ename字段类型相同
```

```
        v_eno                emp.empno%TYPE ;              -- 定义变量与emp.empno字段类型相同
BEGIN
        v_eno := &inputEmpno;                             -- 用户输入要查找的雇员编号
    -- 根据输入的雇员编号查找雇员姓名及工资
        SELECT ename,sal INTO v_empName,v_empSal FROM emp WHERE empno=v_eno;
        IF v_empSal > 3000 THEN              -- 判断
            DBMS_OUTPUT.put_line(v_empName || '的工资属于高工资! ');
    ELSIF v_empSal > 2000 THEN               -- 判断
            DBMS_OUTPUT.put_line(v_empName || '的工资属于中等工资! ');
        ELSE
            DBMS_OUTPUT.put_line(v_empName || '的工资属于低工资! ');
        END IF;
END;
/
```

程序运行结果如下。

输入inputempno的值：7369

SMITH的工资属于低工资！

本程序首先定义了3个变量，其中eno字段主要用来接收用户输入的雇员编号，并且根据雇员编号查找到此雇员的姓名及基本工资，最后判断基本工资属于何种范围，如满足条件则进行信息的输出。

习 题

6-1 编写PL/SQL块，输入一个雇员编号，而后获得指定的雇员姓名。

6-2 用户输入一个雇员编号，根据雇员所在的部门提升工资，规则如下。

❑ 10部门上涨10%，20上涨20%，30上涨30%；

❑ 但是要求最高不能超过5 000，超过5 000就停留在5 000。

6-3 输入雇员编号，根据雇员的职位进行工资提升，规则如下。

❑ 如果职位是办事员（CLERK），工资增长5%；

❑ 如果职位是销售人员（SALESMAN），工资增长8%；

❑ 如果职位为经理（MANAGER），工资增长10%；

❑ 如果职位为分析员（ANALYST），工资增长20%；

❑ 如果职位为总裁（PRESIDENT），工资不增长。

6-4 PL/SQL语法中用什么关键字声明变量？什么关键字编写语句？什么关键字用于异常处理？最后必须通过什么关键字来标记完结？

6-5 在Oracle数据库中执行存储过程时，出现"ORA-06512: at "SYS.DBMS_OUTPUT"，line 35"这样的错误信息，应该如何解决？

PART07

第7章
存储过程和触发器

本章要点

掌握存储过程的创建及执行 ■
掌握触发器的创建及执行 ■
了解事务的概念 ■
掌握如何进行事务操作 ■
了解Oracle中锁的概念 ■
了解锁的类型 ■
掌握加锁的方式 ■

■ 存储过程是数据库对象之一。存储过程可以理解成数据库的子程序，在客户端和服务器端可以被直接调用。触发器是与表直接关联的特殊的存储过程，是在对表记录进行操作时触发的。

7.1 存储过程

存储过程是一种命名的PL/SQL程序块，它既可以有参数，也可以有若干个输入、输出参数，甚至可以有多个既作输入又作输出的参数，但它通常没有返回值。存储过程被保存在数据库中，它不可以被SQL语句直接执行或调用，只能通过EXECUT命令执行或在PL/SQL程序块内部被调用。由于存储过程是已经编译好的代码，所以在被调用或引用时，其执行效率非常高。

7.1.1 存储过程的创建和执行

用户的存储过程只能定义在当前数据库中，可以使用SQL命令语句或界面方式创建存储过程。默认情况下，用户创建的存储过程归登录数据库的用户拥有，DBA可以把许可授权给其他用户。在存储过程的定义体中，不能使用下列对象创建语句。

存储过程的创建
和执行

- ☑ CREATE VIEW。
- ☑ CREATE DEFAULT。
- ☑ CREATE RULE。
- ☑ CREATE PROCEDURE。
- ☑ CREATE TRIGGER。

1. 创建存储过程

创建一个存储过程与编写一个普通的PL/SQL程序块有很多相似的地方，例如也包括声明部分、执行部分和异常处理三部分。但这二者之间的实现细节还是有很多差别的，例如创建存储过程需要使用PROCEDURE关键字，在关键字后面就是过程名和参数列表；创建存储过程不需要使用DECLARE关键字，而使用CREATE或REPLACE关键字创建存储过程的基本语法格式如下。

```
create [or replace] procedure pro_name [(parameter1[,parameter2]…)] is|as
begin
  plsql_sentences;
[exception]
  [dowith _ sentences;]
end [pro_name];
```

- ❑ pro_name：存储过程的名称，如果数据库中已经存在此名称，则可以指定"or replace"关键字，这样新的存储过程将覆盖原来的存储过程。
- ❑ parameter1：存储过程的参数，若是输入参数，则需要在其后指定"in"关键字；若是输出参数，则需要在其后面指定"out"关键字。在in或out关键字的后面是参数的数据类型，但不能指定该类型的长度。
- ❑ plsql_sentences：PL/SQL语句，它是存储过程功能实现的主体。
- ❑ dowith _ sentences：异常处理语句，也是PL/SQL语句，这是一个可选项。

上面语法中的"parameter1"是存储过程被调用/执行时用到的参数，而不是存储过程内定义的内部变量。内部变量要在"is|as"关键字后面定义，并使用分号（;）结束。

下面通过一些例子来了解如何创建存储过程、显示创建错误信息和执行存储过程，首先来看一个创建存储过程的实例。

【例7-1】创建一个存储过程，该存储过程实现向dept表中插入一条记录，代码如下。

```
SQL> create procedure pro_insertDept is
    begin
    insert into dept values(77,'市场拓展部','JILIN');          --插入数据记录
    commit;                                                    --提交数据
    dbms_output.put_line('插入新记录成功！');                  --提示插入记录成功
    end pro_insertDept;
    /
```

本例运行结果如图7-1所示。

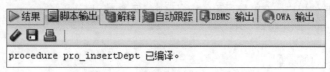

图7-1 创建存储过程pro_insertDept

从运行结果中可以看出，上面的代码成功创建了一个存储过程pro_insertDept。

2. 调用存储过程

调用存储过程一般使用EXECUTE语句，但在PL/SQL块中可以直接使用存储过程的名称来调用。

使用execute命令的执行方式比较简单，只需要在该命令后面输入存储过程名即可，下面来看一个实例。

【例7-2】使用execute命令执行pro_insertDept存储过程，具体代码如下。

```
SQL> execute pro_insertDept;
插入新纪录成功！
PL/SQL过程已成功完成。
```

从上面的运行结果中可以看出，执行存储过程是成功的。另外，代码中的"execute"命令也可简写为"exec"。有时需要在一个PL/SQL程序块中调用某个存储过程，下面来看一个实例。

在PL/SQL块中调用存储过程pro_insertDep，然后执行这个PL/SQL块，具体代码如下。

```
SQL> set serverout on
SQL> begin
  2   pro_insertDept;
  3  end;
  4  /
```

运行结果和例7-2是一样的。

7.1.2 存储过程的修改

修改存储过程和修改视图一样，虽然也有ALTER PROCEDURE语句，但是它是用于重新编译或验证现有过程的。如果要修改存储过程，仍然使用CREATE OR REPLACE PROCEDURE命令，语法格式不变。

其实，修改已有存储过程的本质就是使用CREATE OR REPLEACE PROCEDURE命令重新创建一个新的过程，保持名字和原来的相同。

存储过程的修改

7.1.3 存储过程的删除

当不再需要一个存储过程时，要将此过程从内存中删除，以释放相应的内存空间，可以使用下面的语句进行删除。

存储过程的删除

```
DROP PROCEDURE count_num;
```

【例7-3】删除存储过程insert_dept，代码如下。

```
SQL> drop procedure insert_dept;
```

当一个存储过程已经过时，想重新定义它时，不必先删除再创建，只需在CREATE语句后面加上OR REPLACE关键字即可。语法格式如下

```
CREATE OR REPLACE PROCEDURE count_num
```

7.2 触发器

触发器可以被看作一种"特殊"的存储过程，它定义了一些与数据库相关事件（如INSERT、UPDATE、CREATE等事件）发生时应执行的"功能代码块"，通常用于管理复杂的完整性约束，或监控对表的修改，或通知其他程序，甚至可以实现对数据的审计功能。

7.2.1 利用SQL语句创建触发器

在触发器中有一个不得不提的概念——触发事件，触发器正是通过这个"触发事件"来执行的（而存储过程的调用或执行是由用户或应用程序进行的）。能够引起触发器运行的操作就被称为"触发事件"，如执行DML语句（使用INSERT、UPDATE、DELETE语句对表或视图执行数据处理操作）；执行DDL语句（使用CREATE、ALTER、DROP语句在数据库中创建、修改、删除模式对象）；引发数据库系统事件（如系统启动或退出、产生异常错误等）；引发用户事件（如登录或退出数据库操作），以上这些操作都可以引起触发器的运行。

接下来介绍触发器的语法格式，然后通过以下语法格式再对其中涉及的相关概念进行详细讲解。

```
create [or replace] trigger tri_name
  [before | after | instead of] tri_event
  on table_name | view_name | user_name | db_name
    [for each row [when tri_condition]
begin
plsql_sentences;
end tri_name;
```

在上面的语法中出现了很多与存储过程不一样的关键字，首先来了解这些陌生的关键字。

- ❑ trigger：表示创建触发器的关键字，和创建存储过程的关键字"procedure"一样。
- ❑ before | after | instead of：表示"触发时机"的关键字。before表示在执行DML等操作之前触发，这种方式能够防止某些错误操作发生而便于回滚或实现某些业务规则；after表示在DML等操作之后发生，这种方式便于记录该操作或做某些事后处理信息；instead of表示触发器为替代触发器。
- ❑ on：表示操作的数据表、视图、用户模式和数据库等，对它们执行某种数据操作（比如对表执行INSERT、ALTER、DROP等操作）将引起触发器的运行。
- ❑ for each row：指定触发器为行级触发器，当DML语句对每一行数据进行操作时都会引起该触发器的运行。如果未指定该条件，则表示创建语句级触发器，这时无论数据操作影响多少行，触发器都

只会执行一次。

在了解了语法中的这些陌生的关键字之后，接下来了解语法中的参数及其说明。

❑ tri_name：触发器的名称，如果数据库中已经存在此名称，则可以指定"or replace"关键字，这样新的触发器将覆盖原来的触发器。

❑ tri_event：触发事件，比如常用的有INSERT、UPDATE、DELETE、CREATE、ALTER、DROP等。

❑ table_name | view_name | user_name | db_name：分别表示操作的数据表、视图、用户模式和数据库，对它们的某些操作将引起触发器的运行。

❑ when tri_condition：这是一个触发条件子句，其中when是关键字，tri_condition表示触发条件表达式，只有当该表达式的值为true时，遇到触发事件才会自动执行触发器，使其执行触发操作，否则即使遇到触发事件，也不会执行触发器。

❑ plsql_sentences：PL/SQL语句，它是触发器功能实现的主体。

Oracle的触发事件比其他数据库复杂，比如上面提到过的DML操作、DDL操作，甚至是一些数据库系统的自身事件等都会引起触发器的运行。这里根据触发器的触发事件和触发器的执行情况，将Oracle所支持的触发器分为以下3种类型。

（1）语句级触发器

当数据库中发生数据操纵语言（DML）事件时将调用DML触发器。一般情况下，DML事件包括对表或视图操作的INSERT语句、UPDATE语句和DELETE语句，因此DML触发器也可分为三种类型：INSERT、UPDATE和DELETE。

（2）替换触发器

替换触发器是定义在视图上的，而不是定义在表上，它是用来替换所使用的实际语句的触发器。

（3）系统事件触发器

系统事件触发器是指在Oracle数据库系统的事件中进行触发的触发器，如Oracle实例的启动与关闭。

1. 创建语句级触发器

语句级触发器，顾名思义，就是针对DML而引起的触发器执行。在语句级触发器中，不使用for each row子句，也就是说无论数据操作影响多少行，触发器都只会执行一次。下面就通过一系列连续的例子来了解创建和引发一个语句级触发器的实现过程。

创建语句级触发器

（1）创建日志表

本实例要实现的主要功能是使用触发器在scott模式下针对dept表的各种操作进行监控，为此首先需要创建一个日志表dept_log，它用于存储对dept表的各种数据操作信息，比如操作种类（如插入、修改、删除操作）、操作时间等，下面就来创建这个日志信息表。

【例7-4】在SCOTT模式下创建dept_log数据表，并在其中定义两个字段，分别用来存储操作种类信息和操作日期，代码如下。

```
SQL> create table dept_log
    (
        operate_tag varchar2(10),              --定义字段，存储操作种类信息
        operate_time date                      --定义字段，存储操作日期
    );
```

（2）创建语句级触发器

创建一个关于emp表的语句级触发器，将用户对dept表的操作信息保存到dept_log表中，下面就来创建这个实例。

> 【例7-5】创建一个触发器tri_dept，该触发器在insert、update和delete事件下都可以被触发，并且操作的数据对象是dept表。然后要求在触发器执行时输出对dept表所做的具体操作，代码及运行结果如下。

```
SQL> create or replace trigger tri_dept
        before insert or update or delete on dept        --创建触发器，当dept表发生插入、修改、删除操作时引
起该触发器执行
        declare
            var_tag varchar2(10);                         --声明一个变量，存储对dept表执行的操作类型
        begin
        if inserting then                                 --当触发事件是INSERT时
            var_tag := '插入';                            --标识插入操作
        elsif updating then                               --当触发事件是UPDATE时
            var_tag := '修改';                            --标识修改操作
        elsif deleting then                               --当触发事件是DELETE时
            var_tag := '删除';                            --标识删除操作
        end if;
            insert into dept_log
                values(var_tag,sysdate);                  --向日志表中插入对dept表的操作信息
    end tri_dept;
    /
触发器已创建。
```

在上面的代码中，使用before关键字来指定触发器的"触发时机"，它指定当前的触发器在DML语句执行之前被触发，这使得它非常适合于强化安全性、启用业务逻辑和进行日志信息记录。当然也可以使用after关键字，它通常用于记录该操作或者做某些事后处理工作。具体使用哪一种关键字，要根据实际需要而定。

另外，为了具体判断对dept表执行了何种操作——即具体引发了哪种"触发事件"，代码中还使用了条件谓词，它由条件关键字（if或elsif）和谓词（inserting、updating、deleting）组成，如果条件谓词的值为true，那么就是相应类型的DML语句（insert、update、delete）引起了触发器的运行。条件谓词通用的语法格式如下。

```
if inserting then                        --如果执行了插入操作，即触发了insert事件
    do somting about insert
elsif updating then                      --如果执行了修改操作，即触发了update事件
    do somting about update
elsif deleting then                      --如果执行了删除操作，即触发了delete事件
    do somting about delete
end if;
```

另外，对于条件谓词，用户甚至还可以在其中判断特定列是否被更新，例如要判断用户是否对dept表中dname列进行了修改，可以使用下面的语句。

```
if updating(dname) then                  --若修改了dept表中的dname列
```

```
    do something about update danme
    end if;
```

在上面的条件谓词中，即使用户修改了dept表中的数据，但没有对dname列的值进行修改，那么该条件谓词的值仍然为FALSE，这样相关的"do something"语句就不会得到执行。

（3）执行触发器

创建完毕触发器，接下来就是执行触发器，但它的触发执行与存储过程截然不同，存储过程的执行是由用户或应用程序进行的，而它必须由一定的"触发事件"来诱发执行。比如对dept表执行插入（INSERT事件）、修改（UPDATE事件）、删除（DELETE事件）等操作，都会引起tri_dept触发器的运行。

例如在数据表dept中实现插入、修改、删除3种操作，以便引起触发器tri_dept的执行，代码如下。

```
SQL> insert into dept values(66,'业务咨询部','长春');
SQL> update dept set loc='沈阳' where deptno=66;
SQL> delete from dept where deptno=66;
```

上面的代码对dept表执行了3次DML操作，这样根据tri_dept触发器自身的设计情况，其会被触发3次，并且会向dept_log表中插入3条操作记录。

（4）查看日志信息

通过上面的3条DML语句，让触发器执行了3次，接下来就可以到dept_log表中查看日志信息了。

```
SQL> select * from dept_log;
```

通过SQL * Plus输出，结果如图7-2所示。

从上面的运行结果可以看到有3条不同"操作种类"的日志记录，这说明不但触发器成功地执行了3次，而且条件谓词的判断也是非常成功的。

2. 创建替换触发器

替换触发器即instead of触发器，它的"触发时机"关键字是instead of，而不是before或after。与其他类型触发器不同的是，替换触发器是定义在视图（一种数据库对象，在后面章节中会讲到）上的，而不是定义在表上。由于视图是由多个基表连接组成的逻辑结构，所以一般不允许用户进行DML操作（如insert、update、delete等操作），这样当用户为视图编写"替换触发器"后，用户对视图的DML操作实际上就变成了执行触发器中的PL/SQL语句块，这样就可以通过在"替换触发器"中编写适当的代码对构成视图的各个基表进行操作。下面就通过一系列连续的例子来了解创建和引发一个替换触发器的实现过程。

图7-2　查看dept_log日志信息表

创建替换触发器

（1）创建视图

为了创建并使用替换触发器，首先需要创建一个视图，来看下面的例子。

【例7-6】在system模式下，给scott用户授予"create view"（创建视图）权限，然后在soctt模式下创建一个检索雇员信息的视图，该视图的基表包括dept表（部门表）和emp表（雇员表），代码及运行结果如下。

```
SQL> connect system/Ming12
已连接。
SQL> grant create view to scott;
授权成功。
SQL> connect scott/tiger
已连接。
SQL> create view view_emp_dept
```

```
2    as select empno,ename,dept.deptno,dname,job,hiredate
3       from emp,dept
4       where emp.deptno = dept.deptno;
```
视图已创建。

对于上面所创建的view_emp_dept视图，在没有创建关于它的"替换触发器"之前，如果尝试向该视图中插入数据，则Oracle会显示图7-3所示的错误提示信息。

```
第 1 行出现错误：
ORA-01776: 无法通过联接视图修改多个基表
```

图7-3　错误信息提示

（2）创建触发器

接下来创建一个关于view_emp_dept视图在insert事件中的触发器，来看下面的例子。

【例7-7】创建一个关于view_emp_dept视图的替换触发器，在该触发器的主体中实现向emp表和dept表中插入两行相互关联的数据，代码及运行结果如下。

```
SQL> create or replace trigger tri_insert_view
    instead of insert
    on view_emp_dept                          --创建一个关于view_emp_dept视图的替换触发器
    for each row                               --是行级视图
  declare
    row_dept dept%rowtype;
  begin
    select * into row_dept from dept where deptno = :new.deptno;--检索指定部门编号的记录行
    if sql%notfound then                       --未检索到该部门编号的记录
      insert into dept(deptno,dname)
      values(:new.deptno,:new.dname);          --向dept表中插入数据
    end if;
    insert into emp(empno,ename,deptno,job,hiredate)
    values(:new.empno,:new.ename,:new.deptno,:new.job,:new.hiredate);      --向emp表中插入数据
  end tri_insert_view;
  /
```
触发器已创建。

在上面触发器的主体代码中，如果新插入行的部门编号（deptno）不在dept表中，则首先向dept表中插入关于新部门编号的数据行，然后再向emp表中插入记录行。这是因为emp表的外键值（emp.deptno）是dept表的主键值（dept.deptno）。

（3）插入数据

当触发器tri_insert_view成功创建之后，再向view_emp_dept视图中插入数据时，Oracle就不会产生错误信息，而是引起触发器"tri_insert_view"的运行，从而实现向emp表和dept表中插入两行数据。

首先向视图view_emp_dept插入一条记录，然后在该视图中检索插入的记录行，代码如下。

```
SQL> insert into view_emp_dept(empno,ename,deptno,dname,job,hiredate)
    values(8888,'东方',10,'ACCOUNTING','CASHIER',sysdate);
SQL> select * from view_emp_dept where empno = 8888;
```

通过SQL *Plus输出，上面insert和select语句的运行结果如图7-4所示。

```
SQL> insert into view_emp_dept(empno,ename,deptno,dname,job,hiredate)
  2  values(8888,'东方',10,'ACCOUNTING','CASHIER',sysdate);

已创建 1 行。

SQL> select * from view_emp_dept where empno = 8888;

    EMPNO ENAME          DEPTNO DNAME           JOB       HIREDATE
    ----- -----          ------ -----           ---       --------
     8888 东方               10 ACCOUNTING      CASHIER   03-9月 -14
```

图7-4　在视图view_emp_dept中查询指定记录

在上面代码的INSERT语句中，由于在dept表中已经存在部门编码（deptno）为10的记录，所以触发器中的程序只向emp表中插入一条记录；若指定的部门编码不存在，则首先要向dept表中插入一条记录，然后向emp表中插入一条记录。

3. 系统事件触发器

从Oracle 8i开始，Oracle提供的系统触发器可以在DDL或数据库系统上被触发。DDL指的是数据定义语句，如CREATE、ALTER和DROP等。而数据库系统事件包括数据库服务器的启动（STARTUP）或关闭（SHUTDOWN）、数据库服务器出错（SERVERERROR）等。

系统事件触发器

系统事件触发器的语法格式如下。

```
CREATE OR REPLACE TRIGGER [scache.] trigger_name
    {BEFORE | AFTER}
    {ddl_event_list | databse_event_list}
    ON {DATABASE | [schema.]SCHEMA}
    [when_clause]
    tigger_body
```

针对上面的语法说明如下。

（1）ddl_event_list：表示一个或多个DDL事件，事件用OR分开。激活DDL事件的语句主要是以CREATE、ALTER、DROP等关键字开头的语句。DDL事件包括CREATE、ALTER、DROP、TRUNCATE、GRANT、RENAME、COMMENT、REVOKE和LOGON等。

（2）databse_event_list：表示一个或多个数据库事件，事件用OR分开，包括STARTUP、SHUTDOWN、SERVERERROR等。对于STARTUP和SERVERERROR事件只可以创建AFTER触发器，对于SHUTDOWN事件只可以创建BEFORE触发器。

（3）DATABASE：表示数据库级触发器，对应数据库事件。而SCHEMA表示用户级触发器，对应DDL事件。

（4）tigger_body：触发器的PL/SQL语句。

【例7-8】创建一个用户事件触发器，记录用户SYSTEM所删除的所有对象，代码如下。

首先以用户SYSTEM身份连接数据库，创建一个存储用户信息的表。

```
SQL> CREATE TABLE dropped_objects
(
    object_name varchar2(30),
    object_type varchar2(20),
```

```
        dropped_date date
    );
```

创建BEFORE DROP触发器，在用户删除对象之前将信息记录到信息表dropped_objects中。

```
SQL> CREATE OR REPLACE TRIGGER dropped_obj_trigger
        BEFORE DROP ON SYSTEM.SCHEMA
    BEGIN
        INSERT INTO dropped_objects
            VALUES(ora_dict_obj_name,ora_dict_obj_type,SYSDATE);
    END;
```

现在删除SYSTEM模式下的一些对象，并查询表dropped_objects。

```
SQL> DROP TABLE table1;
SQL> DROP TABLE table2;
SQL> SELECT * FROM dropped_objects;
```

执行结果如下图7-5所示。

	OBJECT_NAME	OBJECT_TYPE	DROPPED_DATE
1	TABLE1	TABLE	04-6月 -15
2	TABLE2	TABLE	04-6月 -15

图7-5　系统事件触发器

7.2.2　利用界面方式创建触发器

触发器也可以利用OEM和SQL Developer等界面方式创建。

1. 利用OEM创建触发器

利用OEM创建触发器的步骤如下。

（1）在OEM的"方案"属性页中选择"触发器"，打开"触发器搜索"页面；单击"创建"按钮，进入"创建触发器"页面，在"一般信息"选项卡的"名称"文本框中设置触发器名称；在"方案"中选择创建触发器的方案；选择"若存在则替换"复选框，在创建语句中加入替换关键字，相当于使用了OR REPLACE关键字；在"触发器主体"文本编辑框中输入触发器的PL/SQL语句。

利用OEM创建
触发器

（2）在"事件"选项卡页面中，如果要在表或视图中创建DML触发器，则在"触发器依据"栏选择"表"或"查看"；如果要创建系统触发器，则选择"方案"或"数据库"，然后根据不同的选项进行触发事件的设置，这里不再赘述。"早于"和"晚于"选项卡分别对应BEFORE和AFTER关键字。

（3）如果在表或视图中创建DML触发器，则可以在"高级"选项卡中选中"行级触发"，表示将创建的是行级触发器。

（4）所有设置完成后单击"确定"按钮完成触发器的创建，然后可以在"触发器搜索"页面中找到该触发器。

2. 利用SQL Developer创建触发器

利用SQL Developer创建触发器的步骤如下。

（1）选择system_ora连接的"触发器"节点，单击鼠标右键，选择"新建触发器"菜单项，打开"创建触发器"窗口，如图7-6所示。

利用SQL
Developer
创建触发器

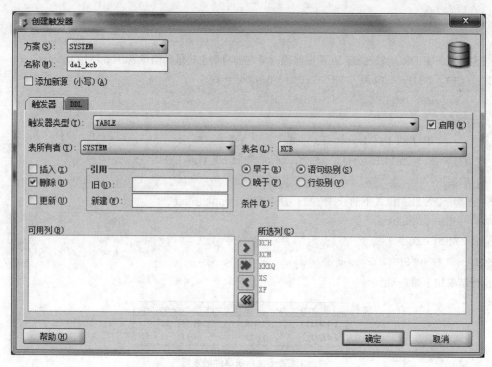

图7-6 SQL Developer "创建触发器" 窗口

（2）在 "名称" 栏输入触发器名称，在 "触发器" 选项卡中的 "触发器类型" 中选择触发依据，分别为 "TABLE" "VIEW" "SCHEMA" 和 "DATABASE"。例如选择在表中创建触发器，则选择 "TABLE"。可以在 "表名" 栏选择触发器所在的表，选择 "早于" 或 "晚于" 选项对应BEFORE和AFTER关键字，选择 "插入" "删除" "更新" 复选框对应触发事件，完成后单击 "确定" 按钮。

（3）在触发器的代码编辑框中编写触发器定义中的PL/SQL语句，完成后单击 "确定" 按钮。

7.2.3 启用和禁用触发器

在Oracle中，与过程、函数、包不同，触发器是可以被禁用或启用的。在有大量数据要导入数据库中时，为了避免触发相应的触发器以节省处理时间，应该禁用触发器，使其暂时失效。触发器被禁用后仍然存储在数据库中，只要重新启用即可以使触发器重新工作。

启用和禁用触
发器

Oracle提供了ALTER TRIGGER语句用于启用和禁用触发器，语法格式如下。

```
ALTER TRIGGER [schema.]trigger_name
    DISABLE | ENABLE;
```

其中，DISABLE表示禁用触发器，ENABLE表示启用触发器。例如要禁用触发器del_keb，使用如下语句。

```
SQL> ALTER TRIGGER del_keb DISABLE;
```

如果要启动或禁用一个表中的所有触发器，则可以使用如下的语法格式。

```
ALTER TABLE table_name
    {DISABLE | ENABLE}
    ALL TRIGGERS;
```

7.2.4　触发器的删除

当不再使用一个触发器时，要从内存中删除它。语法格式如下。

```
DROP TRIGGER my_trigger;
```

例如删除触发器tri_dept，代码及运行结果如下。

```
SQL>drop trigger tri_dept;
```

触发器已删除

触发器的删除

当一个触发器已经过时，想重新定义它时，不必先删除再创建，只需在CREATE语句后面加上OR REPLACE关键字即可。语法格式如下。

```
CREATE OR REPLACE TRIGGER my_trigger;
```

7.3　事务

事务是由一系列语句构成的逻辑工作单元。事务和存储过程等批处理有一定程度的相似之处，通常都是为了完成一定的业务逻辑而将一条或者多条语句"封装"起来，使它们与其他语句之间出现一个逻辑上的边界，并形成相对独立的一个工作单元。

7.3.1　事务的概念

当使用事务修改多个数据表时，如果在处理的过程中出现了某种错误，例如系统死机或突然断电等情况，则返回结果是数据全部没有被保存。因为事务处理的结果只有两种：一种是在事务处理的过程中，如果发生了某种错误则整个事务全部回滚，使所有对数据的修改全部撤销，事务对数据库的操作是单步执行的，当遇到错误时可以随时回滚；另一种是如果没有发生任何错误且每一步的执行都成功，则整个事务全部被提交。可以看出，有效地使用事务不但可以提高数据的安全性，而且还可以增强数据的处理效率。

事务的概念

1. 事务的特性

事务包含4种重要的属性，被统称为ACID（原子性、一致性、隔离性和持久性），一个事务必须拥有ACID。

（1）原子性

原子性（Atomic）是指事务是一个整体的工作单元，事务对数据库所做的操作要么全部执行，要么全部取消。如果某条语句执行失败，则所有语句全部回滚。下面通过一个例子来说明该特性。

在某银行的数据库系统里，有两个储蓄账号A（该账号目前余额为1 000元）和B（该账户目前余额为1 000元），定义从A账户转账500元到B账户为一个完整的事务，处理过程如图7-7所示。

在正确执行的情况下，最后A账户余额为500元，B账户余额为1 500元，二者的余额之和等于事务未发生之前的和，称之为数据库的数据从一个一致性状态转移到了另一个一致性状态，数据的完整性和一致性得到了保证。

假如在事务处理的过程中，在完成了步骤（3）、未完成步骤（6）的过程中突然发生电源故障、硬件故障或软件错误，这样数据库中的数据就变成了A ＝ 500、B ＝ 1 000，很显然，数据库中数据的一致性已经被破坏，不能反映数据库的真实情况。在这种情况下，必须将数据库中的数据恢复到A ＝ 1 000、B ＝ 1 000的真实情

图7-7　转账事务处理流程

况，这就是事务的回滚操作。事务里的操作步骤不可分割，要么全部完成，要么都不完成，没有全部完成就必须回滚，这就是原子性的基本含义。

怎样才能实现事务的原子性呢？很简单，对于事务中的写操作的数据项，数据库系统在磁盘上记录其旧值，事务如果没有完成，就将旧值恢复。

（2）一致性

一致性（ConDemoltent）指事务在完成时，必须使所有的数据都保持一致状态。在相关数据库中，所有规则都必须应用于事务的修改，以保持所有数据的完整性。如果事务成功，则所有数据将变为一个新的状态；如果事务失败，则所有数据将处于开始时的状态。

（3）隔离性

隔离性（Isolated）指由事务所做的修改必须与其他事务所做的修改隔离。事务查看数据时数据所处的状态，要么是另一并发事务修改它之前的状态，要么是另一事务修改它之后的状态，事务不会查看中间状态的数据。

（4）持久性

持久性（Durability）指当事务提交后，对数据库所做的修改会永久保存下来。

2. 事务的状态

对数据库进行操作的各种事务共有5种状态，如图7-8所示。下面分别介绍这5种状态的含义。

（1）活动状态

事务在执行时的状态叫活动状态。

（2）部分提交状态

事务中最后一条语句被执行后的状态叫部分提交状态。事务虽然已经完成，但由于实际输出可能在内存中，在事务成功前可能还会发生硬件故障，有时不得不中止，并进入中止状态。

图7-8 事务的5种状态

（3）失败状态

事务不能正常执行的状态叫失败状态。导致失败状态发生的可能原因有硬件问题或逻辑错误，这时事务必须回滚，进入中止状态。

（4）提交状态

事务在部分提交后，将往硬盘里写入数据，最后一条信息写入后的状态叫提交状态，进入提交状态的事务就成功完成了。

（5）中止状态

事务回滚，并且数据库已经恢复到事务开始执行前的状态叫中止状态。

> **说明** 提交状态和中止状态的事务统称为已决事务，处于活动状态、部分提交状态和失败状态的事务称为未决事务。

7.3.2 事务处理

Oracle 11g中的事务是隐式、自动开始的，它不需要用户显式地执行开始事务语句。但对于事务的结束处理，则需要用户进行指定的操作。通常在以下情况时，Oracle认为一个事务结束了。

（1）执行COMMIT语句提交事务。

事务处理

（2）指定ROLLBACK语句撤销事务。

（3）执行一条数据定义语句，比如CREATE、DROP或ALTER等语句。如果该语句执行成功，那么Oracle系统会自动执行COMMIT命令；否则，则Oracle系统会自动执行ROLLBACK命令。

（4）执行一个数据控制命令，比如GRANT、REVOKE等控制命令，这种操作执行完毕，Oracle系统会自动执行COMMIT命令。

（5）正常断开数据库的连接、正常退出SQL*Plus环境，则Oracle系统会自动执行COMMIT命令；否则，Oracle系统会自动执行ROLLBACK命令。

综合上面5种情况可知，Oracle结束一个事务时，要么执行COMMIT语句，要么执行ROLLBACK语句。下面介绍事务的提交和回滚。

1. 提交事务

提交事务（COMMIT语句）是指把对数据库进行的全部操作持久性地保存到数据库，这种操作通常使用COMMIT语句来完成。

下面从3个方面来介绍事务的提交。

（1）提交前SGA的状态

在事务提交前，Oracle SQL语句执行完毕，SGA内存中的状态如下。

❑ 回滚缓冲区生成回滚记录，回滚信息包含所有已经修改值的旧值。

❑ 日志缓冲区生成该事务的日志，在事务提交前已经写入物理磁盘。

❑ 数据库缓冲区被修改，这些修改在事务提交后才能写入物理磁盘。

（2）提交的工作

在使用该语句提交事务时，Oracle系统内部会按照如下顺序进行处理。

❑ 首先在回滚段内记录当前事务已提交，并且声称唯一的系统改变号（SCN），以唯一标识这个事务。

❑ 然后启动后台的日志写入进程（LGWR），将重做日志缓冲区中的事务的重做日志信息和事务的SCN写到磁盘上的重做日志文件中。

❑ 接着Oracle服务器开始释放事务处理所使用的系统资源。

❑ 最后显示通知，告诉用户事务已经成功提交完毕。

（3）提交的方式

事务的提交方式包括如下3种。

❑ 显式提交：使用commit语句使当前事务生效。

❑ 自动提交：在SQL *Plus里执行"set autocommit on;"命令。

❑ 隐式提交：除了显式提交之外的提交方式，如发出DDL命令、程序中止和关闭数据库等。

"set autocommit on;"命令可将Oracle数据库管理系统设置成每执行一条DML语句就提交一次事务的状态。将autocommit设成on，在进行DML操作时似乎挺方便，但是在实际应用中有时会出问题。例如在有些应用中可能同时要对几个表进行DML操作，如果这些表已经利用外键建立了联系，那么由于外键约束的作用就使得DML操作与次序有关，因为Oracle数据库管理系统要维护引用的完整性，这可能给应用程序的开发增加不少的困难，同时也提高了对程序水平的要求。好在Oracle数据库管理系统的默认设置autocommit是off。

【例7-9】 在HR模式下，向新建表jobs_temp中添加一条记录，然后使用commit语句提交事务，使新增记录持久化到数据库中，具体代码及运行结果如下。

```
SQL> insert into jobs_temp values('DESIGN','设计人员',3000,5000);
```

已创建 1 行。

```
SQL> commit;
```

提交完成。

在上面的示例中，如果用户不使用commit提交事务，此时，再开启一个SQL*Plus环境（但要求当前的
SQL*Plus环境不退出，若退出，Oracle系统会自动执行commit语句提交数据库），然后在HR模式下查询
jobs_temp表，会发现新增加的记录不存在。若用户使用commit语句提交事务，则在另一个SQL*Plus环境
下就能够查询到新增加的记录。

2. 回滚事务

回退事务（rollback语句）是指撤销对数据库进行的全部操作，Oracle利用回退段来存储修改前的数
据，通过重做日志来记录对数据所做的修改。如果要回退整个事务，Oracle系统内部将会执行如下操作
过程。

（1）首先使用回退段中的数据撤销对数据库所做的修改。

（2）然后Oracle后台服务进程释放事务所使用的系统资源。

（3）最后显示通知，告诉用户事务回退成功。

> 【例7-10】在emp数据表中，删除员工编号是7902的记录，然后回滚事务，恢复数据。具体代码及
> 运行结果如下。

（1）查询emp数据表中的信息，代码如下。

```
SQL> select * from emp;
```

通过SQL *Plus输出，结果如图7-9所示。

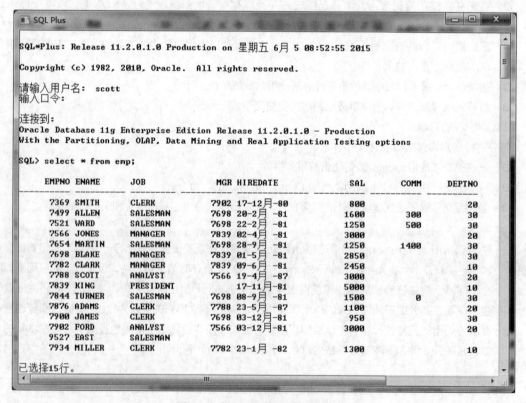

图7-9　查询emp数据表中的信息

从中可以发现emp数据表中共有15条记录。

（2）删除部门标号是7902的记录，并查看删除操作执行后的结果，代码如下。

```
SQL> delete from emp where empno = 7902;
SQL> select * from emp;
```

通过SQL*Plus输入，结果如图7-10所示。

```
SQL Plus
SQL> delete from emp where empno = 7902;

已删除 1 行。

SQL> select * from emp;

     EMPNO ENAME      JOB              MGR HIREDATE              SAL       COMM     DEPTNO
---------- ---------- --------- ---------- -------------- ---------- ---------- ----------
      7369 SMITH      CLERK           7902 17-12月-80            800                    20
      7499 ALLEN      SALESMAN        7698 20-2月 -81           1600        300         30
      7521 WARD       SALESMAN        7698 22-2月 -81           1250        500         30
      7566 JONES      MANAGER         7839 02-4月 -81           3000                    20
      7654 MARTIN     SALESMAN        7698 28-9月 -81           1250       1400         30
      7698 BLAKE      MANAGER         7839 01-5月 -81           2850                    30
      7782 CLARK      MANAGER         7839 09-6月 -81           2450                    10
      7788 SCOTT      ANALYST         7566 19-4月 -87           3000                    20
      7839 KING       PRESIDENT            17-11月-81           5000                    10
      7844 TURNER     SALESMAN        7698 08-9月 -81           1500          0         30
      7876 ADAMS      CLERK           7788 23-5月 -87           1100                    20
      7900 JAMES      CLERK           7698 03-12月-81            950                    30
      9527 EAST       SALESMAN
      7934 MILLER     CLERK           7782 23-1月 -82           1300                    10

已选择14行。
```

图7-10　删除记录后查询emp数据表中的信息

从图中可以发现emp数据表中剩下了14条记录，说明有一条记录被删除了。

（3）回滚事务并查看回滚后的数据表中的数据，代码如下。

```
SQL> rollback;
SQL> select * from emp;
```

通过SQL*Plus输入，结果如图7-11所示。

```
SQL Plus
SQL> rollback;

回退已完成。

SQL> select * from emp;

     EMPNO ENAME      JOB              MGR HIREDATE              SAL       COMM     DEPTNO
---------- ---------- --------- ---------- -------------- ---------- ---------- ----------
      7369 SMITH      CLERK           7902 17-12月-80            800                    20
      7499 ALLEN      SALESMAN        7698 20-2月 -81           1600        300         30
      7521 WARD       SALESMAN        7698 22-2月 -81           1250        500         30
      7566 JONES      MANAGER         7839 02-4月 -81           3000                    20
      7654 MARTIN     SALESMAN        7698 28-9月 -81           1250       1400         30
      7698 BLAKE      MANAGER         7839 01-5月 -81           2850                    30
      7782 CLARK      MANAGER         7839 09-6月 -81           2450                    10
      7788 SCOTT      ANALYST         7566 19-4月 -87           3000                    20
      7839 KING       PRESIDENT            17-11月-81           5000                    10
      7844 TURNER     SALESMAN        7698 08-9月 -81           1500          0         30
      7876 ADAMS      CLERK           7788 23-5月 -87           1100                    20
      7900 JAMES      CLERK           7698 03-12月-81            950                    30
      7902 FORD       ANALYST         7566 03-12月-81           3000                    20
      9527 EAST       SALESMAN
      7934 MILLER     CLERK           7782 23-1月 -82           1300                    10

已选择15行。
```

图7-11　回滚事务

从图中可以发现emp数据表中的记录又恢复到了原来的状态（15条记录），说明被删除的记录又回来了。

上面的操作的结果表明：事务的回滚可以撤销未提交事务中SQL命令对数据所做的修改。

3. 设置回退点

回退点又称为保存点，指在含有较多SQL语句的事务中间设定的回滚标记，其作用类似于调试程序的中断点。利用保存点可以将事务划分成若干部分，这样回滚时就不必回滚整个事务，而可以回滚到指定的保存点，有更大的灵活性。

回滚到指定保存点将完成如下主要工作。

❑ 回滚保存点之后的部分事务。

❑ 删除在该保存点之后建立的全部保存点，但保留该保存点，以便多次回避。

❑ 解除保存点之后表的封锁或行的封锁。

【例7-11】使用保存点（savepoint）来回滚记录，具体代码及运行结果如下。

（1）查询dept_temp数据表中的信息，代码如下。

```
SQL> select * from dept_temp;
```

通过SQL *Plus输出，结果如图7-12所示。

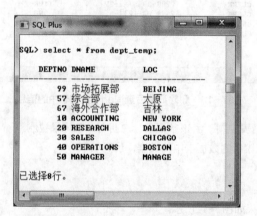

图7-12 查询dept_temp数据表中的信息

（2）建立保存点sp01，代码如下。

```
SQL> savepoint sp01;
```

通过SQL*Plus输出，结果如图7-13所示。

图7-13 建立保存点sp01

（3）向dept_temp表中添加记录，代码如下。

```
SQL> insert into dept_temp values(15, '采购部', '成都');
```

通过SQL*Plus输出，结果如图7-14所示。

（4）建立保存点sp02，代码如下。

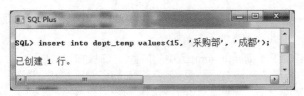

图7-14   向dept_temp表中添加记录

SQL> savepoint sp02;

（5）在dept_temp表中删除一条数据，代码如下。

SQL> delete dept_temp where deptno = 57;

SQL> select * from dept_temp;

通过SQL*Plus输出，结果如图7-15所示。

图7-15   在dept_temp表中删除一条数据

（6）回滚到保存点sp02，查询dept_temp表中的信息。代码如下。

SQL> rollback to sp02;

SQL> select * from dept_temp;

通过SQL*Plus输出，结果如图7-16所示。

图7-16   回滚到保存点sp02

比较两次查询结果，可以发现当事务回滚到保存点sp02时，在保存点sp02后所做的操作已经被撤销。但发生在保存点之前的操作并没有被撤销。

（7）回滚到保存点sp01，查询dept_temp表中的信息，代码如下。

```
SQL> rollback to sp01;
SQL> select * from dept_temp;
```

通过SQL*Plus输出，结果如图7-17所示。

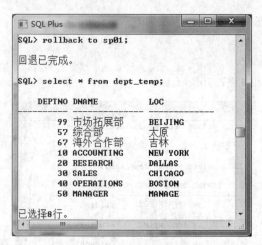

图7-17　回滚到保存点sp01

从图中可以看到回滚到保存点sp01之后，dept_temp表和没开始操作时的数据记录相同。

 上面介绍的使用ROLLBACK命令回滚事务称为显式回滚，还有一种回滚事务叫隐式回滚。如果系统在事务执行期间发生错误、死锁和中止等情况时，系统将自动完成隐式回滚。

7.3.3　自治事务

自治事务（Autonomous Transaction）允许用户创建一个"事务中的事务"，它能独立于其父事务提交或回滚。利用自治事务，可以挂起当前执行的事务、开始一个新事务、完成一些工作，然后提交或回滚，所有这些都不影响当前执行事务的状态。同样，当前事务的回退也对自治事务没有影响。自治事务提供了一种用PL/SQL控制事务的新方法，可以用于以下情况

❑ 顶层匿名块。
❑ 本地（过程中的过程）、独立或打包的函数和过程。
❑ 对象类型的方法。
❑ 数据库触发器。

自治事务在DECLARE块中使用PRAGMA AUTONOMOUS_TRANSACTION语句来声明，自治事务从离PRAGMA后的第一个BEGIN开始，只要此BEGIN块仍在作用域，就都属于自治事务。要结束一个自治事务必须提交一个COMMIT、ROLLBACK或执行DDL。

7.4　锁

在多用户访问相同的资源时，锁是用于防止事务之间的有害性交互的机制。当用户对数据库并发访问

时，为了确保事务的完整性和一致性，Oracle提供了锁机制，以实现数据库的并发控制。锁可以防止用户读取正在由其他用户更改的数据，并可以防止多个用户同时更改相同数据。如果不使用锁，则数据库中的数据可能在逻辑上不正确，并且对数据的查询可能会产生意想不到的结果。

锁

Oracle通过获得不同类型的锁，允许或阻止其他用户对相同资源的同时存取，并确保不破坏数据的完整性，从而自动满足了数据的完整性、并行性和一致性。为了在实现锁时不在系统中形成瓶颈和不阻止对数据的并行存取，Oracle根据所执行的数据库操作自动要求不同层次的锁定，以确保最大的并行性。例如当一个用户正在读取某行中的数据时，其他用户能够向同一行中写数据，但是，用户不允许删除表。

7.4.1 锁机制和死锁

1. 锁机制

Oracle在执行SQL语句时，自动维护必要的锁，这就使用户不必关心这些细节。Oracle自动使用应用的最底层限制，提供高度的数据并行性和安全的数据完整性。Oracle同样允许用户手动锁住数据。Oracle使用锁机制在事务之间提供并行性和完整性，并主要用于事务控制。所以应用设计人员需要正确定义事务。Oracle锁机制是完全自动的，不需要用户的干预。

在Oracle中，提供了两种锁机制。

（1）共享锁

共享锁（Share lock）通过数据存取的高并行性来实现。如果获得了一个共享锁，那么用户就可以共享相同的资源。许多事务可以获得相同资源的共享锁。例如多个用户可以在相同的时间读取相同的数据。

（2）独占锁

独占锁（Exclusive lock）防止共同改变相同的资源。假如一个事务获得了某一资源的一个独占锁，那么直到该锁被解锁，其他的事务才能修改该资源，但允许对资源进行共享。例如一个表被锁定在独占模式下，它并不阻止其他用户从同一个表得到数据。

所有的锁在事务期间被保持，事务中的SQL语句所做的修改只有在事务提交时才能对其他事务可用。Oracle在事务提交和回滚事务时，释放事务所使用的锁。

2. 死锁

当两个或者多个用户等待一个被锁住的资源时，就有可能发生死锁现象。对于死锁，Oracle自动进行定期搜索，通过回滚死锁中包含的其中一个语句来解决死锁问题，也就是释放其中一个冲突锁，同时返回一个消息给对应的事务。用户在设计应用程序时，要遵循一定的锁规则，尽力避免死锁现象的发生。

7.4.2 锁的类型

Oracle自动提供几种不同类型的锁，以控制对数据的并行访问。一般情况下，Oracle的锁可以分为以下几种类型。

1. DML锁

DML锁的目标是保证并行访问的数据完整性。DML锁防止同步冲突的DML和DDL操作的破坏性交互。例如DML锁保证表的特定行能被一个事务更新，同时保证在事务提交之前，不能删除表。DML操作能够在特定的行和整个表这两个不同的层上获取数据。

能够获取独占DML锁的语句有INSERT、UPDATE、DELETE和带有FOR UPDATE子句的SELECT语句。DML语句在特定的行上操作时需要行层的锁，使用DML语句修改表时需要表锁。

2. DDL锁

DDL锁的目标是保护方案对象的定义，如果调用一个DDL语句将会隐式提交事务。Oracle自动获取过程定义所需的方案对象的DDL锁。DDL锁防止过程引用的方案对象在过程编译完成之前被修改。DDL锁有以下3种形式。

（1）独占DDL锁

当CREATE、ALTER和DROP等语句用于一个对象时使用该锁。假如另外一个用户保留了任何级别的锁，那么该用户就不能得到表中的独占DDL锁。例如另一个用户在该表中有一个未提交的事务，那么ALTER TABLE语句会失败。

（2）共享DDL锁

当GRANT与CREATE PACKAGE等语句用于一个对象时使用此锁。一个共享DDL锁不能阻止类似的DDL语句或任何DML语句用于一个对象上，但是它能防止另一个用户改变或删除已引用的对象。共享DDL锁还可以在DDL语句执行期间一直维持，直到发生一个隐式的提交。

（3）可破的分析DDL锁

库高速缓存区中语句或PL/SQL对象有一个用于它所引用的每一个对象的锁。假如被引用的对象改变了，可破的分析DDL锁会持续；假如对象改变了，它会检查语句是否应失效。

3. 内部锁

内部锁包含内部数据库和内存结构。对用户来说，它们是不可访问的，因为用户不需要控制它们的发生。

7.4.3 表锁和事务锁

为了使事务能够保护表中的DML存取以及防止表中产生冲突的DDL操作，Oracle获得表锁（TM）。例如某个事务在一张表上持有一个表锁，那么它会阻止任何其他事务获取该表中用于删除或改变该表的一个专用DDL锁。表7-1列出了使用的语句与获得的锁。当执行特定的语句时，由RDBMS获得这些模式的表锁。模式列的值分别为2、3或6。数值2表示一个行共享锁（RS）；数值3表示一个行独占锁（RX）；数值6表示一个独占锁（X）。

表7-1　使用的语句与获得的锁

语　句	类　型	模　式
INSERT	TM	行独占（3）（RX）
UPDATE	TM	行独占（3）（RX）
DELETE	TM	行独占（3）（RS）
SELECT FOR UPDATE	TM	行共享（2）（RS）
LOCK TABLE	TM	独占（6）（X）

当一个事务发出表7-2所列出的语句时，将获得事务锁（TX）。事务锁总是在行级上获得的。事务锁独占地锁住该行，并阻止其他事务修改行，直到持有该锁的事务回滚或提交数据为止。

表7-2　事务锁语句

语　句	类　型	模　式
INSERT	TX	独占（6）（X）
UPDATE	TX	独占（6）（X）
DELETE	TX	独占（6）（X）
SELECT FOR UPDATE	TX	独占（6）（X）

要想获得事务锁（TX），事务必须首先获得该表锁（TM）。

小　结

通过本章的学习，能够对PL/SQL的编程有进一步的了解。过程和触发器都是命名的PL/SQL块，这些程序块可以被保存在Oracle数据库中，以便用户随时调用和维护。另外也对数据库控制有了深入的了解。在事务中了解如何提交事务、回滚事务以及设置回滚点。了解加锁的原因和一些方法。

上机指导

将3个不同功能的替代触发器变为一个替代触发器。

编写代码时，除了可以根据不同的DML分开编写替代触发器之外，也可以将所有功能集中在一个替代触发器中进行编写，此时依然可以使用触发器提供的3个谓词（INSERTING、UPDATINGH和DELETING）进行操作的判断。

代码如下。

```
CREATE OR REPLACE TRIGGER view_trigger
INSTEAD OF INSERT OR UPDATE OR DELETE ON v_myview
FOR EACH ROW
DECLARE
    v_empCount    NUMBER ;
    v_deptCount   NUMBER ;
BEGIN
    IF INSERTING THEN
        -- 判断要增加的雇员是否存在
        SELECT COUNT(empno) INTO v_empCount FROM emp WHERE empno=:new.empno ;
        -- 判断要增加的部门是否存在
        SELECT COUNT(deptno) INTO v_deptCount FROM dept WHERE deptno=:new.deptno ;
        IF v_deptCount = 0 THEN              -- 部门不存在
            INSERT INTO dept(deptno,dname,loc)
                VALUES (:new.deptno , :new.dname , :new.loc) ;
        END IF ;
        IF v_empCount = 0 THEN
            INSERT INTO emp(empno,ename,job,sal,deptno)
                VALUES (:new.empno , :new.ename , :new.job , :new.sal , :new.deptno) ;
        END IF ;
    ELSIF UPDATING THEN
```

```
            UPDATE emp SET ename=:new.empno , job=:new.job , sal=:new.sal WHERE empno=:new.
empno ;
            UPDATE dept SET dname=:new.dname,loc=:new.loc WHERE deptno=:new.deptno ;
        ELSIF DELETING THEN
            DELETE FROM emp WHERE empno=:old.empno ;
            SELECT COUNT(empno) INTO v_empCount FROM emp WHERE deptno=:old.deptno ;
            IF v_empCount = 0 THEN       -- 此部门没有雇员
                DELETE FROM dept WHERE deptno=:old.deptno ;
            END IF ;
        ELSE
            NULL ;
        END IF ;
    END ;
    /
```

习 题

7-1　定义过程，可以根据雇员编号找到雇员姓名及工资。

7-2　利用过程增加部门。

7-3　利用触发器，规定在星期一、周末及每天下班时间（每天9：00以前、18：00以后）后不允许更新emp数据表。

7-4　编写触发器，规定在每天12点以后不允许修改雇员工资和奖金。

7-5　每一位雇员都要根据其收入上缴所得税，假设所得税的上缴原则为：2 000元以下上缴3%、2 000～5 000元上缴8%、5 000元以上上缴10%，现在要求建立一张新的数据表，可以记录雇员的编号、姓名、工资、佣金、上缴所得税数据，并且在每次修改雇员表中的sal和comm字段后可以自动更新记录。

PART08

第8章

高级数据类型

本章要点

掌握大对象数据的种类 ■
掌握如何将大对象数据 ■
导入Oracle数据库
了解XML的概念 ■
掌握如何将XML数据 ■
导入Oracle数据库
掌握XQuery的基本用法 ■

■ 在进行数据存储时，经常需要在数据库中保存一些特殊的数据，例如学生的照片、联系方式（XML格式）等。Oracle中提供了一些高级数据类型来保存这些类型的数据。

8.1 Oracle数据库与大对象数据

在数据库中，常常需要用到大容量的数据类型，如图像、视频文件等。由于这些信息容量比较大，Oracle数据库专门设计了大对象数据类型来保存和管理这些数据。

8.1.1 大对象数据类型

为了更好地管理大容量的数据，Oracle数据库专门开发了对应的大对象数据类型，有如下4种。

大对象数据类型

（1）BLOB类型

BLOB类型用来存储可变长度的二进制数据。由于其存储的是通用的二进制数据，因此在数据库之间或者在客户端与服务器之间进行传输的时候，不需要进行字符集的转换。而且其传输的效率比较高，而且不容易出现乱码现象。

（2）CLOB类型

CLOB类型主要用来存储可变长度的字符型数据，也就是其他数据库中提到的文本型数据类型。虽然VARCHAR2数据类型也可以用来存储可变长度的字符型数据，但是其容量是非常有限的。CLOB数据类型可以存储的最大数据量是4GB，而且在定义这个数据类型时，不需要指定最大长度，但是在定义VARCHAR2数据类型时则需要指定。

（3）NCLOB类型

NCLOB类型跟CLOB数据类型相似，也是用来存储字符类型的数据，不过其存储的是Unicode字符集的字符数据。同样，在这个数据类型中，也可以存储多达4GB容量的数量，而且在定义数据类型时不需要指定长度，数据库会自动根据存储的内存进行调节。

（4）BFILE类型

BFILE类型是在数据库外面存储的可变二进制数据，其最多也可以存储4GB的数据。这里需要注意的是，在不同的操作系统上BFILE类型存储的数据容量可能是不同的。这个数据类型的特殊性在于其在数据库之外存储实际数据。也就是说，跟其他大对象数据类型不同，BFILE类型的数据并不是存储在数据文件中，而是独立于数据文件而存在的。在这个字段中只存储了指针信息。

在数据库设计时，如果某个表需要用到大容量数据类型，那么最好能够将这些大对象数据类型的列与其他列分成独立的表。例如现在有一个产品信息表，在这个表中有一个大对象数据类型的数据，用于存储一段关于产品说明的视频资料。此时最好不要将这个列与产品信息表中的其他列存放在一起，而是将这个大对象数据类型存放在另一张表中，然后通过产品ID将二者关联起来。这样做对于提高数据库性能具有很大的帮助。

大对象数据类型在使用时还有一些限制。例如在WHERE子句中不能够使用大对象数据类型过滤数据，在ORDER BY子句中不能根据大对象数据类型排序，也不能使用GROUP BY子句对大对象数据类型的数据进行分组汇总。

Oracle数据库中导入大对象数据

8.1.2 Oracle数据库中导入大对象数据

1. 声明大对象数据类型列

首先创建存放LOB类型数据的表空间，语法格式如下。

```
CREATE TABLESPACE text_lob
DATAFILE 'E:\app\Administrator\oradata\orcl\test_lob.dbf'
SIZE 50M;
```

然后创建包含LOB类型的表，语法格式如下。

```
CREATE TABLE tlob
(
    XH number(4),
    BZ clob,
    ZP blob,
    JL bfile
) TABLESPACE test_lob;
```

2. 插入大对象列

在插入BFILE类型数据时需要使用BFILENAME函数指向外部文件，语法格式如下。

```
BFileName('逻辑目录名','文件名');
```

创建逻辑目录名使用CREATE DIRECTORY语句，语法格式如下。

```
CREATE [OR REPLACE] DIRECTORY directory_name
    AS 'path_name';
```

其中，directory_name为逻辑目录名，path_name为与之关联的物理目录名。例如创建一个逻辑目录MYDIR的语法格式如下。

```
SQL> CREATE DIRECTORY MYDIR AS 'D:\DIR';
```

在插入CLOB、BLOB和NCLOB数据类型时，要先分别插入空白构造函数empty_clob()、empty_blob()和empty_nclob()，以将其初始化为一个对象，并在程序中引入这个对象进行操作。

以下是在tlob表中插入一条记录的语句。

```
SQL> INSERT INTO tlob
        VALUES(1,'clob大对象列',empty_blob(),bfilename('MYDIR','1.JPG'));
```

3. 大对象数据的写入与读取

在Oracle中可以用多种方法检索或操作大对象数据，通常的处理方法是通过dbms_lob包。dbms_lob包功能强大、应用简单，既可以用于读取内部的LOB对象（如BLOB、CLOB），也可以用于处理BFILE对象。处理内部LOB对象时，dbms_lob包可以进行读和写操作，但处理外部LOB对象BFILE时，只能进行读操作，此时写操作可以用PL/SQL处理。

在dbms_lob包中内建了read()、append()、write()、erase()、copy()、getlength()、substr()等函数，可以方便地操作LOB对象，这里介绍write()和read()函数。

DBMS_LOB.read()函数可从大对象数据中读取指定长度数据到缓冲区。语法格式如下。

```
DBMS_LOB.read(LOB数据,指定长度,起始位置,存储返回LOB类型值的变量);
```

如下程序段是从tlob表中读取一段CLOB列的数据。

```
SQL> set serveroutput on
SQL> DECLARE
        varC clob;
        vrstr varchar2(100);
        ln number(4);
        strt number(4);
    BEGIN
        SELECT BZ INTO varC FROM tlob WHERE XH = 1;
        ln:=DBMS_LOB.GetLength(varC);  /*读取LOB数据的长度*/
```

```
                strt:=1;
                DBMS_LOB.read(varC,ln,strt,vrstr);
                dbms_output.put_line('备注：'||vrstr);
        END;
        /
```

DBMS_LOB.write()函数可以将指定数量的数据写入大对象数据列中。语法格式如下。

DBMS_LOB.write(被写入LOB，写入长度，写入起始位置，写入LOB数据);

如下程序段是将一段数据写入tlob表的CLOB列中。

```
SQL> DECLARE
        varC clob;
        vWstr varchar2(1000);
        ln number(4);
        vstrt number(4);
    BEGIN
        vWstr:='CLOB';
        ln:=length(vWstr));
        vstrt:=5;
        SELECT BZ INTO varC FROM tlob WHERE XH = 1 FOR UPDATE;
        DBMS_LOB.write(varC,ln,vstrt,vWstr);
        dbms_output.put_line('改写结果为：'||varC);
        COMMIT;
    END;
    /
```

输出结果如下。

改写结果为：CLOBCLOB

【例8-1】 向表中的BLOB列插入一个图片文件，可以通过创建一个存储过程来完成。步骤如下。

（1）创建一个学生照片表，表中包含学生的学号和照片。

```
SQL> CREATE TABLE XS_PHOTO
    (
        XH char(6) NOT NULL PRIMARY KEY,
        ZP blob
    )TABLESPACE test_lob;
```

（2）创建存储过程，主要功能是向表XS_PHOTO中插入图片。

```
SQL> CREATE OR REPLACE PROCEDURE IMG_INSERT(num char, filename varchar2)
        AS
        F_LOB bfile;
        B_LOB blob;
        ln number;
    BEGIN
        INSERT INTO XS_PHOTO(XH,ZP)VALUES(num,empty_blob());    /*插入空的blob*/
        SELECT ZP INTO B_LOB FROM XS_PHOTO WHERE XH = num;    /*读取对象到B_LOB中*/
```

```
            F_LOB:=BFILENAME('MYDIR',filename);              /*获取指定目录下的文件*/
            ln:=DBMS_LOB.getlength(F_LOB);                    /*获取文件的长度*/
            DBMS_LOB.fileopen(F_LOB,DBMS_LOB.file_readonly);  /*以只读的饭食打开文件*/
            DBMS_LOB.loadfromfile(B_LOB,F_LOB,ln);            /*传递对象*/
            DBMS_LOB.fileclose(F_LOB);                        /*关闭原始文件*/
            COMMIT;
        END;
        /
```

（3）在D盘DIR目录下保存一张图片11.jpg，调用存储过程IMG_INSERT。

```
SQL> EXEC IMG_INSERT('11','11.jpg');
```

接下来就可以使用前台开发工具显示该图片了。

8.2 Oracle数据库与XML

XML是一种可扩展标记语言。在Oracle 11g中提供了存储独立、内容独立和编程语言独立的基础框架来存储和管理XML数据。

8.2.1 XML概述

XML（eXtensible Markup Language）即可扩展标记语言，它与HTML一样，都是SGML（Standard Generalized Markup Language，标准通用标记语言）。XML是Internet环境中跨平台的、依赖于内容的技术，是当前处理结构化文档信息的有力工具。XML是一种简单的数据存储语言，使用一系列简单的标记描述数据，而这些标记可以用方便的方式建立。虽然XML比二进制数据要占用更多的空间，但XML非常易于掌握和使用。

XML概述

1. XML简介

XML的前身是SGML，是IBM从20世纪60年代就开始发展的GML（Generalized Markup Language）标准化后的名称。

SGML是一种非常严谨的文件描述法，这导致其过于庞大、复杂，难以理解和学习，因此影响其推广与应用。作为SGML的替代品，开发人员采用了HTML，用于在浏览器中显示网页文件。但是HTML也存在一些缺点，如缺乏可扩展性，不同的浏览器对HTML的支持也不一样。而且HTML中只有固定的标记集，用户无法自定义标记，这极大地阻碍了HTML的发展。

1996年，在W3C（万维网协会）的支持下，一个工作小组创建了一种新的标准标记语言——XML，用于解决HTML和SGML的一些问题。XML是一种标准化的文档格式语言，它使得发布者可以创建一个以不同方式查看、显示或打印的文档资源。XML与HTML的设计区别是：XML是用来存储数据的，重在数据本身。而HTML是用来定义数据的，重在数据的显示模式。另外，XML是可扩展的，因为它提供了一个标准机制，使得任意文档构造者都能在任意XML文档中定义新的XML标记，这使得综合的、多平台的、应用到应用的协议的创建降低了门槛。

XML的简单使其易于在任何应用程序中读写数据，并很快成为数据交换的唯一公共语言。虽然不同的应用软件也支持其他的数据交换格式，但不久之后它们都将支持XML，这就意味着程序可以更容易地与Windows、Mac OS、Linus以及其他平台下产生的信息结合，然后可以很容易地加载XML数据到程序中进行分析，并以XML格式输出结果。

XML文档时由DTD和XML文本组成。所谓DTD（Document Type Definition），简单地说是一组关于标记符的语法规则，表明XML文本是如何组织的。它是保证XML文档格式正确的有效方法，可以通过比较XML文档和DTD文件来确定文档是否符合规范，元素和标签使用是否正确。

　　和DTD一样，XML Schema也是一种保证XML文档格式正确的方法，它可以用一个指定的XML Schema来验证某个文档的是否符合要求。如果符合要求则该XML文档为有效的（valid），否则为非有效的（invalid）。

2. XML语法

　　下面从一个简单的XML实例开始介绍XML的语法，代码如下。

```
<?xml version="1.0" encoding="ISO-8859-1"?>
<note>
    <to>wang</to>
    <from age="20">zhang</from>
    <heading>Reminder</heading>
    <body>Don't forget me this weekend!</body>
    <number>12</number>
</note>
```

　　上面的代码描述了zhang写给wang的便签，这个标签有标题以及留言，也包含了发送者和接受者的信息。在记事本中输入以上语句，文件名保存为note.xml。以IE方式打开该文件，如图8-1所示，从中会发现页面上显示所有的语句。由此可以看出XML文件只是起了存储数据的作用，其本身不会对数据做操作和处理。要想传送、接收和显示这个文档，使用者需要编写软件或者程序。

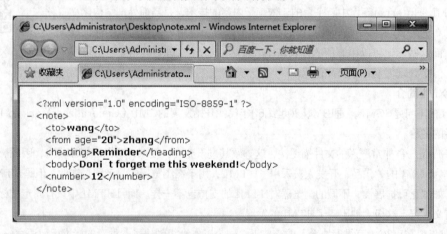

图8-1　用IE打开note.xml文件

　　上述语句中，第1行"<?xml version="1.0" encoding="ISO-8859-1"?>"中指定了XML的版本（1.0）和编码格式（ISO-8859-1）。

　　第2行开始是XML的主体部分，采用树形结构，以标签的形式存储数据。XML文档必须包含一个或一个以上的元素。例如 "<to>wang</to>"称为一个元素，其中 "<to>"称为标签，每个标签都必须成对出现，如 "<to></to>"，标签之间的数据 "wang"为元素的内容。

　　元素和元素之间有一定的层次关系，每个元素可以一次包含一个或多个元素。其中有一个元素不能作为其他元素的一部分，这个元素称为文档的根元素，即上述语句中的 "<note>"标签。一个XML文档有且只能有一个根元素。根元素 "<note>"下面包含了 "<to>" "<from>" "<heading>" "<body>" "<number>"5个子元素，分别表示标签的接收人、发送人、主题、内容和编号。

代码中所有的标签名称都是自己定义的，这一点和HTML不同。HTML中都是预定义的标签，而XML允许用户定义自己的标签和文档结构。

XML文档中的元素还可以带有若干个属性，属性的名称也是由用户自己定义的，属性的值必须添加引号。格式如下。

`<标签名 属性名="值"...>元素内容</标签名>`

在编写XML文本时需要注意以下几点。

（1）XML标签的名称可以包含字母、数字及其他字符，不能以数字或标点符号开始；不能以字符"xml""XML"或"Xml"等开始，不能包含空格。

（2）XML语法是区分大小写的，所以在定义XML标签时必须保持大小写的一致性，例如开始标签为"<head>"，结束标签为"</Head>"就是错误的写法。

（3）XML必须正确地嵌套，例如以下的标签嵌套关系是错误的。

`<b><i>This text is bold and italic</b></i>`

必须修改为：

`<b><i>This text is bold and italic</i></b>`

（4）XMl文档中允许空元素的存在，所谓的空元素就是只有标签没有实际内容的元素。空元素有两种表示方法："<a></a>"和"<a/>"。

（5）在XML文档中所有的空格都会被保留。

（6）可以在XML文档中写注释，注释形式与HTML中形式一样，例如以下代码。

`<!--这是注释内容-->`

（7）XML中实体引用。在XML文档中有一些字符具有特殊意义，例如把字符"<"放在XML元素中，会出错，因为解析器会把它当作新元素的开始。为了避免错误，需要用其对应的实体引用表示。XML中有5个预定义的实体引用，如表8-1所示。

表8-1　XML中的实体引用

名　　称	符　　号	实体引用
大于号	>	&gt;
小于号	<	&lt;
连接符	&	&amp
单引号	'	&apos;
双引号	"	&quot;

8.2.2　Oracle XML DB概述

Oracle XML DB是Oracle数据库的一个特性，它提供一种自带高性能的XML存储和检索技术。该技术将XML数据模型完全集成到Oracle数据库中，并提供浏览和查询XML的新的标准访问访法。使用Oracle XML DB，可以获得相关数据库技术的所有优势和XML的优势。

从Oracle 9i数据库第2版开始，Oracle XML DB已与Oracle数据库无缝集成，以便为XML数据提供高性能的、数据库自带的存储、检索和管理。使用新的Oracle数据库版本11g，Oracle XML DB实现了又一次飞跃，它通过大量、丰富的

Oracle XML
DB概述

新功能简化了DBA管理XML数据的任务，同时进一步支持XML和SOA应用程序开发人员。Oracle XML DB现在支持多个数据库自带的XML存储模型和索引模式、SQL/XML标准操作、W3C标准XQuery数据模型和XQuery/XPath语言、数据库自带的Web服务、高性能XML发布、XML DB信息库，以及版本控制和访问控制。

8.2.3　Oracle数据库中导入XML数据

Oracle从9i版本开始支持一种新的数据类型——XMLType，用于存储和管理XML数据，并提供了很多的函数，用来直接读取XML文档和管理节点。下面介绍在Oracle中对XMLType数据类型的使用。

Oracle数据库
中导入XML
数据

首先创建一个带有XMLType数据类型的表Xmltable，语法格式如下。

```
SQL> CREATE TABLE Xmltable
    (
            XH char(20) NOT NULL PRIMARY KEY,
            LXFS sys.XMLType          /*声明LXFS字段用sys.XMLType*/
    );
```

在表中新建了XMLType类型的列以后，需要将XML文件中的数据导入Oracle的相关数据表才能进行XML数据的查询。要导入XML数据，首先要保证相应的数据表中有XMLType类型的字段。导入XML数据的方法一般有以下两种。

1. 使用INSERT语句导入

如果XML的内容较少，可以直接使用INSERT语句将XML数据以字符串形式直接插入XMLType类型列中。

【例8-2】向表Xmltable中插入22201号学生的联系方式。

联系方式以XML形式存储，代码如下。

```
<联系方式 姓名 = '张月'>
        <email>ZY@interher.net</email>
        <电话>158042711250</电话>
        <地址>
                <邮政编码>130000</邮政编码>
                <省或直辖市>吉林省</省或直辖市>
                <市或县>长春市</市或县>
                <详细地址>南关区亚泰大街233号</详细地址>
        </地址>
</联系方式>
```

使用如下INSERT语句导入数据，代码如下。

```
SQL> INSERT INTO Xmltable
        VALUES('22201',sys.XMLType.createXML('<联系方式 姓名 = "张月">
                        <email>ZY@interher.net</email>
                        <电话>158042711251</电话>
                        <地址>
                            <邮政编码>130000</邮政编码>
                            <省或直辖市>吉林省</省或直辖市>
```

```
                <市或县>长春市</市或县>
                    <详细地址>南关区亚泰大街233号</详细地址>
            </地址>
        </联系方式>'));
```

 说明 sys.XMLType.createXML()函数用于检查XMl数据的格式是否正确，但不能检查其有效性。

2. 通过临时表导入

如果到导入超过4KB的XML文档到XMLType类型中，可以用临时表的方法实现。

【例8-3】将以下的XML数据保存为D盘DIR目录（MYDIR逻辑目录）下的22202.xml文件，并作为22202号学生的联系方式插入Xmltable表中，代码如下。

```
<联系方式 姓名 = '刘兴'>
    <email>LX@interher.net</email>
    <电话>158042711250</电话>
    <地址>
        <邮政编码>130000</邮政编码>
        <省或直辖市>吉林省</省或直辖市>
        <市或县>长春市</市或县>
        <详细地址>南关区亚泰大街233号</详细地址>
    </地址>
</联系方式>
```

首先创建一个临时使用的表，表中有一个CLOB类型的字段，代码如下。

```
SQL> CREATE TABLE temptable
    (
        XH char(6),
        tempxml clob
);
```

然后编写一个PL/SQL程序段，将22202.xml文件中的XML数据插入到临时表中，代码如下。

```
SQL> DECLARE
        F_LOB bfile;
        C_LOB clob;
        ln number;
        src_offset number := 1;
        des_offset number := 1;
        csid number := 850;
        lc number := 0;
        warning number;
    BEGIN
        INSERT INTO temptable VALUES('22202',empty_clob());
        SELECT tempxml INTO C_LOB FROM temptable WHERE XH = '22202';
        ln := dbms_lob.getlength(F_LOB);
```

```
            dbms_lob.fileopen(F_LOB,dbms_lob.file_readonly);
            dbms_lob.loadclobfromfile(C_LOB,F_LOB,ln,des_offset,src_offset,csid,lc,warning);
            dbms_lob.fileclose(F_LOB);
            COMMIT;
        END;
```

最后使用INSERT语句将表temptable中的XML数据插入Xmltabl中，代码如下。

```
SQL> INSERT INTO Xmltable
        VALUES('22202',sys.XMLType.createXML(
            (SELECT tempxml FROM temptable WHERE XH = '22202')));
```

8.2.4 XQuery的基本用法

XQuery的基本
用法

XQuery是一种从XML文档中查找和提取元素及属性的查询语言，可以查询结构化甚至半结构化的XML数据。XQuery基于现有的XPath查询语言，并支持更好的迭代、更好的排序结果，以及构造必需的XML的功能。XQuery支持目前市场上主流的数据库管理系统，如Oracle、SQL Server、DB2等。Oracle 11g提供了与数据库集成的全功能自带XQuery引擎，该引擎可用于完成与开发支持XML的应用程序相关的各种任务。

1. XPath语法

XPath是一种在XML文档中查找信息的语言，使用XPath的标准路径表达式可以在XML文档中选取相应的XML节点。在XPath中有7种类型的节点：元素、属性、文本、命令空间、处理指令、注释和文档（根）节点。例如在之前创建的note.xml文件中，"<nore>"是根节点，"<to>wang</to>"是元素节点，"age="20""是属性节点。

XPath是根据路径表达式在XML文档中查找信息的，其路径表达式与Windows的文件路径类似。可以把XPath比作文件管理路径：通过文件管理路径，可以按照一定的规则查找到所需要的文件；同样，依据XPath所制定的规则，也可以很方便地找到XML结构文档树中的任何一个节点。XPath中常用的表达式如表8-2所示。表8-3中则给出了一些XPath中路径表达式的实例。

表8-2　XPath中常用的表达式

表达式	描　　述
nodename	选取此节点的所有子节点
/	从根节点选取
//	从匹配选择的当前节点选择文档中的节点，而不考虑它们的位置
.	选取当前节点
..	选取当前节点的父节点
@	选取属性

表8-3　XPath中路径表达式的实例

路径表达式实例	含　　义
school	选择school下的所有子节点
/school	选择根元素school，假如路径起始于正斜杠"/"，则此路径始终代表到某元素的绝对路径

续表

路径表达式实例	含　义
school/class	选取所有属于school的子元素的class元素
//class	选取所有class子元素，而不管它们在文档中的位置
school//class	选择所有属于school元素的后代的class元素，而不管它们位于school之下的什么位置
//@property	选择所有名为property的属性

另外，还可以使用谓词和通配符表达更为复杂的路径表达式，其实例如表8-4所示。

表8-4　复杂的路径表达式实例

路径表达式实例	含　义
/school/class[1]	选取属于school的第1个class元素
/school/class[last()]	选取属于school的最后一个class元素
/school/class[last()-1]	选取属于school的倒数第2个class元素
/school/class[position<4]	选取属于school的最前面3个class元素
/school/class[student_count>35]	选取所有school元素的class元素，且其中的student_count元素的值须大于35
//school[@property="20"]	选取所有property属性等于20的school元素
/school/*	选取school下的所有子节点
//*	选取所有元素
//property=[@*]	选取所有带有property属性的元素

XPath的作用是选取相应的XML节点，而在对XML文档的具体数据进行查询时，仅仅使用XPath是不够的，所以在XPath的基础上引入了XQuery。XQuery使用与XPath相同的函数和运算符，所以XPath中的路径表达式在XQuery中也适用。

2．在Oracle中操作XML数据

使用Oracle XML DB从表中读取XML数据主要利用existsNODE()、extractValue()、extract()等几个函数。如果要更新XML数据可以使用updatexml()函数。

（1）existsNODE()函数

existsNODE()函数的语法格式如下。

```
existsNODE(xmlvalue, XQuery)
```

existsNODE()函数检查XML中的某一个节点是否存在。如果存在，则返回1，否则返回0。xmlvalue为表中XMLType类型列名或变量，XQuery为一个字符串，用于指定查询XML实例中的XML节点（如元素、属性）的XQuery表达式。

【例8-4】查询Xmltable表中<邮政编码>节点是否存在，代码如下。

```
SQL> SELECT COUNT(*)
     FROM Xmltable
     WHERE existsNode(LXFS,'/联系方式/地址/邮政编码')=1;
```

执行结果为2。

【例8-5】查询是否存在"姓名"为"张月"的属性，代码如下。

```
SQL> SELECT COUNT(*)
     FROM Xmltable
     WHERE existsNode(LXFS,'/联系方式[@姓名="张月"]')=1;
```

执行结果为1。

（2）extractValue()函数

extractValue()函数用于从某个节点中读取值，语法格式如下。

extractValue(xmlvalue,XQuery)

【例8-6】读取学号为22201的学生的电话，代码如下。

```
SQL> SELECT extractValue(LXFS,'/联系方式/电话') AS 电话
     FROM Xmltable
     WHERE XH='22201';
```

执行结果为158042711250。

 extractValue()函数只能返回一个确切位置节点的值，如果存在多个相同节点，Oracle就会报错。

（3）extract()函数

extract()函数的语法格式如下。

extract(xmlvalue,XQuery)

extract()函数返回一个XML文档的一个节点树，或者某一节点下所有符合条件的节点。

【例8-7】返回学号为22201的学生的<地址>节点下的所有信息，代码如下。

```
SQL> SELECT extract(LXFS,'/联系方式/地址')
     FROM Xmltable
     WHERE XH='22201';
```

通过SQL Developer输出，结果如图8-2所示。

```
EXTRACT(LXFS,'/联系方式/地址')
-----------------------------------------------------------------------------------
<地址><邮政编码>130000</邮政编码><省或直辖市>吉林省</省或直辖市><市或县>长春市</市或县><详细地址>南关区亚泰大街233号</详细地址></地址>

1 rows selected
```

图8-2　extract()函数

（4）updatexml()函数

updatexml()函数的语法格式如下。

updatexml(xmlvalue,XQuery,new_value)

updatexml()函数用于更新一个节点数，其中new_value为修改的新节点数。

【例8-8】将学号为22202的学生的<生活直辖市>节点的值改为"浙江"，代码如下。

```
SQL> UPDATE Xmltable
     SET LXFS=updatexml(LXFS,'/联系方式/地址/生活直辖市','<生活直辖市>浙江</生活直辖市>')
     WHERE XH = '22202';
```

3. FLWOR表达式

XQuery中最强大的特性是FLWOR表达式（发音同flower），它是一种典型的能够完成具有某种实际意义的查询表达式。FLWOR表达式包含模式匹配、过滤选择和结果构造这三种操作。FLWOR语句是XQuery所具有的最接近于SQL的语句。

FLWOR是由"For""Let""Where""Order by""Return"的首字母合成的。以下的示例说明了FLWOR的用法（假设book元素是根元素）。

```
for $x in doc("note.xml")/book/note

let $y := /book/note/to

where $x/number<20

order by $x/brand

return $x/brand
```

针对上述代码说明如下。

- ❑ for语句：将note.xml文件中book元素下所有的note元素提取出来并赋给变量$x。其中，doc()是内置函数，作用是打开相应的xml文档。
- ❑ let语句：该语句可选，用于在XQuery表达式中为变量赋值。
- ❑ where语句：该语句可选，用于选取note元素下number元素小于20的note元素。
- ❑ order by语句：该语句可选，用于指定查询结果，并按照brand升序排序。
- ❑ return语句：return语句中的表达式用于构造FLWOR表达式的结果。

【例8-9】使用FLWOR表达式在Oracle中执行查询，代码如下。

```
SQL> CREATE TABLE some_xml(x XMLType);                    /*建立XMLType表*/
     INSERT INTO some_xml
          VALUES('<ManuInstructions ProductModelID="1" ProductModelName="SomeBike">
               <Location LocationID="L1">
                    <Step>Manu step 1 at Loc 1</Step>
                    <Step>Manu step 2 at Loc 1</Step>
                    <Step>Manu step 3 at Loc 1</Step>
               </Location>
               <Location LocationID="L2">
                    <Step>Manu step 1 at Loc 2</Step>
                    <Step>Manu step 2 at Loc 2</Step>
                    <Step>Manu step 3 at Loc 2</Step>
               </Location>
          </ManuInstructions>');
SQL> SELECT XMLQuery('for $step in /ManuInstructions/Location
                         where $step/@LocationID="L2"
                         return string($step)'
                    PASSING x RETURNING CONTENT) xml
     FROM some_xml;
```

通过SQL Developer输出，结果如图8-3所示。

```
XML
------------------------------------------------------------------
Manu step 1 at Loc 2Manu step 2 at Loc 2Manu step 3 at Loc 2

1 rows selected
```

图8-3 FLWOR表达式

以上查询中使用XMLQuery()函数在Oracle中执行XQuery查询，语法格式如下。

```
XMLQuery(XQuery PASSING column RETURNING CONTRNT)
```

其中column为XMLType列名。例如要从Xmltable表中返回学号为22201的学生的地址信息，使用如下语句。

```
SQL> SELECT XMLQuery('/联系方式/地址' PASSING LXFS RETURNING CONTRNT)
     FROM Xmltable
     WHERE XH = '22201';
```

小 结

通过本章的学习，能够对高级数据类型有进一步的了解，掌握将大对象数据导入数据库的方法。另外也对XML有了深入的了解，如将XML数据导入数据库的方法。最后介绍了XQuery的基本用法。

上机指导

尝试向表Xmltable中插入编号为201501的学生的联系方式。（实例位置：光盘\MR\上机指导\第8章\）

联系方式以XML形式存储，代码如下：

```
<联系方式 姓名 = '明日'>
        <email>mr@163.com</email>
        <电话>043184978981</电话>
        <地址>
                <邮政编码>130000</邮政编码>
                <省或直辖市>吉林省</省或直辖市>
                <市或县>长春市</市或县>
                <详细地址>南关区财富领域4楼</详细地址>
        </地址>
</联系方式>
```

使用如下INSERT语句导入数据，代码如下：

```
SQL> INSERT INTO Xmltable
     VALUES('201501',sys.XMLType.createXML('<联系方式 姓名 = "明日">
                <email>mr@163.com</email>
                <电话>043184978981</电话>
                <地址>
                        <邮政编码>130000</邮政编码>
                        <省或直辖市>吉林省</省或直辖市>
                        <市或县>长春市</市或县>
                        <详细地址>南关区财富领域4楼</详细地址>
                </地址>
        </联系方式>'));
```

习　题

8-1　大对象数据类型主要包括哪几项？

8-2　从表中读取一段CLOB列的数据，使用到的语句是什么？

8-3　XML标签\\<i>This text is bold and italic\\</i>要如何修改？

8-4　用于存储和管理XML数据的数据类型是什么？

8-5　将一段数据写入表的CLOB列中，使用到的语句是什么？

第9章
系统安全管理

■ 数据库中保存了大量的数据，有些数据对企业是极其重要的，是企业的核心机密，必须保证这些数据及其操作的安全。因此，数据库系统必须具备完善、方便的安全管理机制。

Oracle中，数据库的安全性主要包括以下两个方面。

❑ 对用户登录进行身份认证。当用户登录到数据库系统时，系统对该用户的账号和口令进行认证，包括确认用户账户是否有效以及能否访问数据库系统。

❑ 对用户操作进行权限控制。当用户登录到数据库后，只能对数据库中的数据在允许的权限内进行操作。数据库管理员（DBA）对数据库的管理具有最高的权限。

一个用户要对某一数据库进行操作，必须满足以下三个条件。

❑ 登录Oracle服务器时必须通过身份验证；

❑ 必须是该数据库的用户或者某一数据库角色的成员；

❑ 必须有执行该操作的权限。

在Oracle系统中，为了实现数据的安全性，采取了用户、角色和概要文件等的管理策略。本章通过实例讲解用户、极限、角色、概要文件和数据字典和审计的相关内容。

9.1 用户

Oracle有一套严格的用户管理机制，新创建的用户只有通过管理员授权才能获得系统数据库的使用权限，否则该用户只有连接数据库的权利。正是有了这一套严格的安全管理机制，才保证了数据库系统的正常运转，确保数据信息不泄露。

创建用户

9.1.1 创建用户

要创建一个新的用户（本章均指密码验证用户，以下不再重复），可采用CREATE USER命令。其语法格式如下。

```
create user user_name identified by pass_word
[or identified exeternally]
[or identified globally as 'CN=user']
[default tablespace tablespace_default]
[temporary tablespace tablespace_temp]
[quota [integer k[m]] [unlimited] ] on tablesapce_ specify1
[,quota [integer k[m]] [unlimited] ] on tablesapce_ specify2
[,…]…on tablespace_specifyn
[profiles profile_name]
[account lock or account unlock]
```

CREATE USER命令的参数及其说明如表9-1所示。

表9-1 CREATE USER命令的参数及其说明

参　　数	说　　明
user_name	用户名，一般为字母数字型和"#"及"_"符号
pass_word	用户口令，一般为字母数字型和"#"及"_"符号
identified exeternally	表示用户名在操作系统下验证，这种情况下要求该用户必须与操作系统中所定义的用户名相同
identified globally as 'CN=user'	表示用户名由Oracle安全域中心服务器验证，CN名字表示用户的外部名

续表

参 数	说 明
[default tablespace tablespace_default]	表示该用户在创建数据对象时使用的默认表空间
[temporary tablespace tablespace_temp]	表示该用户所使用的临时表空间
[quota [integer K[M]] [unlimited]] on tablespace_specify1	表示该用户在指定表空间中允许占用的最大空间
[profiles profile_name]	表示资源文件的名称
[account lock or account unlock]	表示用户是否被加锁，默认情况下是不加锁的

下面将通过具体的实例来演示如何创建数据库用户。

（1）创建用户，并指定默认表空间和临时表空间

【例9-1】创建一个用户名为mr，口令为mrsoft，并设置默认表空间为users，临时表空间为temp的用户，代码及运行结果如下。

```
SQL> create user mr identified by mrsoft
    default tablespace users
    temporary tablespace temp;
用户已创建。
```

（2）创建用户，并配置其在指定表空间上的磁盘限额

有时为了避免用户在创建表和索引对象时占用过多的空间，可以配置用户在表空间上的磁盘限额。在创建用户时，可通过QUOTA ×××M ON tablespace_ specify子句配置指定表空间的最大可用限额，下面来看一个例子。

【例9-2】创建一个用户名为east，口令为mrsoft，默认表空间为users，临时表空间为temp的用户，并指定该用户在tbsp_1表空间上最多可使用的大小为10M，代码及运行结果如下。

```
SQL> create user east identified by mrsoft
    default tablespace users
    temporary tablespace temp
    quota 10M on tbsp_1;
用户已创建。
```

 说明　如果要禁止用户使用某个表空间，可以通过QUOTA关键字设置该表空间的使用限额为0。

（3）创建用户，并配置其在指定表空间上不受限制

如果要设置用户在指定表空间上不受限制，可以使用QUOTA UNLIMITED ON tablespace_ specify子句，下面来看一个例子。

【例9-3】创建一个用户名为df，口令为mrsoft，临时表空间为temp，默认表空间为tbsp_1的用户，并且该用户使用tbsp_1表空间不受限制，代码及运行结果如下。

```
SQL> create user df identified by mrsoft
    default tablespace tbsp_1
```

```
    temporary tablespace temp
    quota unlimited on tbsp_1;
```

用户已创建。

在创建完用户之后，需要注意以下几点。

❑ 如果建立用户时不指定DEFAULT TABLESPACE子句，Oracle会将SYSTEM表空间作为用户默认表空间。

❑ 如果建立用户时不指定TEMPORARY TABLESPACE子句，Oracle会将数据库默认临时表空间作为用户的临时表空间。

❑ 初始建立的用户没有任何权限，所以为了使用户可以连接到数据库，必须授权其CREATE SESSION权限，关于用户的权限设置会在后面的小节中讲解。

❑ 如果建立用户时没有为表空间指定QUOTA子句，那么用户在特定表空间上的配额为0，用户将不能在相应的表空间上建立数据对象。

❑ 初始建立的用户没有任何权限，不能执行任何数据库操作。

9.1.2 管理用户

对用户的管理，就是对已有用户的信息进行管理，如修改用户和删除用户等。

1. 修改用户

创建完用户后，管理员可以对用户进行修改，包括修改用户口令，改变用户默认表空间、临时表空间、磁盘配额及资源限制等。修改用户的语法与创建的用户的语法基本相似，只要把创建用户语法中的"CREATE"关键字替换成"ALTER"即可，具体语法这里不再介绍，详情请参考创建用户的基本语法。下面将结合实例来讲解3种常见的修改用户参数的情况。

管理用户

（1）修改用户的磁盘限额

如果DBA在创建用户时，指定了用户在某个表空间的磁盘限额，那么经过一段时间，该用户使用该表空间达到了DBA所设置的磁盘限额时，Oracle系统就会显示图9-1所示的达到磁盘限额的提示。

```
ORA-01536:SPACE QUOTA EXCEEDED FOR TABLESPACE 'TBSP_1'
```

图9-1　达到磁盘限额的提示

图9-1中的信息表示该用户使用的资源已经超出了限额，DBA需要为该用户适当增加资源，下面就来看一个为用户增加表空间限额的例子。

【例9-4】修改用户east在表空间上的磁盘限额为20M（原始为10M，先增加10M），代码及运行结果如下。

```
SQL> alter user east quota 20M on tbsp_1;
```

用户已更改。

（2）修改用户的口令

用户的口令在使用一段时间之后，根据系统安全的需要或在PROFILE文件（资源配置文件）中设置的规定，用户必须要修改口令，下面来看一个例子。

【例9-5】修改用户east的新口令为123456（原始为mrsoft），代码及运行结果如下。

```
SQL> alter user east identified by 123456;
```

用户已更改。

（3）解锁被锁住的用户

Oracle默认安装完成后，为了安全起见，很多用户处于LOCKED状态，如图9-2所示。DBA可以对LOCKED状态的用户解除锁定，下面来看一个例子。

```
SQL> select username,account_status from dba_users;

USERNAME                        ACCOUNT_STATUS

DF                              OPEN
EAST                            OPEN
MR                              OPEN
SCOTT                           OPEN
SPATIAL_WFS_ADMIN_USR           EXPIRED & LOCKED
SPATIAL_CSW_ADMIN_USR           EXPIRED & LOCKED
APEX_PUBLIC_USER                EXPIRED & LOCKED
OE                              EXPIRED & LOCKED
DIP                             EXPIRED & LOCKED
SH                              EXPIRED & LOCKED
IX                              EXPIRED & LOCKED
```

图9-2　查询用户的状态

【例9-6】使用ALTER USER命令解除被锁定的账户SH，代码及运行结果如下。

SQL> alter user SH account unlock;

用户已更改。

2. 删除用户

删除用户通过DROP USER语句完成，删除用户后，Oracle会从数据字典中删除用户、方案及其所有对象方案，语法格式如下。

drop user user_name[cascade]

- ❑ user_name：要删除的用户名。
- ❑ cascade：级联删除选项，如果用户包含数据库对象，则必须加CASCADE选项，此时连同该用户所拥有的对象一起删除。

下面通过一个实例来演示如何删除一个用户。

【例9-7】使用drop user语句删除用户df，并连同该用户所拥有的对象一起删除，代码及运行结果如下。

SQL> drop user df cascade;

用户已删除。

9.2　权限管理

在成功创建用户之后，仅表示该用户在Oracle系统中进行了注册，这样的用户不能连接到数据库，更谈不上进行查询、建表等操作了。要使该用户能够连接到Oracle系统并使用Oracle的资源，如查询表的数据、创建自己的表结构等，就必须让具有DBA权限的用户对该用户进行授权。

9.2.1　权限概述

根据系统管理方式的不同，在Oracle数据库中将权限分为两大类：系统权限和对象权限。

系统权限是在系统对数据库进行存取和使用的机制，比如用户是否能够连接到数据库系统（SESSION权限）、执行系统级的DDL语句（如CREAT、ALTER和

权限概述

DROP语句）等。

对象权限是指某一个用户对其他用户的表、视图、序列、存储过程、函数、包等的操作权限。不同类型的对象具有不同的对象权限，对于某些模式对象，比如簇、索引、触发器、数据库链接等没有相应的实体权限，这些权限由系统权限进行管理。

9.2.2 系统权限管理

系统权限一般需要授予数据库管理人员和应用程序开发人员，数据库管理员可以将系统权限授予其他用户，也可以将某个系统权限从被授予用户中收回。

系统权限管理

1. 授权操作

在Oracle 11g中含有200多种系统特权，并且所有这些系统特权均被列举在SYSTEM_PRIVILEGE_MAP数据目录视图中。授权操作使用GRANT命令，其语法格式如下。

```
grant sys_privi | role to user | role | public [with admin option]
```

GRANT命令的参数及其说明如表9-2所示。

表9-2　GRANT命令的参数及其说明

参　　数	说　　明
sys_privi	表示Oracle系统权限，系统权限是一组约定的保留字。例如，如果能够创建表，则为"CREATE TABLE"
role	表示角色，关于角色会在后面小节中介绍
user	表示具体的用户名，或者是一些列的用户名
public	表示保留字，代表Oracle系统的所有用户
with admin option	表示被授权者可以再将权限授予另外的用户

在学习完上面的语法之后，下面通过两个实例来演示如何给用户授予系统权限。

【例9-8】为用户east授予连接和开发系统权限，并尝试使用east连接数据库，代码及运行结果如下。

```
SQL> connect system/Ming12
已连接。
SQL> grant connect,resource to east;
授权成功。
SQL> connect east/123456;
已连接。
```

在上面的代码中，使用east连接数据库后，Oracle显示"已连接"，这说明给east授予"connect"的权限是成功的。另外，如果想要east可以将这两个权限传递给其他的用户，则需要在grant语句中使用"with admin option"关键字，下面来看另外一个例子。

【例9-9】在创建用户dongfang和xifang后，首先system将创建session和创建table的权限授权给dongfang，然后dongfang再将这两个权限传递给xifang，最后通过xifang这个用户创建一个数据表，代码及运行结果如下。

```
SQL> create user dongfang identified by mrsoft
    default tablespace users
```

```
    quota 10m on users;
```
用户已创建。
```
SQL> create user xifang identified by mrsoft
    default tablespace users
    quota 10m on users;
```
用户已创建。
```
SQL> grant create session,create table to dongfang with admin option;
```
授权成功。
```
SQL> connect dongfang/mrsoft;
```
已连接。
```
SQL> grant create session,create table to xifang;
```
授权成功。
```
SQL> connect xifang/mrsoft;
```
已连接。
```
SQL> create table tb_xifang
    ( id number,
     name varchar2(20)
    );
```
表已创建。

2. 回收系统权限

一般用户如果被授予过高的权限，就可能给Oracle系统带来安全隐患。作为Oracle系统的管理员，应该能够查询当前Oracle系统各个用户的权限，并且能够使用REVOKE命令撤销用户的某些系统权限。REVOKE命令的语法格式如下。

```
revoke sys_privi | role from user | role | public
```

- ❑ sys_privi：系统权限或角色。
- ❑ role：角色。
- ❑ user：具体的用户名。
- ❑ public：保留字，代表Oracle系统所有的用户。

在学习完上面的语法之后，下面通过两个例子来演示如何回收用户的系统授权。

【例9-10】撤销east用户的resource系统权限，代码及运行结果如下。

```
SQL> connect system/Ming12;
```
已连接。
```
SQL> revoke resource from east;
```
撤销成功。

如果数据库管理员用GRANT命令给用户A授予系统权限时带有WITH ADMIN OPTION选项，则用户A有权将系统权限再次授予另外的用户B。在这种情况下，如果数据库管理员使用REVOKE命令撤销A用户的系统权限，用户B的系统权限仍然有效。

9.2.3 对象权限管理

1. 对象授权

与将系统权限授予用户基本相同，授予对象权限给用户或角色也使用GRANT命令，其语法格式如下。

> Grant obj_privi | all column on schema.object to user | role | public [with grant option] | [with hierarchy option]

GRANT命令的参数说明如表9-3所示。

对象权限管理

表9-3 GRANT命令的参数说明

参　数	说　明
obj_privi	表示对象的权限，可以是ALTER、EXECUTE、SELECT、UPDATE和INSERT等
role	表示角色名
user	表示被授权的用户名
with admin option	表示被授权者可再将系统权限授予其他的用户
with hierarchy option	表示在对象的子对象（在视图上再建立视图）上授权给用户

在学习完上面的语法之后，下面通过一个例子来演示如何授予对象权限给用户。

【例9-11】给用户xifang授予select、insert、delete和update表soctt.emp的权限，代码及运行结果如下。

> SQL> grant select,insert,delete,update on scott.emp to xifang;
>
> 授权成功。

2. 回收对象权限

要从用户或角色中撤销对象权限，仍然要使用REVOKE命令，其语法格式如下。

> revoke obj_privi | all on schema.object from user | role | public cascade constraints

- ❑ obj_privi：表示对象的权限。
- ❑ public：保留字，代表Oracle系统的所有权限。
- ❑ cascade ascade constraints：表示有关联关系的权限也被撤销。

在学习完上面的语法之后，下面通过一个例子来演示如何回收对象权限。

【例9-12】从xifang用户撤销scott.emp表的update和delete权限，代码及运行结果如下。

> SQL> connect system/Ming12;
>
> 已连接。
>
> SQL> revoke delete,update on scott.emp from xifang;
>
> 撤销成功。

9.2.4 安全特性

1. 表安全

在表和视图上赋予DELETE、INSERT、SELECT和UPDATE权限可进行查询和操作表数据。例如可以限制INSERT权限到表的特定的列，而所有其他列都接收NULL或者默认值；使用可选的UPDATE，用户能够更新特定列的值。

如果用户需要在表上执行ＤＤＬ操作，那么需要ＡＬＴＥＲ、ＩＮＤＥＸ和

安全特性

REFERENCES权限，还可能需要其他系统或者对象权限。例如需要在表上创建触发器，用户就需要ALTER TABLE对象权限和CREATE TRIGGER系统权限。与INSERT和UPDATE权限相同，REFERENCES权限能够对表的特定列授予权限。

2. 视图安全

对视图的方案对象权限允许执行大量的DML操作，并影响视图创建的基表和对表的DML对象权限相似。要创建视图，必须满足下面两个条件。

- 授予CREATE VIEW系统权限或者CREATE ANY VIEW系统权限。
- 显式授予SELECT、INSERT、UPDATE和DELETE对象权限，或者显式授予SELECT ANY TABLE、INSERT ANY TABLE、UPDATE ANY TABLE、DELETE ANY TABLE系统权限。

为了其他用户能够访问视图，可以通过WITH GRANT OPTION子句或者WITH ADMIN OPTION子句授予这些用户适当的系统权限。以下两点可以增加表的安全层次，包括列层和基于值的安全性。

- 视图访问基表所选择的列的数据。
- 在定义视图时，使用WHERE子句控制基表的部分数据。

3. 过程安全

过程方案的对象权限（其中包括独立的过程、函数和包）只有EXECUTE权限，可以将这个权限授予需要执行的过程或需要编译另一个需要调用它的过程。

（1）过程对象

具有某个过程的EXECUTE对象权限的用户可以执行该过程，也可以编译引用该过程的程序单元。过程调用时不会检查权限。具有EXECUTE ANY PROCEDURE系统权限的用户可以执行数据库中的任何过程。当用户需要创建过程时，必须拥有CREATE PROCEDURE系统权限或者CREATE ANY PROCEDURE系统权限。当需要修改过程时，需要ALTER ANY PROCEDURE系统权限。

拥有过程的用户必须拥有在过程体中引用的方案对象的权限。为了创建过程，必须为过程引用的所有对象授予用户必要的权限。

（2）包对象

拥有包的EXECUTE对象权限的用户，可以执行包中的任何公共过程和函数，并能够访问和修改任何公共包变量的值。包不能被授予EXECUTE权限，当为数据库应用开发过程、函数和包时，要考虑安全性。

4. 类型安全

（1）命名类型的系统权限

Oracle为命名类型（对象类型、VARRAY和嵌套表）定义了系统权限，如表9-4所示。

表9-4 命名类型的系统权限

权　限	说　明
CREATE TYPE	在用户自己的模式中创建命名类型
CREATE ANY TYPE	在所有的模式中创建命名类型
ALTER ANY TABLE	修改任何模式中的命名类型
DROP ANY TABLE	删除任何模式中的命名类型
EXECUTE ANY TYPE	使用和参考任何模式中的命名类型

CONNECT和RESOURCE角色包含CREATE TYPE系统权限，DBA角色包含所有的权限。

（2）对象权限

如果在命名类型上存在EXECUTE权限，那么用户可以使用命名类型完成定义表、在关系包中定义列及声明命名类型的变量和类型。

（3）创建类型和表权限

① 在创建类型时，必须满足以下要求。

❑ 如果在自己模式上创建类型，则必须拥有CREATE TYPE系统权限；如果需要在其他用户上创建类型，则必须拥有CREATE ANY TYPE系统权限。

❑ 类型的所有者必须显式授予访问定义类型引用的其他类型的EXECUTE权限，或者授予EXECUTE ANY TYPE系统权限，所有者不能通过角色获取所需的权限。

❑ 如果类型所有者需要访问其他类型，则必须已经接受EXECUTE权限或者EXECUTE ANY TYPE系统权限。

② 如果使用类型创建表，则必须满足以下要求。

❑ 表的所有者必须显式授予EXECUTE对象权限，能够访问所有引用的类型，或者授予EXECUTE ANY TYPE系统权限。

❑ 如果表的所有者需要访问其他用户的表，则必须在GRANT OPTION选项中接受参考类型的EXECUTE对象权限，或者在ADMIN OPTION中接受EXECUTE ANY TYPE系统权限。

（4）类型访问和对象访问的权限

在列层和表层的DML命令权限，可以应用到对象列和行对象上。

9.3 角色管理

角色管理

9.3.1 角色概述

角色是一个独立的数据库实体，它包括一组权限。也就是说，角色是包括一个或者多个权限的集合，它并不被哪个用户所拥有。角色可以被授予任何用户，也可以被收回。

使用角色可以简化权限的管理，仅用一条语句就能授予或回收权限，而不必对用户一一授权。使用角色还可以实现权限的动态管理，例如随着应用的变化可以增加或者减少角色的权限，这样通过改变角色的权限，就实现了改变多个用户的权限。

角色、用户及权限是一组关系密切的对象。既然角色是一组权限的集合，那么，它只有被授予某个用户才能有意义。图9-3所示的图形可以帮助我们理解角色、用户及权限之间的关系。

从图9-3可以看出，作为Oracle的数据库管理员，在创建和管理用户时，必须理解Oracle的权限与角色的关系。在复杂的大型应用系统中，首先要求对应用系统功能进行分类，从而形成角色的雏形；然后使用

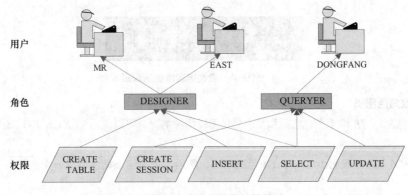

图9-3　用户、角色及权限之间的关系

CREATE ROLE语句将其创建成角色；最后根据用户工作的分工，将不同的角色（包括系统预定义的角色）授予各类用户。如果应用系统的规模很小，用户数也不多，则可以直接将应用的权限授予用户，即使是这样，用户也必须对Oracle系统的预定义角色有所了解，因为一个用户至少被授予一个以上的预定义角色时才能使用Oracle系统资源。

另外，管理员在创建角色时，可以为角色设置应用安全性。角色的安全性通过为角色设置口令进行保护，管理员必须提供正确的口令才允许修改或设置角色。

9.3.2　创建用户角色

如果系统预定义的角色不符合用户需要，那么，数据库管理员可以创建更多的角色。创建用户自定义角色可以使用CREATE ROLE语句来实现，其语法格式如下。

```
create role role_name [ not identified | identified by [password] | [exeternally] | [globally]]
```

- ❑ role_name：表示角色名。
- ❑ identified by password：表示角色口令。
- ❑ identified by exeternally：表示角色名在操作系统下验证。
- ❑ identified globally：表示用户是Oracle安全域中心服务器来验证，此角色由全局用户来使用。

在学习完上面的语法之后，下面通过一个实例来演示如何创建角色。

【例9-13】创建一个名为designer的角色，该角色的口令为123456，代码及运行结果如下。

```
SQL> connect system/Ming12;

已连接。

SQL> create role designer identified by 123456;

角色已创建。
```

9.3.3　管理用户角色

在学习过管理用户（包括创建、修改、删除等操作）之后，再学习如何管理角色就简单多了，因为这二者之间有很多相似之处。以下仅通过一些简单实例来对角色的管理进行说明。

1. 查看角色所包含的权限

查看角色权限通常使用ROLE_SYS_PRIVS数据字典。例如查询角色designer被属于的权限有哪些，代码及运行结果如下。

```
SQL> select * from role_sys_privs where role = 'DESIGNER';
```

本例运行结果如图9-4所示。

图9-4　查询指定角色的权限

2. 修改角色密码

修改角色密码包括取消角色密码和修改角色密码两种情况，可以使用ALTER ROLE语句来实现，来看下面的例子。

【例9-14】首先取消designer角色的密码，然后再重新给该角色设置一个密码，代码及运行结果如下。

```
SQL> alter role designer not identified;
```

角色已丢弃。

SQL> alter role designer identified by mrsoft;

角色已丢弃。

3. 设置当前用户要生效的角色

角色的生效是什么意思呢？假设用户a有b1、b2、b3三个角色，如果b1未生效，则b1所包含的权限对于a来讲是不拥有的；只有角色生效了，角色内的权限才作用于用户。最大可生效角色数由参数MAX_ENABLED_ROLES设定。用户登录后，Oracle将所有直接赋值给用户的权限和用户默认角色中的权限赋给用户。设置角色生效可使用SET ROLE语句，来看下面的例子。

【例9-15】创建一个无需密码验证的角色queryer，然后设置该角色生效，再设置带有密码的角色designer也生效，代码及运行结果如下。

SQL> create role queryer;

角色已创建。

SQL> set role queryer;

角色集

SQL> set role designer identified by mrsoft;

角色集

说明 如果要设置带有密码的角色生效，则必须在SET ROLE语句后面使用"IDENTIFIED BY"关键字指定角色的密码。

4. 删除角色

删除角色很简单，使用DROP ROLE语句即可实现。例如使用drop role语句删除角色queryer，代码及运行结果如下。

SQL> drop role queryer;

角色已删除。

删除角色后，原来拥有该角色的用户将不再拥有该角色，也将失去相应的权限。

9.4　概要文件和数据字典视图

概要文件用来限制用户所使用的系统和数据库资源，并管理口令限制。如果数据库中没有创建概要文件，将使用默认的概要文件。

9.4.1　使用概要文件管理密码

操作人员如果要连接到Oracle数据库，就需要提供用户名和密码。对于黑客或某些人而言，他们可能通过猜测或反复实验来破解密码。为了加强密码的安全性，可以使用PROFILE文件管理密码。PROFILE文件提供了一些密码管理选项，并提供了强大的密码管理功能，从而确保密码的安全。为了实现密码限制，必须首先建立PROFILE文件。建立PROFILE文件是使用CREATE PROFILE语句完成的，一般情况下，该语句由DBA执行，如果要以其他用户身份建立PROFILE文件，则要求该用户必须具有CREATE PROFILE系统权限。

使用概要文件
管理密码

使用PROFILE文件可以实现如下4种密码管理：账户锁定、密码的过期时间、密码历史和密码的复杂度。

1. 账户锁定

账户的锁定策略是指用户在连续输入多少次错误密码后，Oracle会自动锁定用户的账户，并且可以规定账户的锁定时间。Oracle为锁定账户提供了以下两个参数。

❑ FAILED_LOGIN_ATEMPTS。

该参数限制用户在登录到Oracle数据库时允许失败的次数。一旦某个用户尝试登录数据库的次数达到该值，则系统将该用户账户锁定。

❑ PASSWORD_LOCK_TIME。

该参数用于指定账户被锁定的天数。

【例9-16】创建profile文件，要求设置连续失败次数为5，超过该次数后，账户将被锁定7天，然后使用alter user语句将profile文件（即lock_account）分配给用户dongfang，代码及运行结果如下。

```
SQL> create profile lock_account limit
    failed_login_attempts 5
    password_lock_time 7;
配置文件已创建
SQL> alter user dongfang profile lock_account;
用户已更改。
```

在建立lock_account文件并将该文件分配给用户dongfang后，如果以用户dongfang身份连接数据库，并且连续连接失败5次后，Oracle将自动锁定该用户账户。此时，即使用户dongfang提供了正确的密码，也无法连接到数据库。

在建立lock_account文件时，由于指定password_lock_time的参数为7，所以账户锁定天数达到7天后，Oracle会自动解锁账户。

 说明 如果建立PROFILE文件时没有提供该参数，将自动使用默认值UNLIMITED，这种情况下，需要DBA手动解锁用户账户。

2. 密码的过期时间

密码的过期时间是指强制用户定期修改自己的密码，当密码过期后，Oracle会随时提醒用户修改密码。密码宽限期是指密码到期之后的宽限使用时间。默认情况下，建立用户并为其提供密码之后，密码会一直生效。为了防止其他人员破解用户账户的密码，可以强制普通用户定期改变密码。为了强制用户定期修改密码，Oracle提供了如下参数。

❑ PASSWORD_LIFE_TIME。

该参数用于设置用户密码的有效时间，单位为天数。超过这一段时间，用户必须重新设置口令。

❑ PASSWORD_GRACE_TIME。

该参数用于设置用户密码失效的"宽限时间"。虽然用户密码到达PASSWORD_LIFE_TIME设置的失效时间，但设置宽限时间后，用户仍然可以在宽限时间内继续使用。

为了强制用户定期修改密码，有效时间和宽限时间应该同时进行设置，下面来看一个例子。

【例9-17】下面创建一个profile文件（即password_lift_time），并设置用户的密码有效期为30天，密码宽限期为3天，然后使用alter user语句将profile文件（即password_lift_time）分配给用户dongfang，代码及运行结果如下。

```
SQL> create profile password_lift_time limit
```

```
      password_life_time 30
      password_grace_time 3;
```

配置文件已创建

SQL> alter user dongfang profile password_lift_time；

用户已更改。

在上面的实例中，如果用户dongfang在30天之内没有修改密码，则Oracle会显示图9-5所示的警告信息。

ORA-28002:THE PASSWORD WILL EXPIRE WITHIN 3 DAYS

图9-5 密码过期提示

如果用户在30天内没有修改密码，那么在第31天、第32天、第33天连接时，仍然会显示类似的警告信息。如果在33天内仍然没有修改密码，那么当第34天连接时，Oracle会强制用户修改密码，否则不允许连接到数据库。

3. 密码历史

密码历史是用于控制账户密码的可重复使用次数或可重用时间。使用密码历史参数后，Oracle会将密码修改信息存放到数据字典中。这样，当修改密码时，Oracle会对新、旧密码进行比较，以确保用户不会重用过去已经用过的密码。关于密码历史有如下两个参数。

❑ PASSWORD_REUSE_TIME。

该参数指定密码可重用的时间，单位为天。

❑ PASSWORD_REUSE_MAX。

该参数设置密码在能够被重新使用之前，必须改变的次数。

 说明 在使用密码历史选项时，只能使用其中的一个参数，并将另一个参数设置为UNLIMITED。

4. 密码的复杂度

在PROFILE文件中，可以通过指定的函数来强制用户的密码必须具有一定的复杂度。例如强制用户的密码不能与用户名相同。使用校验函数验证用户密码的复杂度时，只需要将这个函数的名称指定给PROFILE文件中的PASSWORD_VERIFY_FUNCTION参数，Oracle就会自动使用该函数对用户的密码和格式进行验证。

在Oracle 11g中，验证密码复杂度功能有了新的改进。在$ORACLE_HOME/rdbms/admin目录下创建了一个新的密码验证文件——UTLPWDMG.SQL，其中不仅提供了先前的验证函数VERIFY_FUNCTION，还提供了一个新建的VERIFY_FUNCTION_11G函数。

9.4.2 使用概要文件管理资源

在庞大而复杂的多用户数据库环境中，因为用户众多，所以系统资源可能会成为影响性能的主要瓶颈，为了有效地利用系统资源，应该根据用户所承担任务的不同为其分配合理资源。PROFILE文件不仅可用于管理用户密码，还可以用于管理用户资源。需要注意，如果使用PROFILE文件管理资源，就必须将RESOURCE_LIMIT参数设置为TRUE，以激活资源限制。由于该参数是动态参数，所以可以使用ALTER SYSTEM语句进行修改，下面来看一个例子。

使用概要文件
管理资源

【例9-18】首先使用show命令查看RESOURCE_LIMIT参数的值，然后使用alter system命令修改该参数的值为true，从而激活资源限制，代码及运行结果如下。

```
SQL> show parameter resource_limit;

NAME                            TYPE              VALUE
-----------------------------   -------------     ------

resource_limit                  boolean           FALSE

SQL> alter system set resource_limit=true;

系统已更改。
```

利用PROFILE配置文件，可以对以下系统资源进行限制。

❑ CPU时间：为了防止无休止地使用CPU时间，限制用户每次调用时使用的CPU时间以及在一次会话期间所使用的CPU时间。

❑ 逻辑读：为了防止过多使用系统的I/O操作，限制每次调用及会话时读取的逻辑数据块数目。

❑ 用户的并发会话数。

❑ 会话空闲的限制：当一个会话空闲的时间达到了限制值时，当前事务被回滚，会话被终止并且所占用的资源被释放。

❑ 会话可持续的时间：如果一个会话的总计连接时间达到了该限制值，当前事务被回滚，会话被终止并且所占用的资源被释放。

❑ 会话所使用的SGA空间限制。

当一个会话或SQL语句占用的资源超过PROFILE文件中的限制时，Oracle将终止并回退当前的事务，然后向用户返回错误的信息。如果受到的限制是会话级的，在提交或回退事务后，用户会话将被终止；而如果受到调用级限制时，用户会话还能够继续进行，只是当前执行的SQL语句将被终止。下面是PROFILE文件中对各种资源限制的参数。

❑ SESSION_PER_USER：限制用户可以同时连接的会话数量。如果用户的连接数达到该限制值，则试图登录时将产生一条错误信息。

❑ CPU_PER_SESSION：限制用户在一次数据库会话期间可以使用的CPU时间，单位为百分之一秒。当达到该时间值后，系统就会终止该会话。如果用户还需要执行操作，则必须重新建立连接。

❑ CUP_PER_CALL：限制用户每条SQL语句所能使用的CPU时间，参数值是一个整数，单位为百分之一秒。

❑ LOGICAL_READS_PER_SESSION：限制每个会话所能读取的数据块数量，包括从内存中读取的数据块和从磁盘中读取的数据块。

❑ CONNECT_TIME：限制每个用户连接到数据库的最长时间，单位为分钟，当连接时间超出该限制值时，该连接被终止。

❑ IDLE_TIME：限制每个用户会话连接数据库的最长时间。超过该时间，系统会终止该会话。

9.4.3 数据字典视图

数据字典是Oracle存放数据库内部信息的地方，用来描述数据库内部的运行和管理情况。比如一个数据表的所有者、创建时间、所属表空间、用户访问权限等信息，这些信息都可以在数据字典中查找到。当用户操作数据库遇到困难时，就可以通过查询数据字典来提供帮助信息。

Oracle数据字典的名称由前缀和后缀组成，使用下划线（ _ ）连接，其代表的

数据字典视图

含义如下。

- □ DBA_：包含数据库实例的所有对象信息。
- □ V$_：当前实例的动态视图，包含系统管理和系统优化等所使用的视图。
- □ USER_：记录用户的对象信息。
- □ GV_：分布式环境下所有实例的动态视图，包含系统管理和系统优化使用的视图。
- □ ALL_：记录用户的对象信息机被授权访问的对象信息。

虽然通过Oracle企业管理器（OEM）操作数据库比较方便，但它不利于读者了解Oracle系统的内部结构和应用系统对象之间的关系，所以建议读者尽量使用SQL*Plus来操作数据库。为了方便读者了解Oracle系统内部的对象结构和进行高层次的数据管理，下面给出最常用的数据字典及其说明。

1. 基本数据字典

基本数据字典主要包括描述逻辑存储结构和物理存储结构的数据表，另外，还包括一些描述其他数据对象信息的表，比如dba_views、dba_triggers、dba_users等。基本数据字典及其说明如表9-5所示。

表9-5　基本数据字典及其说明

数据字典名称	说　明
dba_tablespaces	关于表空间的信息
dba_ts_quotas	所有用户表空间限额
dba_free_space	所有表空间中的自由分区
dba_segments	数据库中所有段的存储空间
dba_extents	数据库中所有分区的信息
dba_tables	数据库中所有的数据表
dba_tab_columns	所有表、视图以及簇的列
dba_views	数据库中所有视图的信息
dba_synonyms	关于同义词的信息查询
dba_sequences	所有用户序列信息
dba_constraints	所有用户表的约束信息
dba_indexes	关于数据库中所有索引的描述
dba_ind_columns	在所有表及簇上压缩索引的列
dba_triggers	所有用户的触发器信息
dba_source	所有用户的存储过程信息
dba_data_files	关于数据库文件的信息
dba_tab_grants/privs	关于对象授权的信息
dba_objects	数据库中所有的对象
dba_users	关于数据库中所有用户的信息

2. 常用动态性能视图

Oracle系统内部提供了大量的动态性能视图，之所以说"动态"，是因为这些视图的信息在数据库运行期间会不断地更新。动态性能视图以v$作为名称前缀，这些视图提供了关于内存和磁盘的运行情况，用户只能进行只读访问而不能修改它们。常用的动态性能视图及其说明如表9-6所示。

表9-6　常用动态性能视图及其说明

数据字典名称	说　明
v$database	描述关于数据库的相关信息
v$datafile	描述数据库使用的数据文件信息

续表

数据字典名称	说　明
v$log	从控制文件中提取有关重做日志组的信息
v$logfile	有关实例重置日志组文件名及其位置的信息
v$archived_log	记录归档日志文件的基本信息
v$archived_dest	记录归档日志文件的路径信息
v$controlfile	描述控制文件的相关信息
v$instance	记录实例的基本信息
v$system_parameter	显示实例当前有效的参数信息
v$sga	显示实例的sga区的大小
v$sgastat	统计sga使用情况的信息
v$parameter	记录初始化参数文件中所有项的值
v$lock	通过访问数据库会话，设置对象锁的所有信息
v$session	记录有关会话的信息
v$sql	记录SQL语句的详细信息
v$sqltext	记录SQL语句的语句信息
v$bgprocess	显示后台进程信息
v$process	显示当前进程的信息

　　上面介绍了Oracle数据字典的基本内容，实际上Oracle数据字典的内容非常丰富，这里因篇幅有限，不能一一列举，需要读者在学习和工作中逐渐积累。运用好数据字典技术，可以使用户更好地了解数据库的全貌，这样对于数据库的优化、管理等有极大的帮助。

Oracle数据字典是一个不断发展和变化的内部表，读者在参考某些资料时，要注意所使用的数据库版本是否与资料内容一致。

9.5　审计

　　审计用来监视和记录所选用户的数据活动。审计通常用于调查可疑活动以及监视与收集特定数据库活动的数据。审计操作类型包括登录企图、对象访问和数据库操作。审计操作项目包括执行成功的语句或执行失败的语句，以及在每个用户会话中执行一次的语句和所有用户或者特定用户的活动。审计记录包括被审计的操作、执行操作的用户、操作的时间等信息。审计记录被存储在数据字典中。审计跟踪记录包含不同类型的信息，主要依赖于所审计的时间和审计选项设置。每个审计跟踪记录中的信息通常包含用户名、会话标识符、终端标识符、访问的方案对象的名称、执行的操作、操作的完成代码、日期和时间戳，以及使用的系统权限。

审计

　　管理员可以启用和禁用审计信息记录，但是，只有安全管理员才能够对记录审计信息进行管理。当在数据库中启用审计时，在语句执行阶段生成审计记录。注意，在PL/SQL程序单元中的SQL语句是单独审计的。

9.5.1　审计启用

　　数据库的审计记录存放在SYS方案的AUD$表中。在初始状态下，Oracle对于审计是关闭的，因此必须手动开启审计。具体步骤如下。

（1）以SYS用户的SYSDBA身份登录数据库，在"服务器"属性页的"数据库配置"类别中单击"初始化参数"，进入"初始化参数"页面，如图9-6所示。该页面有两个选项界面："当前"和"SPFile"。"当前"页面列出所有初始化参数目前的配置值；在"SPFile"页面设置初始化参数。

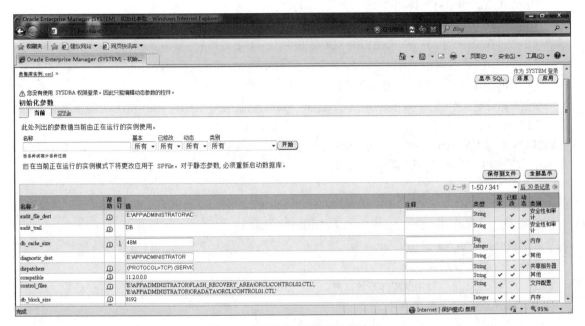

图9-6　查看数据库例程状态等信息

（2）在"当前"选项页面中，在"名称"文本框输入审计参数"audit_trail"，单击"开始"按钮，出现图9-7所示的页面。

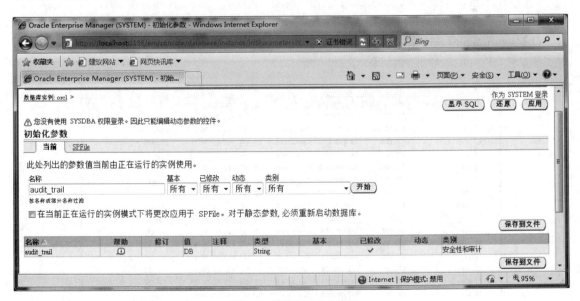

图9-7　编辑数据库参数值

audit_trail的作用是启用或禁用数据审计。它的取值范围可以为NONE、FALSE、DB、TRUE、OS、DB_EXTENDED、XML和EXTENDED。如果该参数为TRUE或DB，则审计记录将被写入SYS.AUD$表中；如果参数值为OS，则被写入一个操作系统文件。Oracle 11g系统的默认值为DB。

（3）在"值"下拉列表框中选择要设置的参数值，单击"应用"按钮，然后重新启动数据库。

9.5.2　登录审计

用户连接数据库的操作过程称为登录，登录审计用下列命令。

（1）AUDIT SESSION：开启连接数据库审计。

（2）AUDIT SESSION WHENEVER SUCCESSFUL：审计成功的连接图。

（3）AUDIT SESSION WHENEVER NOT SUCCESSFUL：审计连接失败。

（4）NOAUDIT SESSION：禁止会话审计。

数据库审计记录存放在SYS方案中的AUD$表中，可以通过DBA_AUDIT_SESSION数据字典视图来查看SYS.AUD$。语法格式如下。

```
SELECT OS_Username,Username,Terminal,
    DECODE(Returncode,'0','Connected','1005','FailedNull','1017','Failed','Return
        code'),
    TO_CHAR(Timestamp,'DD-MON-YY HH24:MI:SS'),
    TO_CHAR(Logoff_time,'DD-MON-YY HH24:MI:SS')
FROM DBA_AUDIT_SESSION;
```

针对上述代码的说明如下。

❑　OS_Username：使用的操作系统账户。

❑　Username：Oracle账户名。

❑　Terminal：使用的终端ID。

❑　Returncode：如果为0，连接成功；否则就检查两个常用错误号，确定失败的原因。检查的两个错误号为ORA-1005和ORA-1017，这两个错误代码覆盖了经常发生的登录错误。当用户输入一个用户名但无口令时就返回ORA-1005；当用户输入一个无效口令时就返回ORA-1017。

❑　Timestamp：登录的时间。

❑　Logoff_time：注销的时间。

通过SQL Developer输出查询结果，如图9-8所示。

	OS_USERNAME	USERNAME	TERMINAL	DECODE...	TO_CHAR(TIMESTAMP,...	TO_CHAR(LOGOFF_T...
1	aime	SYSTEM	DADVFMO254	Connected	03-4月 -10 02:30:15	(null)
2	aime	SYSTEM	DADVFMO254	Connected	03-4月 -10 02:30:16	(null)
3	aime	SYSTEM	DADVFMO254	Connected	03-4月 -10 02:30:16	03-4月 -10 02:30:16
4	aime	SYSTEM	DADVFMO254	Connected	03-4月 -10 02:30:17	(null)
5	aime	SYSTEM	DADVFMO254	Connected	03-4月 -10 02:30:17	03-4月 -10 02:30:17
6	aime	SYSTEM	DADVFMO254	Connected	03-4月 -10 02:30:17	(null)
7	aime	SYSTEM	DADVFMO254	Connected	03-4月 -10 02:30:18	(null)
8	aime	SYSTEM	DADVFMO254	Connected	03-4月 -10 02:30:19	03-4月 -10 02:30:19
9	aime	SYSTEM	DADVFMO254	Connected	03-4月 -10 02:30:20	(null)
10	aime	SYSTEM	DADVFMO254	Connected	03-4月 -10 02:30:20	03-4月 -10 02:30:20
11	aime	CTXSYS	DADVFMO254	Connected	03-4月 -10 02:36:48	(null)
12	aime	CTXSYS	DADVFMO254	Connected	03-4月 -10 02:36:48	03-4月 -10 02:36:48
13	aime	CTXSYS	DADVFMO254	Connected	03-4月 -10 02:36:49	(null)
14	aime	CTXSYS	DADVFMO254	Connected	03-4月 -10 02:36:49	03-4月 -10 02:36:49
15	aime	CTXSYS	DADVFMO254	Connected	03-4月 -10 02:36:50	(null)
16	aime	CTXSYS	DADVFMO254	Connected	03-4月 -10 02:36:50	03-4月 -10 02:36:50
17	aime	SCOTT	DADVFMO254	Connected	03-4月 -10 03:20:28	(null)
18	aime	SCOTT	DADVFMO254	Connected	03-4月 -10 03:20:28	03-4月 -10 03:20:28
19	MRJ\Administrator	CTXSYS	MRJ	Connected	16-1月 -14 13:18:27	(null)

图9-8　查看SYS.AUD$

9.5.3 操作审计

对表、数据库链接、表空间、同义词、回滚段、用户或索引等数据库对象的任何操作都可被审计。这些操作包括对象的遍历、修改和删除。语法格式如下。

```
AUDIT [statement_opt | system_priv]
    [BY user_name [,...n]]
    [BY [SESSION | ACCESS]]
    [WHENEVER [NOT] SUCCESSFUL]
```

针对上述代码说明如下。

statement_opt：审计操作。对于每个审计操作，其产生的审计记录都包含操作的用户、操作的类型、操作涉及的对象及操作的日期和时间等信息。审计记录被写入审计跟踪（Audit trail），审计跟踪包含审计记录的数据库。可以通过数据字典视图检查审计跟踪来了解数据库的活动。

❑ system_priv：指定审计的系统权限。Oracle为指定的系统权限和语句选项提供捷径。

❑ BY user_name：指定审计的用户。若忽略该子句，Oracle将审计所有用户的语句。

❑ BY SESSION：同一会话中同一类型的全部SQL语句仅写单个记录。

❑ BY ACCESS：每个被审计的语句写一个记录。

❑ WHENEVER SUCCESSFUL：只审计完全成功的SQL语句。如果包含"NOT"时，则只审计失败或产生错误的语句。如果完全忽略WHENEVER SUCCESSFUL子句，则审计全部的SQL语句，不管语句是否执行成功。

【例9-19】使用户AUTHOR的所有更新操作都被审计，代码如下。

```
SQL> audit update table by author;
```

若要审计影响角色的所有命令，语法格式如下。

```
AUDIT ROLE;
```

被审计的操作都被指定一个数字代码，这些代码可通过AUDIT_ACTIONS视图来访问。语法格式如下。

```
SELECT Action,Name
    FROM AUDIT_ACTIONS;
```

已知操作代码就可以通过DBA_AUDIT_OBJECT视图检索登录审计记录。语法格式如下。

```
SELECT
    OS_Username,Username,Terminal,Owner,Obj_Name,Action_Name,
    DECODE(Returncode,'0','Success','Returncode'),
    TO_CHAR(Timestamp,'DD-MON-YYYY HH24:MI:SS')
FROM DBA_AUDIT_OBJECT;
```

针对上述代码说明如下。

❑ OS_Username：操作系统账户。

❑ Username：账户名。

❑ Terminal：所用的终端ID。

❑ Action_Name：操作码。

❑ Owner：对象拥有者。

❑ Obj_Name：对象名。

❑ Returncode：返回代码。若是0，则表示连接成功；否则就报告一个错误数值。

❑　Timestamp：登录时间。

9.5.4　权限审计

除了系统级的对象操作外，还可以审计对象的数据处理操作。这些操作可能包括对表的选择、插入、更新和删除操作。这种操作类型的审计方式与操作审计非常相似。语法格式如下。

```
AUDIT [object_opt | ALL] ON
     {[schema.]object | DIRECTORY directory_name | DEFAULT}
     [BY SESSION | ACCESS]
     [WHENEVER [NOT] SUCCESSFUL]
```

针对上述代码说明如下。

❑　object_opt：指定审计操作，表9-7列出了对象审计选项。

表9-7　对象审计选项

对象选项	表	视图	序列	过程/函数/包	显形图/快照	目录	库	对象类型	环境
ALTER	×		×		×			×	
AUDIT	×	×	×	×	×	×		×	×
COMENT	×	×			×				
DELETE	×	×			×				
EXECUTE				×			×		
GRANT	×	× ×	×	×	×	×	×	×	×
INDEX	×				×				
INSERT	×	×			×				
LOCK	×	×			×				
READ						×			
RENAME	×	×			×				
SELECT	×	×	×	×	×				
UPDATE	×	×			×				

❑　ALL：指定所有对象类型的对象选项。

❑　schema：包含审计对象的方案。若忽略schema，则对象在自己的模式中。

❑　object：标识审计对象。对象必须是表、视图、序列、存储过程、函数、包、快照或库，或是它们的同义词。

❑　ON DEFAULT：默认审计选项，以后创建的任何对象都自动用这些选项审计。用于视图的默认审计选项总是视图基表的审计选项的联合。

改变默认审计选项不会影响先前创建的对象的审计选项，只能通过指定AUDIT语句的ON子句中的对象来更改已有对象的审计选项。

❑　ON DIRECTORY directory_name：审计的目录名。

❑　BY SESSION：Oracle在同一会话中对在同一对象上的同一类型的全部操作写一个记录。

❑　BY ACCESS：对每个被审计的操作写一个记录。

【例9-20】分别对mr和east用户进行系统权限级别的审计，代码如下。

```
SQL> audit delete any table whenever not successful;
     audit create table whenever not successful;
```

audit alter any table,alter any procedure by mr by access

whenever not successful;

audit create user by east whenever not successful;

通过查询数据字典DBA_PRIV_AUDIT_OPTS（必须以SYS用户连接数据库进行查询），可以了解对哪些用户进行了权限审计及审计的选项。代码如下。

```
SQL> SELECT user_name,privilege,success,failure
        FROM dba_priv_audit_opts
        ORDER BY user_name;
```

通过SQL Developer输出查询结果，如图9-9所示。

结果:

	USER_NAME	PRIVILEGE	SUCCESS	FAILURE
1	(null)	CREATE EXTERNAL JOB	BY ACCESS	BY ACCESS
2	(null)	ALTER SYSTEM	BY ACCESS	BY ACCESS
3	(null)	GRANT ANY OBJECT PRIVILEGE	BY ACCESS	BY ACCESS
4	(null)	EXEMPT ACCESS POLICY	BY ACCESS	BY ACCESS
5	(null)	CREATE ANY LIBRARY	BY ACCESS	BY ACCESS
6	(null)	GRANT ANY PRIVILEGE	BY ACCESS	BY ACCESS
7	(null)	DROP PROFILE	BY ACCESS	BY ACCESS
8	(null)	ALTER PROFILE	BY ACCESS	BY ACCESS
9	(null)	DROP ANY PROCEDURE	BY ACCESS	BY ACCESS
10	(null)	ALTER ANY PROCEDURE	BY ACCESS	BY ACCESS
11	(null)	CREATE ANY PROCEDURE	BY ACCESS	BY ACCESS
12	(null)	ALTER DATABASE	BY ACCESS	BY ACCESS
13	(null)	GRANT ANY ROLE	BY ACCESS	BY ACCESS
14	(null)	CREATE PUBLIC DATABASE LINK	BY ACCESS	BY ACCESS
15	(null)	DROP ANY TABLE	BY ACCESS	BY ACCESS
16	(null)	ALTER ANY TABLE	BY ACCESS	BY ACCESS
17	(null)	CREATE ANY TABLE	BY ACCESS	BY ACCESS
18	(null)	DROP USER	BY ACCESS	BY ACCESS

图9-9　查询数据字典DBA_PRIV_AUDIT_OPTS

小　结

本章主要讲解了Oracle数据库应对数据安全问题所采取的策略，包括用户管理与权限分配、角色管理与权限分配、概要文件和数据字典、审计这些方面的内容。掌握这些方面的安全措施是数据库管理人员维护数据库的必备技能。

上机指导

创建用户并为其授予连接数据库和创建数据表的权限。

要求创建一个用户MRFUN，并且为其分配连接数据库和创建数据表的权限。

使用CREATE USER命令可以创建用户，使用GRANT命令可以为用户授予相应的权限。代码如下。

--创建用户

create user MRFUN identified by mrsoft

default tablespace users

temporary tablespace temp;

--授权

grant connect,create table to MRFUN;

通过SQL Developer输出运行结果，如图9-10所示。

图9-10　创建用户并为其授予连接数据库和创建数据表权限

习 题

9-1　创建角色并为其授予连接数据库和创建数据表权限。

9-2　如何区分Oracle的系统权限与对象权限？

9-3　如何区分用户与方案？

9-4　在Oracle数据库中撤销用户dongfang的创建数据表权限，然后以用户xifang登录数据库，并创建一个tb_xifang_2数据表（将dongfang的创建数据表权限传递给xifang）。

9-5　通过v$fixed_view_definition查看数据库中内部系统表信息的功能。

第10章
备份和恢复

■ 备份就是数据库信息的一个拷贝。对于Oracle而言,这些信息包括控制文件、数据文件以及重做日志文件等。数据库备份的目的是为了在意外事件发生而造成数据库的破坏后恢复数据库中的数据信息。

10.1 备份和恢复概述

备份和恢复概述

为了保证数据库的高可用性，Oracle数据库提供了备份与恢复机制，以便在数据库发生故障时完成对数据库的恢复操作，避免损失重要的数据资源。

丢失数据可以分为物理丢失和逻辑丢失。物理丢失是指操作系统的数据库主键（如数据文件、控制文件、重做日志文件以及归档日志文件等）丢失。引起物理丢失的原因可能是磁盘驱动器损毁，也可能是有人意外删除了一个数据文件或者修改关键数据库文件造成了配置变化。逻辑丢失是指例如表、索引和表记录等数据库主键的丢失。引起逻辑数据丢失的原因可能是有人意外删除了不该删除的表、应用程序出错或者在DELETE语句中使用了不适当的WHERE子句等。

针对上面分析的两种情况，Oracle系统能够实现物理数据备份与逻辑数据备份。虽然这两种备份模式可以相互替代，但是在备份计划内有必要包含两种模式，以避免数据丢失。物理数据备份主要针对如下文件备份。

- ❏ 数据文件。
- ❏ 控制文件。
- ❏ 归档重做日志。

物理备份通常按照预定的时间间隔运行以防止数据库的物理丢失。当然，如果想保证能够把系统恢复到最后一次提交时的状态，必须以物理备份为基础，同时还必须有自上次物理备份以来累积的归档日志与重做日志。

备份一个Oracle数据库有3种标准方式：导出、脱机备份和联机备份。导出方式是数据库的逻辑备份，常用的工具有EXP和EXPDP（关于这两种工具会在后面的章节中讲解）；其他两种备份方式都是物理文件备份，常用的工具有RMAN。

物理备份只是复制数据库中的文件，而不管其逻辑内容如何。由于使用操作系统的备份命令，所以这些备份也称为文件系统备份。Oracle支持两种不同类型的物理文件备份：脱机备份和联机备份。

当数据库正常关闭时，对数据库的备份称为脱机备份。关闭数据库后，可以对如下文件进行脱机备份。

- ❏ 所有数据文件。
- ❏ 所有控制文件。
- ❏ 所有联机重做日志文件。
- ❏ 参数文件（可选择）。

当数据库关闭时，对所有这些文件进行备份可以得到一个数据库关闭时的完整镜像。以后可以从备份中获取整个文件集，并使用该文件集恢复数据库。除非执行一个联机备份，否则当打开数据库时，不允许对数据库执行文件系统备份。

当数据库处于ARCHIVELOG模式时，可以对数据库执行联机备份。联机备份时需要先将表空间设置为备份状态，然后备份其他数据文件，最后将表空间恢复为正常状态。数据库可以从一个联机备份中完全恢复，并且可以通过归档的重做日志恢复到任意时刻。数据库打开时，可以联机备份如下文件。

- ❏ 所有数据文件。
- ❏ 归档的重做日志文件。
- ❏ 控制文件。

联机备份具有两个优点：第一，提供了完全的时间点恢复；第二：在文件系统备份时允许数据库保持打开状态。因此即使在用户要求数据库不能关闭时也能备份文件系统。保持数据库打开状态，还可以避免数据库的SGA区被重新设置。避免内存重新设置可以减少数据库对物理I/O数量的要求，从而改善数据库性能。

　　为了简化数据库的备份与恢复，Oracle提供了恢复数据管理器执行备份和恢复。

10.2　RMAN备份恢复工具

RMAN备份
恢复工具

　　导出是数据库的逻辑备份，导入是数据库的逻辑恢复。在Oracle 11g中，既可以使用Import和Export实用程序进行导入/导出，也可以使用新的数据泵技术进行导入/导出。本节介绍如何使用Import和Export实用程序实现导入/导出功能。

10.2.1　RMAN的好处

　　相对于用户管理备份的方法，RMAN提供了如下好处。

- RMAN可进行增量备份。备份的大小不取决于数据库的大小，而取决于数据库内的活动程度，因为增量备份将跳过未改动的块。用其他办法不能进行增量备份。RMAN可进行增量导出，但并不认为它是数据库的实际备份。
- RMAN可联机修补数据文件的部分讹误数据块，不需要从备份复原文件。这称为块介质恢复。

说明　即使使用用户管理的备份，也可以通过在RMAN信息库中对数据文件和归档重做日志备份进行编目，来执行块介质恢复。

- RMAN可使人为错误最小化，因为RMAN（而不是DBA）记住了所有文件名和位置。掌握了RMAN实用程序的使用后，从其他DBA那里接受数据库的备份与恢复非常容易。
- RMAN使用一条简单的命令（如BACKUP DATABASE）就可以备份整个数据库，而不需要复杂的脚本。
- RMAN的新的块比较特性允许在备份中跳过数据文件中从未使用的数据块的备份，从而节省了存储空间和备份时间。
- 通过RMAN可以容易地进行自动化备份和恢复过程。RMAN还可以自动使备份和恢复会话并行进行。
- RMAN可在备份和恢复中进行错误检查，从而保证备份文件不出现讹误。RMAN具有在不用使数据文件联机的条件下恢复任意讹误数据块的能力。
- 与使用操作系统实用应用程序联机备份不一样，RMAN在联机备份中不生成重做信息，从而降低了联机备份的开销。
- RMAN的二进制压缩特性降低了保存在磁盘上的备份大小。
- 如果使用恢复目录（Catalog），可直接在其中存储备份和恢复脚本。
- RMAN可执行模拟备份和恢复。
- RMAN允许进行映像复制，这类似于基于操作系统的文件备份。
- RMAN可方便地与第三方介质管理产品集成，使磁带备份极为容易。
- RMAN与OEM备份功能集成得很好，因此可利用一个普通的管理框架对大量数据库方便地安排备份作业。
- 可利用RMAN的功能方便地克隆数据库和维护备用数据库。

　　这个列表清楚地说明，在面对是使用基于操作系统的备份和恢复技术（用户管理的备份和恢复），还是使用RMAN进行备份和恢复时，选择是不言而喻的。因此，本章将对RMAN进行大量的讨论。虽然Oracle继续让RMAN和传统的用户管理备份和恢复方法都合法有效，但建议使用RMAN。

10.2.2 RMAN组件基础

RMAN是执行备份和恢复操作的客户端应用程序。最简单的RMAN只包括两个组件：RMAN命令执行器与目标数据库。DBA就是在RMAN命令执行器中执行备份与恢复操作，然后由RMAN命令执行器对目标数据库进行相应的操作。在比较复杂的RMAN中会涉及更多的组件，图10-1显示了一个典型的RMAN运行时所使用的各个组件。

图10-1中各个组件的说明如下。

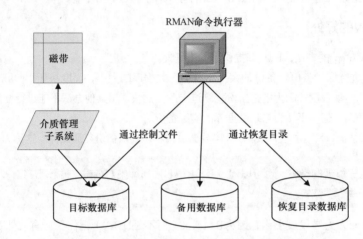

图10-1 典型的RMAN运行时所使用的各个组件

（1）RMAN命令执行器

RMAN命令执行器提供了对RMAN实用程序的访问，它允许DBA输入执行备份和恢复操作所需的命令，DBA可以使用命令行或图形用户界面（GUI）与RMAN进行交互。当开始一个RMAN会话时，系统将为RMAN创建一个用户进程，并在Oracle服务器上启动两个默认进程，分别用于连接目标数据库和监视远程调用。除此之外，根据会话期间执行的操作命令，系统还会启动其他进程。

启动RMAN最简单的方法是从操作系统中运行RMAN，不为其提供连接请求参数。在运行RMAN之后，再设置连接的目标数据库等参数。不指定参数启动RMAN的具体步骤如下。

图10-2 启动RMAN工具

☑ 首先首先在操作系统上选择"开始"/"运行"命令，当"运行"对话框出现时，在图10-2所示的对话框中输入"rman target system/nocatalog"命令，指定当前默认数据库为RMAN的目标数据库，然后单击"确定"按钮。

☑ 然后在出现"RMAN"提示符窗口后，输入"SHOW ALL"命令，由于RMAN连接到了一个目标数据库，所以该命令执行后，可以查看当前RMAN的配置，显示信息如图10-3所示。

（2）目标数据库

目标数据库也就是要执行备份、转储和恢复的数据库。RMAN将使用目标数据库的控制文件来收集关于数据库的相关操作，并使用控制文件来存储相关的RMAN操作信息。另外，实际的备份和恢复操作是由目标数据库执行的。

图10-3　查看当前RMAN的配置

（3）恢复目录

恢复目录是RMAN在数据库上建立的一种存储对象，它由RMAN自动维护。当使用RMAN执行备份和恢复操作时，RMAN将从目标数据库的控制文件中自动获取信息，包括数据库结构、归档日志、数据文件备份信息等，这些信息都将被存储到恢复目录中。

（4）介质管理子系统

介质管理子系统主要由第三方提供的介质管理软件和存储设备组成，RMAN可以利用介质管理软件将数据库备份到类似磁带的存储设备中。

（5）备份数据库

备用数据库是对目标数据库的精确复制，通过不断地由目标数据库生成归档重做日志，可以保持它与目标数据库的同步。RMAN可以利用备份来创建一个备用数据库。

（6）恢复目录数据库

用来保存RMAN恢复目录的数据库，它是一个独立于目标数据库的Oracle数据库。

10.2.3　分配RMAN通道

RMAN具有一套配置参数，这类似于操作系统中的环境变量，这些默认配置将被自动应用于所有的RMAN对话，通过SHOW ALL命令可以查看当前所有的默认配置。DBA可以根据自己的需求，使用CONFIGURE命令对RMAN进行配置。与此相反，如果要将某项配置设置为默认值，则可以在CONFIGURE命令中指定CLEAR关键字。

对RMAN的配置主要针对其通道进行。RMAN在执行数据库备份与恢复操作时，都要使用服务器进程，启动服务器进程是通过分配通道来实现的。当服务器进程执行备份和恢复操作时，只有一个RMAN会话与分配的服务器进程进行通信，如图10-4所示。

一个通道是与一个设备相关联的，RMAN可以使用的通道设备包括磁盘（DISK）和磁带（TYPE）。通道的分配方法可以分为自动分配通道和手动分配通道。通常情况下，RMAN在执行BACKUP、RESTORE

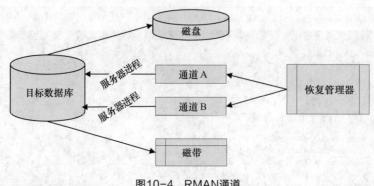

图10-4　RMAN通道

等命令时，DBA将其配置为自动分配通道。但是，在更改通道设备时，大多数DBA都会手动分配需要更改的通道。实际上，如果没有指定通道，那么将使用RMAN存储的自动分配通道。

1. 手动分配通道

手动分配通道时，必须使用RUN命令。在RMAN中，RUN命令会被优先执行，也就是说，如果DBA手动分配了通道，那么RMAN将不再使用任何自动分配通道，RUN命令格式如下。

```
RUN {命令}
```

当在RMAN命令执行器中执行类似于BACKUP、RESTORE或DELETE等需要进行磁盘I/O操作的命令时，可以将这些命令与ALLOCATE CHANNEL命令包含在一个RUN命令块内部，利用ALLOCATE CHANNEL命令为其手动分配通道。

 在RMAN中执行BACKUP、COPY、RESTORE、DELETE或RECOVER命令时，要求每一条命令至少使用一个通道。

2. 自动分配通道

在下面两种情况下，由于没有手动为RMAN命令分配通道，RMAN将利用预定义的设置来为命令自动分配通道。

❑ 在RUN命令块外部使用BACKUP、RESTORE、DELETE命令。

❑ 在RUN命令块内部执行BACKUP等命令之前，未使用ALLOCATE CHANNEL命令手动分配通道。

举例如下。

```
RMAN> backup tablespace users;
2>run{restore tablespace examples;}
```

在使用自动分配通道时，RMAN将根据下面这些命令的设置自动分配通道。

❑ CONFIGURE DEVICE TYPE SBT/DISK PARALLELISMN：用于定义RMAN使用的通道数量。

❑ CONFIGURE DEFAULT DEVICE TYPE TO DISK/SBT：用于指定自动通道的默认设备。

❑ CONFIGURE CHANNEL DEVICE TYPE：用于设置自动通道的参数。

可以清除自动分配通道设置，将通道清除为默认状态，与上面3个自动分配通道命令对应的清除命令如下。

❑ CONFIGURE DEVICE TYPE DISK CLEAR。

❑ CONFIGURE DEFAULT DEVICE TYPE CLERA。

❑ CONFIGURE CHANNER DEVICE TYPE DISK/SBT CLEAR。

10.2.4 RMAN的常用命令

RMAN的操作命令非常简单，对于业务特定的技巧，只需要理解各个命令的含义，就可以灵活使用。本节将介绍一些RMAN中的基本命令，以及如何利用这些基本命令来完成各种操作。

1. 连接到目标数据库

在使用RMAN时，首先需要连接到数据库。如果RMAN未使用恢复目录，则可以使用如下几种命令形式之一连接到目标数据库。

```
$rman nocatalog
$rman target sys/nocatalog
$rman target /
connect target sys/password@网络连接串
```

 如果目标数据库与RMAN不在同一台服务器上时，必须使用"@网络连接串"的方法。

如果为RMAN创建了恢复目录，则可以按如下几种方法之一连接到目标数据库。如果目标数据库与RMAN不在同一个服务器上，则需要添加网络连接。

```
$rman target  /catalog rman/rman@man
$rman target sys/change_on_install catalog rman/rman
connect catalog sys/password@网络连接串
```

在RMAN连接到数据库后，还需要注册数据库。注册数据库就是将目标数据库的控制文件存储到恢复目录，同一个恢复目录只能注册一个目标数据库。注册目标数据库所使用的语句为REGISTER DATABASE，下面来看一个例子。

【例10-1】首先创建恢复目录，然后使用RMAN工具连接到数据库，最后注册数据库，代码及操作步骤如下。

（1）在SQLPlus环境下，使用SYSTEM模式登录，并创建恢复目录所使用的表空间，代码及运行结果如下。

```
SQL> connect system/Ming12
已连接。
SQL> create tablespace rman_tbsp datafile 'D:\OracleFiles\Recover\rman_tbsp.dbf'
size 2G;
表空间已创建。
```

（2）在SQL Plus环境下，创建RMAN用户并授权，代码及运行结果如下。

```
SQL> create user rman_user identified by mrsoft default tablespace rman_tbsp temporary tablespace temp;
用户已创建。
SQL> grant connect,recovery_catalog_owner,resource to rman_user;
授权成功。
```

（3）在CMD命令行模式下，打开恢复管理器，代码如下。

```
C:\Users\Administrator>rman catalog rman_user/mrsoft target orcl;
```

或

```
C:\Users\Administrator>rman target system/Ming12 catalog rman_user/mrsoft;
```

输入上面的代码后，将显示图10-5所示的运行结果。

```
恢复管理器: Release 11.2.0.1.0 - Production on 星期三 1月 4 14:37:52 2012

Copyright (c) 1982, 2009, Oracle and/or its affiliates. All rights reserved.

目标数据库口令:
连接到目标数据库: ORCL (DBID=1288073881)
连接到恢复目录数据库
```

图10-5　打开恢复管理器

（4）在RMAN模式下，创建恢复目录，代码及运行结果如下。

```
RMAN> create catalog tablespace rman_tbsp;

恢复目录已创建
```

（5）在RMAN模式下，使用REGISTER命令注册数据库，代码及运行结果如下。

```
RMAN> register database;

注册在恢复目录中的数据库

正在启动全部恢复目录的 resync

完成全部 resync
```

到这里为止，RMAN恢复目录与目标数据库已经连接成功。如果要取消已注册的数据库信息，可以连接到RMAN恢复目录数据库，查询数据库字典DB，获取DB_KEY与DB_ID，再执行DBMS_RCVCAT.UNREGISTERDATABASE命令注销数据库。

2. 启动与关闭目标数据库

在RMAN中对数据库进行备份与恢复，经常需要启动和关闭目标数据库。因此，RMAN也提供了一些与SQL语句完全相同的命令，利用这些命令可以在RMAN中直接启动或关闭数据库。启动和关闭数据库的命令包括以下几条。

```
RMAN> shutdown immediate;

RMAN> startup;

RMAN> startup mount;

RMAN> startup pfile = ' F:\app\oracle\product\initora11g.ora';

RMAN> alter database open;
```

10.3　使用RMAN工具实现数据备份

使用RMAN备份为数据库管理员提供了更灵活的备份选项。在使用RMAN进行备份的时候，DBA可以根据需要进行完全备份与增量备份，也可以进行联机备份和脱机备份。

10.3.1　RMAN备份策略

RMAN可以进行两种类型的备份，即完全备份（FULL BACKUP）和增量备份（INCREMENTAL BACKP）。在进行完全备份时，RMAN会将数据文件中除空白数据块之外的所有数据块都复制到备份集中。需要注意，在RMAN中可以对数据文件进行完全备份或者增量备份，但是对控制文件和日志文件只能进行完全备份。

RMAN备份策略

在进行增量备份时，RMAN也会读取整个数据文件，但是只会备份与上一次备份相比发生了变化的数据块。RMAN可以对单独的数据文件、表空间或者整个数据库进行增量备份。

在使用RMAN进行数据恢复时，既可以利用归档重做日志文件，也可以使用合适的增量备份。

使用RMAN进行增量备份可以获得如下好处。

❑ 在不降低备份频率的基础上能够缩小备份的大小，从而节省磁盘或磁带的存储空间。
❑ 当数据库运行在非归档模式时，定时的增量备份可以提供类似于归档重做日志文件的功能。

如果数据库处于NOARCHIVELOG模式，则只能执行一致的增量备份，因此数据库必须是关闭的；而在ARCHIVELOG模式中，数据库可以是打开的，也可以是关闭的。

在RMAN中建立的增量备份可以具有不同的级别，每个级别都用一个不小于0的整数来标识，例如级别0、级别1等。

级别0的增量备份是所有增量备份的基础，因为在进行级别为0的备份时，RMAN会将数据文件中所有已使用的数据块都复制到备份集中，类似于建立完全备份。级别大于0的增量备份将只包含与前一次备份相比发生了变化的数据块。

增量备份有两种方式：差异备份与累积备份。差异备份是默认的增量备份类型，它会备份上一次同级或者低级备份以来所有变化的数据块。而累积备份则备份上次低级备份以来所有的数据块。例如周一进行了一次2级增量备份，周二进行了一次3级增量备份，如果在周四进行3级差异增量备份，那么就只备份周二进行的3级增量备份以后发生变化的数据块；如果进行3级累积备份，那么就会备份上次2级备份以来变化的数据块。

10.3.2　使用RMAN备份数据库文件和归档日志

当数据库处于打开状态时，可以使用RMAN BACKUP命令备份如下对象。

❑ 归档重做日志。
❑ 数据库。
❑ 表空间。
❑ 数据文件。
❑ 控制文件。

使用RMAN备份
数据库文件和归
档日志

在使用BACKUP命令备份数据文件时，可以为其设置参数定义备份段的文件名、文件数和每个文件的通道。

1.　备份数据库

如果备份操作是在数据库被安全关闭之后进行的，那么对整个数据库的备份是一致的；与之相对应，如果备份是在整个数据库被打开之后进行的，则该备份是非一致的。下面通过两个实例分别来讲解如何进行非一致性和一致性数据库备份。

【例10-2】实现非一致性备份整个数据库，代码及操作步骤如下。

（1）启动RMAN并连接到目标数据库，输入BACKUP DATABASE命令备份数据库。在BACKUP DATABASE命令中可以指定FORMAT参数，为RMAN生成的每个备份片段指定一个唯一的名称以及存储位置，代码如下。

```
C:\Users\Administrator>rman target system/Ming12 catalog rman_user/mrsoft;
RMAN> backup database format 'D:\OracleFiles\Backup\oradb_%Y_%M_%D_%U.bak'
2> maxsetsize 2G;
```

（2）如果建立的是非一致性备份，那么必须在完成备份后对当前的联机重做日志进行归档，因为在使用备份恢复数据库时，需要使用当前重做日志中的重做记录，代码如下。

```
RMAN> sql 'alter system archive log current';
sql 语句: alter system archive log current
```

（3）在RMAN中执行LIST BACKUP OF DATABASE 命令，查看建立的备份集与备份片段的信息，代码如下。

```
RMAN> list backup of database;
```

如果想要对整个数据库进行一致性备份，则首先需要关闭数据库，并启动数据库实例到MOUNT状态，来看下面的例子。

例如，实现一致性备份整个数据库，代码如下。

```
RMAN> shutdown immediate
RMAN> startup mount
RMAN> backup database format 'D:\OracleFiles\Backup\oradb_%d_%s.bak';
RMAN> alter database open;
```

2. 备份表空间

当数据库被打开或关闭时，RMAN还可以对表空间进行备份。但是，所有打开的数据库备份都是非一致的。如果在RMAN中对联机表空间进行备份，则不需要在备份前执行ALTER TABLESPACE...BEGIN BACKUP语句将表空间设置为备份模式，来看下面的例子。

【例10-3】实现备份tbsp_1和ts_1表空间，代码及操作步骤如下。

（1）启动RMAN并连接到目标数据库，代码如下。

```
C:\Users\Administrator>rman target system/Ming12 nocatalog;
```

（2）在RMAN中执行backup tablespace命令，将使用受到分配的通道ch_1对两个表空间进行备份，代码如下。

```
RMAN> run{
2> allocate channel ch_1 type disk;
3> backup tablespace tbsp_1,ts_1
4> format 'D:\OracleFiles\Backup\%d_%p_%t_%c.dbf';
5> }
```

（3）执行list backup of tablespace命令查看建立的表空间备份信息，代码如下。

```
RMAN> list backup of tablespace tbsp_1,ts_1;
```

3. 备份数据文件

在RMAN中可以使用BACKUP DATAFILE命令对单独的数据文件进行备份。备份数据文件时，既可以使用其名称指定数据文件，也可以使用其在数据库中的编号指定数据文件，下面来看一个例子。

【例10-4】实现备份指定的数据文件，代码及操作步骤如下。

（1）在RMAN中执行BACKUP DATAFILE命令备份指定的数据文件，代码如下。

```
RMAN> backup datafile 1,2,3 filesperset 3;
```

（2）使用命令查看备份结果，代码如下。

```
RMAN> list backup of datafile 1,2,3;
```

4. 备份控制文件

在RMAN中对控制文件进行备份的方法有很多种，最简单的方法是设置CONFIGURE CONTROLFILE AUTOBACKUP为ON，这样将启动RMAN的自动备份功能。启动控制文件的自动备份功能后，当在RMAN中执行BACKUP或COPY命令时候，RMAN都会对控制文件进行一次自动备份。如果没有启动自动备份功能，那么必须利用手动方式对控制文件进行备份。手动备份控制文件通常有两种方法，分别是使用backup current controlfile命令或者backup tablespace..include current controlfile命令对控制文件进行备份，下面来看一个例子。

【例10-5】实现备份指定的控制文件，代码及操作步骤如下。

（1）指定BACKUP CURRENT CONTROLFILE命令或BACKUP TABLESPACE…INCLUDE CURRENT CONTROLFILE命令备份控制文件，代码如下。

```
RMAN> backup current controlfile;
```

或者如下。

```
RMAN> backup tablespace tbsp_1 include current controlfile;
```

（2）利用LIST BACKUP OF CONTROLFILE命令来查看包含控制文件的备份集与备份段的信息，代码如下。

```
RMAN> list backup of controlfile;
```

5. 备份归档重做日志

归档重做日志是成功进行介质恢复的关键，因此需要周期性地进行备份。在RMAN中，可以使用BACKUP ARCHIVELOG命令对归档重做日志文件进行备份，或者使用BACKUP PLUS ARCHIVELOG命令，在对数据文件、控制文件进行备份的同时备份归档重做日志文件。

当使用BACKUP ARCHIVELOG命令对归档重做日志文件进行备份时，备份的结果为一个归档重做日志备份集。如果将重做日志文件同时归档到这个归档目标中，RMAN不会在同一个备份集中包含具有相同日志序列号的归档重做日志文件。一般情况下，BACKUP ARCHIVELOG命令会对不同日志序列号备份一个复件。下面来看一个使用BACKUP ARCHIVELOG命令备份归档重做日志文件的例子。

【例10-6】实现备份归档重做日志文件，代码及操作步骤如下。

（1）启动RMAN后，在RMAN中运行backup archivelog all命令，使用配置的通道备份归档日志文件到磁带上，并删除磁盘上的所有拷贝，代码如下。

```
RMAN> backup archivelog all delete all input;
```

 说明 在对数据库、控制文件或其他数据库对象进行备份时，如果在BACKUP命令中指定了PLUS ARCHIVELOG参数，也可以同时对归档重做日志文件进行备份。

（2）使用list backup of archivelog all命令，查看包含归档重做日志文件的备份集与备份片段信息，代码如下。

```
RMAN> list backup of archivelog all;
```

10.3.3 增量备份

在RMAN中可以通过增量备份的方式对整个数据库、单独的表空间或单独的数据文件进行备份。如果数据库运行在归档模式下时，既可以在数据库关闭状态下进行增量备份，也可以在数据库打开状态下进行增量备份。而当数据库运行在非归档模式下时，则只能在关闭数据库后进行增量备份，因为增量备份需要使用SCN来识别已经更改的数据块。下面来看几个增量备份的例子。

增量备份

1. 0级差异增量备份

【例10-7】对system、sysaux和users表空间进行了一次0级差异增量备份，代码如下。

```
RMAN> run{
2> allocate channel ch_1 type disk;
3> backup incremental level=0
4> format 'D:\OracleFiles\Backup\oar11g_%m_%d_%c.bak'
5> tablespace system,sysaux,users;
6> }
```

2．1级差异增量备份

【例10-8】将对system表空间进行1级增量备份，代码如下。

```
RMAN> backup incremental level = 1
2> format 'D:\OracleFiles\Backup\oar11g_%Y_%M_%D_%u.bakf'
3> tablespace system;
```

3．2级差异增量备份

如果仅在BACKUP命令中指定INCREMENTAL参数，那么默认创建的增量备份为差异增量备份。如果想要建立累积增量备份，那么还需要在BACKUP命令中指定CUMULATIVE选项。

【例10-9】对表空间example进行2级累积增量备份，代码如下。

```
RMAN> backup incremental level=2 cumulative tablespace example
2> format 'D:\OracleFiles\Backup\oar11g_%m_%t_%c.bak';
```

10.4 使用RMAN工具实现数据恢复

10.4.1 数据的完全恢复

使用RMAN工具
实现数据恢复

RMAN作为一个管理备份和恢复备份的Oracle实用程序，在使用它对数据库执行备份后，如果数据库发生故障，则可以通过RMAN使用备份对数据库进行恢复。在使用RMAN进行数据恢复时，它可以自动确定最合适的一组备份文件，并使用该备份文件对数据库进行恢复。根据数据库在恢复后运行状态的不同，Oracle数据库恢复可以分为完全数据库恢复和不完全数据库恢复。完全数据库恢复使数据库恢复到出现故障的时刻，即当前状态；不完全数据库恢复则使数据库恢复到出现故障的前一时刻，即过去某一时刻的数据库同步状态。

1．恢复处于NOARCHIVELOG模式的数据库

当数据库处于NOARCHIVELOG模式时，如果出现介质故障，则在最后一次备份之后对数据库所做的任何操作都将丢失。通过RMAN执行恢复时，只需要执行RESTORE命令将数据库文件修复到正确的位置，然后就可以打开数据库。也就是说，对于处于NOARCHIVELOG模式下的数据库，管理员不需要执行RECOVER命令。

另外，在备份NOARCHIVELOG数据库时，数据库必须处于一致的状态，这样才能保证使用备份信息恢复数据后，各个数据文件是一致的。下面通过一个实例来讲解在NOARCHIVELOG模式下备份和恢复数据库所需要的完整操作步骤。

【例10-10】在NOARCHIVELOG模式下备份和恢复数据库，代码和操作步骤如下。

（1）使用具有SYSDBA特权的账号登录到SQL Plus，并确认数据库处于NOARCHIVELOG模式，代码如下。

```
SQL> connect system/Ming12 as sysdba;
```

已连接。

SQL> select log_mode from v$database;

LOG_MODE

ARCHIVELOG

（2）输入EXIT命令，退出SQL Plus。

（3）运行RMAN，并连接到目标数据库，代码如下。

C:\Users\Administrator>rman target system/Ming12 nocatalog;

（4）在RMAN中关闭数据库，然后启动数据库到MOUNT状态，代码如下。

RMAN> shutdown immediate

RMAN> startup mount

（5）在RMAN中输入下面的命令，以备份整个数据库，代码如下。

RMAN> run{

2> allocate channel ch_1 type disk;

3> backup database

4> format 'D:\OracleFiles\Backup\orcl_%t_%u.bak';

5> }

（6）备份完成后，打开数据库。

（7）在有了一份数据库的一致性备份后，为了模拟一个介质故障，将关闭数据库并删除USERS01. DBF文件。需要注意，介质故障通常是在打开数据库时发生的。如果想要通过删除数据文件来模拟介质故障，则必须关闭数据库，因为操作系统不能删除目前正在使用的文件。

（8）删除数据文件USERS01.DBF后启动数据库，因为Oracle无法找到数据文件USERS01.DBF，所以会出现图10-6所示的错误信息。

图10-6　启动后的错误信息

（9）当RMAN使用备份恢复数据库时，必须使目标数据库处于MOUNT状态才能访问控制文件。当设置数据库到MOUNT状态后，就可以执行RESTORE命令了，让RMAN决定最新的有效备份集，并使用备份集修复损坏的数据库文件，代码如下。

RMAN> startup mount

RMAN> run{

2> allocate channel ch_1 type disk;

3> restore database;

4> }

（10）恢复数据库后，执行ALTER DATABASE OPEN命令打开数据库，代码如下。

alter database open;

2. 恢复处于ARCHIVELOG模式的数据库

恢复处于ARCHIVELOG模式的数据库，与恢复NOARCHIVELOG模式的数据库相比，基本的区别是恢复处于ARCHIVELOG模式的数据库时，管理员还需要将归档重做日志文件的内容应用到数据文件上。在恢复过程中，RMAN会自动确定恢复数据库所需要的归档重做日志文件。下面通过一个实例来讲解如何恢复处于ARCHIVELOG模式下的数据库。

【例10-11】恢复处于ARCHIVELOG模式下的数据库，代码和操作步骤如下。

（1）确认数据库处于ARCHIVELOG模式下，可以通过V\$DATABASE视图查看LOG_MODE列来确认。

（2）启动RMAN，并连接到目标数据库。

（3）在RMAN中输入如下命令，对表空间users进行备份，代码如下。

```
RMAN> run{
2> allocate channel ch_1 type disk;
3> allocate channel ch_2 type disk;
4> backup tablespace users
5> format 'D:\OracleFiles\Backup\users_tablespace.bak';
6> }
```

（4）模拟介质故障，关闭目标数据库，并通过系统删除表空间users对应的数据文件。

（5）启动数据库到MOUNT状态。

（6）运行下面的命令恢复表空间users，代码如下。

```
RMAN> run{
2> allocate channel ch_1 type disk;
3> restore tablespace users;
4> recover tablespace users;
5> }
```

（7）恢复完成后打开数据库，可以使用ALTER DATABASE OPEN命令进行。

另外，在恢复ARCHIVELOG模式的数据库时，可以使用如下形式的RESTORE命令修复数据库。

❑ RESTORE TABLESPACE：修复一个表空间。

❑ RESTORE DATABASE：修复整个数据库中的文件。

❑ RESTORE DATAFILE：修复数据文件。

❑ RESTORE CONTROLFILE TO 将控制文件的备份修复到指定的目录。

❑ RESTORE ARCHIVELOG ALL：将全部的归档日志复制到指定的目录，以便后续的RECOVER命令对数据库实施修复。

使用RECOVER命令恢复数据库的语法形式如下。

❑ RECOVER DATABASE：恢复整个数据库。

❑ RECOVER DATAFILE：恢复数据文件。

❑ RECOVER TABLESPACE：恢复表空间。

10.4.2 数据的不完全恢复

如果需要将数据库恢复到引入错误之前的某个状态时，DBA就可以执行不完全恢复。完全恢复ARCHIVELOG模式的数据库时，对于还没有更新到数据文件和控制文件的任何事务，RMAN会将归档日志或联机日志全部应用到数据库。而在不完全恢复数据库的过程中，DBA决定了整个更新过程的终止时刻。

RMAN执行的不完全恢复通常分为基于时间的不完全恢复和基于更改（SCN号）的不完全恢复。

1. 基于时间的不完全恢复

对于基于时间的不完全恢复，由DBA指定存在问题的事务时间。这也就意味着如果知道存在问题的事务的确切发生时间，执行基于时间的不完全恢复是非常适合的。例如假设用户在上午10：05将大量的数据库加载到一个错误的表中，如果没有一种合适的方法从表中删除这些数据，那么DBA可以执行基于时间的恢复，即将数据库恢复到上午10：04时的状态。当然，这基于用户知道将事务提交到数据库的确切时间。

基于时间的不完全恢复有许多不确定因素。例如根据将数据库加载到表中所使用的方法，可能会涉及多个事务，而用户只注意到了最后一个事务的提交时间。此外，事务的提交时间是由Oracle服务器上的时间决定的，而不是由单个用户的计算机时间决定的。这些因素都可能会导致数据库恢复不到正确的加载数据之前的状态。

在对数据库执行不完全恢复后，必须使用RESETLOGS选项打开数据库，这将导致以前的任何重做日志文件都变得无效。如果恢复不成功，那么将不能再次尝试恢复，因为重做日志文件是无效的。这就需要在不完全恢复之前从备份中恢复控制文件、数据文件以及重做日志文件，以便再次尝试恢复过程。

在RMAN中执行基于时间的不完全恢复的命令为SET UNTIL TIME。对于用户管理的基于时间的恢复，时间参数作为RECOVER命令的一部分被指定，但是在RMAN中执行恢复时，对于恢复时间的指定则在RECOVER命令之前进行设置。下面通过一个实例来演示基于时间的不完全恢复。

【例10-12】实现基于时间的不完全恢复，代码和操作步骤如下。

（1）启动RMAN，并连接到目标数据库。

（2）关闭数据库，并重新启动数据库到MOUNT状态。

（3）在RMAN中输入如下命令，创建数据库的一个备份，代码如下。

```
RMAN> run{
2> allocate channel ch_1 type disk;
3> allocate channel ch_2 type disk;
4> backup database format 'D:\OracleFiles\Backup\database_%t_%u_%c.bak';
5> backup archivelog all format 'D:\OracleFiles\Backup\archive_%t_%u_%c.bak';
6> }
```

（4）在数据库完成备份后，打开数据库。

（5）接下来就需要模拟一个错误，以便确认不完全恢复。首先启动SQL Plus，查看Oracle服务器的当前时间，代码及运行结果如下。

```
SQL> select to_char(sysdate,'hh24:mi:ss')
  2 from dual;
TO_CHAR(
--------------
14:37:35
```

（6）在SQL Plus中向SCOTT.EMP表添加几行数据，代码如下。

```
SQL> alter session set nls_date_format = 'yyyy-mm-dd';
SQL> insert into scott.emp(empno,ename,job,hiredate,sal)
  2 values(1234,'东方','manager','1975-01-12',5000);
SQL> insert into scott.emp(empno,ename,job,hiredate,sal)
  2 values(6789,'西方','salesman','1980-12-12',3000);
```

说明 现在假设上述操作是错误操作，DBA需要执行基于时间的不完全恢复，将数据库恢复到发生错误之前的状态。

（7）在RMAN中关闭目标数据库。

（8）使用操作系统创建数据库的一个脱机备份，包括控制文件的所有副本、数据文件和归档的重做日志文件，以防止不完全恢复失败。

（9）启动数据库到MOUNT状态。

（10）在RMAN中输入如下命令，执行基于时间的不完全恢复，代码如下。

```
RMAN> run{
2> sql'alter session set nls_date_format="YYYY-MM-DD HH24:MI:SS"';
3> allocate channel ch_1 type disk;
4> allocate channel ch_2 type disk;
5> set until time '2012-01-05 14:37:35';
6> restore database;
7> recover database;
8> sql'alter database open resetlogs';
}
```

（11）在SQL Plus环境中查询SCOTT.EMP表，用于确认该表中不再包含错误的记录。

2. 基于更改的不完全恢复

对于基于更改的不完全恢复，则用存在问题的事务的SCN号来终止恢复过程，在恢复数据库之后，将包含低于指定SCN号的所有事务。在RMAN中执行基于更改的不完全恢复时，可以使用SET UNTIL SCN命令来指定恢复过程的终止SCN号。其他的操作步骤与执行基于时间的不完全恢复完全相同。执行基于更改的不完全恢复时，DBA唯一需要考虑的是确定适当的SCN号。LogMiner是确认事务SCN号的常用工具，下面来看一个例子。

【例10-13】假设某个用户不小心删除了scott.emp表中的所有记录，DBA需要查看删除数据的事务SCN号，以执行基于更改的不完全恢复恢复被用户误删除的数据。

（1）在SQL Plus中连接到数据库，并删除scott.emp表中的所有数据。

```
SQL> delete from scott.emp;
SQL> commit;
SQL> alter system switch logfile;
```

（2）使用dbms_logmnr_d.duild()过程提取数据字典信息，代码如下。

```
SQL> exec dbms_logmnr_d.build('e:\orcldata\logminer\director.ora','e:\orcldata\logminer');
```

（3）使用dbms_logmnr.add_logfile()过程添加分析的日志文件。如果不能确定哪一个日志文件包含了删除scott.emp表中数据的事务，则必须对每一个重做日志文件进行分析，代码如下。

```
SQL> exec dbms_logmnr.add_logfile('f:\app\Administrator\oradata\orcl\redo01a.log',dbms_logmnr.new);
SQL> exec dbms_logmnr.add_logfile('f:\app\Administrator\oradata\orcl\redo02a.log',dbms_logmnr.new);
SQL> exec dbms_logmnr.add_logfile('f:\app\Administrator\oradata\orcl\redo03a.log',dbms_logmnr.new);
```

（4）启动LogMiner开始分析日志，代码如下。

```
SQL> exec dbms_logmnr.start_logmnr(dictfilename=>'e:\orcldata\logminer\director.ora');
```

（5）查询v$logmnr_contents图，查看为delete scott.emp语句分配的scn号。为了减少搜索范围，可以限制只返回那些引用了名为EMP的段的记录，代码如下。

```
SQL> select scn,sql_redo
  2 from v$logmnr_contents
  3 where seg_name ='EMP';
```

（6）结束LogMiner会话并释放为其分配的所有资源，代码如下。

```
SQL> exec dbms_logmnr.end_logmnr;
```

（7）关闭数据库，并创建数据库的脱机备份以防止不完全恢复失败。

（8）使用RMAN连接到目标数据库。

（9）在RMAN中启动数据库到MOUNT状态。

（10）输入如下命令恢复数据库。

```
RMAN> run
2> {
3> allocate channel ch_1 type disk;
4> allocate channel ch_2 type disk;
5> set until scn 6501278;
6> restore database;
7> recover database;
8> sql'alter database open resetlogs';
9> }
```

恢复数据库之后，可以通过SQL*Plus查看SCOTT.EMP表的内容，确认是否成功地恢复了数据库。在恢复数据库后，应该立即创建数据库的一个备份，以防止随后出现错误。

10.5 数据泵

10.5.1 数据泵概述

数据泵导出使用工具EXPDP将数据库对象的元数据（对象结构）或数据导出到转储文件中。而数据泵导入则是使用工具IMPDP将转储文件中的元数据或数据导入Oracle数据库中。假设EMP表被意外删除，那么可以使用IMPDP工具导入EMP的结构信息和数据。

数据泵概述

使用数据泵导出或导入数据主要有以下优点。

❏ 数据泵导出与导入可以实现逻辑备份和逻辑恢复。通过使用EXPDP，可以将数据库对象备份到转储文件中；当表被意外删除或有其他误操作时，可以使用IMPDP将转储文件中的对象和数据导入数据库。

❏ 数据泵导出和导入可以在数据库用户之间移动对象。例如使用EXPDP可以将SCOTT方案中的对象导出并存储在转储文件中，然后再使用IMPDP将转储文件中的对象导入其他数据库。

❏ 使用数据泵导入可以在数据库之间移动对象。

❏ 数据泵可以实现表空间的转移，即将一个数据库的表空间转移到另一个数据库中。

在Oracle 11g中，进行数据导出或导入操作时，既可以使用传统的工具EXP（导出）和IMP（导入），也可以使用数据泵EXPDP和IMPDP。但是，由于工具EXPDP和IMPDP的速度优于EXP和IMP，所以建议在Oracle 11g中使用EXPDP执行数据的导出，使用IMPDP执行数据的导入。

10.5.2 数据泵的使用

1. 使用EXPDP导出

数据泵的使用

EXPDP是服务器端工具，这意味着该工具只能在Oracle服务端使用，而不能在Oracle客户端使用。通过在命令提示符窗口中输入EXPDP HELP命令，可以查看EXPDP的帮助信息，如图10-7所示，读者从中可以看到如何调用EXPDP导出数据。

图10-7　查看EXPDP的帮助信息

数据泵导出包括导出表、导出方案、导出表空间和导出所有数据库4种方案。需要注意，EXPDP工具只能将导出的转储文件存放在DIRECTORY对象对应的OS目录中，而不能直接指定转储文件所在的OS目录。因此，使用EXPDP工具时，必须首先建立DIRECTORY对象，并且需要为数据库用户授予使用DIRECTORY对象的权限。

【例10-14】创建一个DIRECTORY对象，并为SCOTT用户授予使用该目录的权限，代码及运行结果如下。

```
SQL> create directory dump_dir as 'd:\app\dump';
目录已创建。
SQL> grant read,write on directory dump_dir to scott;
授权成功。
```

说明　在测试本实例前，需要在本地计算机中创建D:\app\dump目录。

（1）导出表

导出表是指将一个或多个表的结构及其数据存储到转储文件中。普通用户只能导出自身方案中的表，如果要导出其他方案中的表，则要求用户必须具有EXP_FULL_DATABASE角色或DBA角色。在导出表时，每次只能导出一个方案中的表。

【例10-15】导出scott方案中的dept和emp表，代码如下。

```
C:\>expdp scott/Ming12 directory=dump_dir dumpfile=tab.dmp tables=emp,dept
```

本例运行结果如图10-8所示。

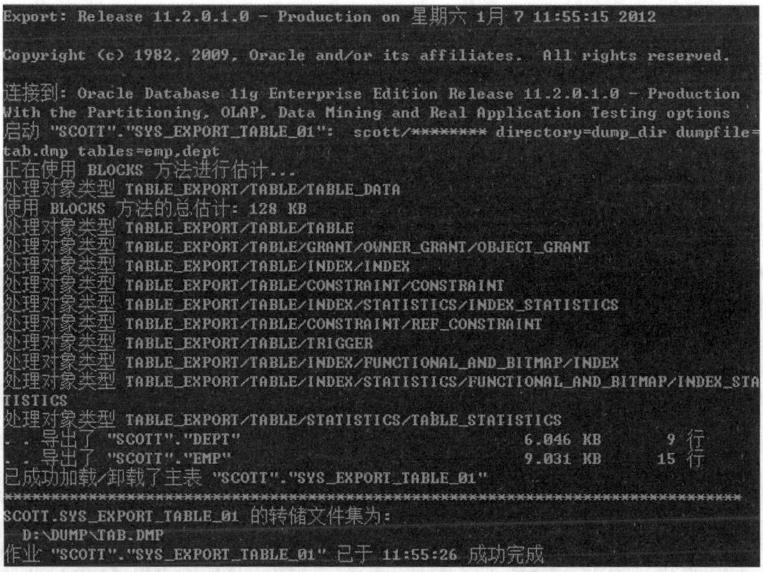

```
Export: Release 11.2.0.1.0 - Production on 星期六 1月 7 11:55:15 2012

Copyright (c) 1982, 2009, Oracle and/or its affiliates.  All rights reserved.

连接到: Oracle Database 11g Enterprise Edition Release 11.2.0.1.0 - Production
With the Partitioning, OLAP, Data Mining and Real Application Testing options
启动 "SCOTT"."SYS_EXPORT_TABLE_01":  scott/******** directory=dump_dir dumpfile=
tab.dmp tables=emp,dept
正在使用 BLOCKS 方法进行估计...
处理对象类型 TABLE_EXPORT/TABLE/TABLE_DATA
使用 BLOCKS 方法的总估计: 128 KB
处理对象类型 TABLE_EXPORT/TABLE/TABLE
处理对象类型 TABLE_EXPORT/TABLE/GRANT/OWNER_GRANT/OBJECT_GRANT
处理对象类型 TABLE_EXPORT/TABLE/INDEX/INDEX
处理对象类型 TABLE_EXPORT/TABLE/CONSTRAINT/CONSTRAINT
处理对象类型 TABLE_EXPORT/TABLE/INDEX/STATISTICS/INDEX_STATISTICS
处理对象类型 TABLE_EXPORT/TABLE/CONSTRAINT/REF_CONSTRAINT
处理对象类型 TABLE_EXPORT/TABLE/TRIGGER
处理对象类型 TABLE_EXPORT/TABLE/INDEX/FUNCTIONAL_AND_BITMAP/INDEX
处理对象类型 TABLE_EXPORT/TABLE/INDEX/STATISTICS/FUNCTIONAL_AND_BITMAP/INDEX_STA
TISTICS
处理对象类型 TABLE_EXPORT/TABLE/STATISTICS/TABLE_STATISTICS
. . 导出了 "SCOTT"."DEPT"                          6.046 KB       9 行
. . 导出了 "SCOTT"."EMP"                           9.031 KB      15 行
已成功加载/卸载了主表 "SCOTT"."SYS_EXPORT_TABLE_01"
******************************************************************************
SCOTT.SYS_EXPORT_TABLE_01 的转储文件集为:
  D:\DUMP\TAB.DMP
作业 "SCOTT"."SYS_EXPORT_TABLE_01" 已于 11:55:26 成功完成
```

图10-8　导出表

上述命令将emp和dept表的相关信息存储到了转储文件tab.dmp中，并且该转储文件位于dump_dir目录对象所对应的磁盘目录中。

（2）导出方案

导出方案是指将一个或多个方案中的所有对象结构及数据存储到转储文件中。导出方案时，要求用户必须具有DBA角色或EXP_FULL_DATABASE角色。

【例10-16】导出scott和hr方案中的所有对象，代码如下。

```
C:\>expdp system/Ming12 directory = dump_dir dumpfile=schema.dmp schemas = scott,hr
```

本例运行结果如图10-9所示。

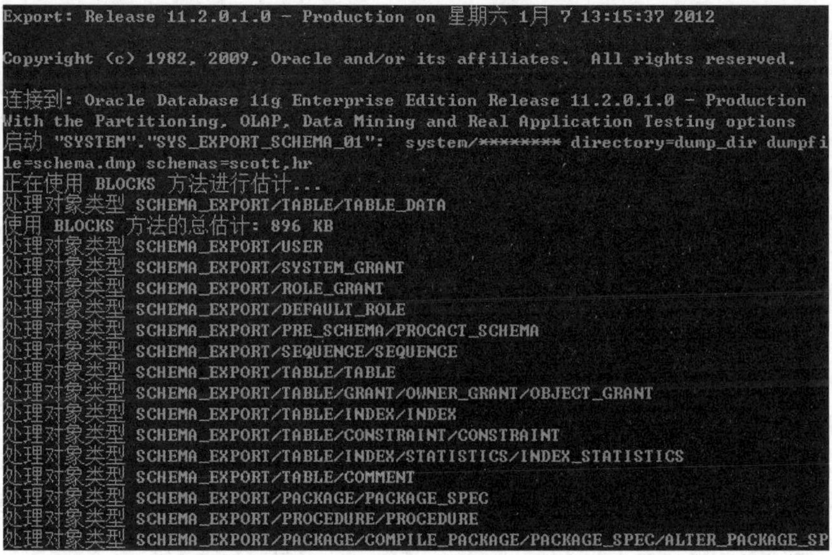

```
Export: Release 11.2.0.1.0 - Production on 星期六 1月 7 13:15:37 2012

Copyright (c) 1982, 2009, Oracle and/or its affiliates.  All rights reserved.

连接到: Oracle Database 11g Enterprise Edition Release 11.2.0.1.0 - Production
With the Partitioning, OLAP, Data Mining and Real Application Testing options
启动 "SYSTEM"."SYS_EXPORT_SCHEMA_01":  system/******** directory=dump_dir dumpfi
le=schema.dmp schemas=scott,hr
正在使用 BLOCKS 方法进行估计...
处理对象类型 SCHEMA_EXPORT/TABLE/TABLE_DATA
使用 BLOCKS 方法的总估计: 896 KB
处理对象类型 SCHEMA_EXPORT/USER
处理对象类型 SCHEMA_EXPORT/SYSTEM_GRANT
处理对象类型 SCHEMA_EXPORT/ROLE_GRANT
处理对象类型 SCHEMA_EXPORT/DEFAULT_ROLE
处理对象类型 SCHEMA_EXPORT/PRE_SCHEMA/PROCACT_SCHEMA
处理对象类型 SCHEMA_EXPORT/SEQUENCE/SEQUENCE
处理对象类型 SCHEMA_EXPORT/TABLE/TABLE
处理对象类型 SCHEMA_EXPORT/TABLE/GRANT/OWNER_GRANT/OBJECT_GRANT
处理对象类型 SCHEMA_EXPORT/TABLE/INDEX/INDEX
处理对象类型 SCHEMA_EXPORT/TABLE/CONSTRAINT/CONSTRAINT
处理对象类型 SCHEMA_EXPORT/TABLE/INDEX/STATISTICS/INDEX_STATISTICS
处理对象类型 SCHEMA_EXPORT/TABLE/COMMENT
处理对象类型 SCHEMA_EXPORT/PACKAGE/PACKAGE_SPEC
处理对象类型 SCHEMA_EXPORT/PROCEDURE/PROCEDURE
处理对象类型 SCHEMA_EXPORT/PACKAGE/COMPILE_PACKAGE/PACKAGE_SPEC/ALTER_PACKAGE_SP
```

图10-9　导出方案中的对象

执行上面的语句后，就将在scott方案和hr方案中的所有对象存储到了转储文件schema.dmp中。并且该转储文件位于dump_dir目录对象所对应的磁盘目录中。

（3）导出表空间

导出表空间是指将一个或多个表空间中的所有对象及数据存储到转储文件中。导出表空间要求用户必须具有DBA角色或EXP_FULL_DATABASE角色。

【例10-17】导出表空间tbsp_1，代码如下。

```
C:\>expdp system/Ming12 directory = dump_dir dumpfile = tablespace.dmp tablespaces = tbsp_1
```

本例运行结果如图10-10所示。

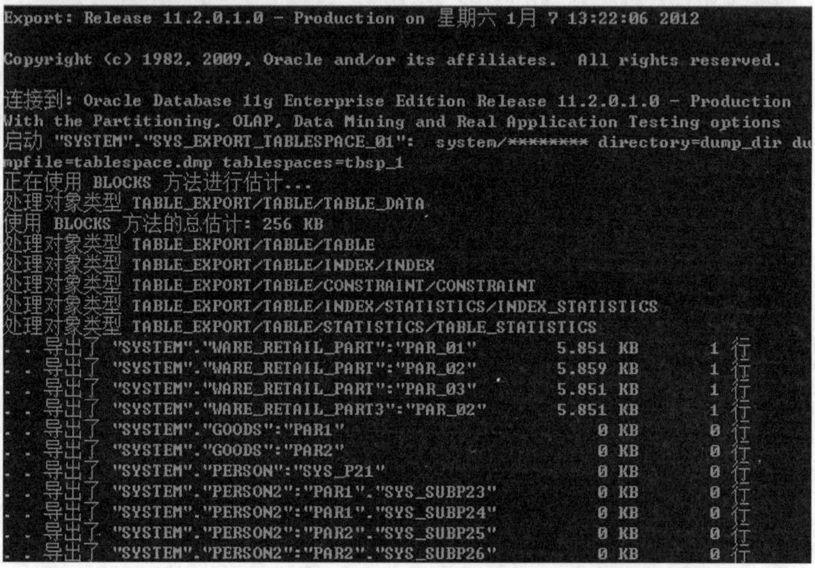

图10-10　导出表空间

（4）导出所有数据库

导出所有数据库是将数据库中的所有对象及数据存储到转储文件中。导出数据库要求用户必须具有DBA角色或EXP_FULL_DATABASE角色。需要注意，导出数据库时，不会导出SYS、ORDSYS、ORDPLUGINS、CTXSYS、MDSYS、LBACSYS以及XDB等方案中的对象。

【例10-18】导出整个数据库，代码如下。

```
C::\>expdp system/Ming12 directory=dump_dir dumpfile=fulldatabase.dmp full=y
```

2. 使用IMPDP导入

IMPDP是服务器端的工具，该工具只能在Oracle服务器端使用，不能在Oracle客户端使用。与EXPDP相似，数据泵导入时，其转储文件被存储在DIRECTORY对象所对应的磁盘目录中，而不能直接指定转储文件所在的磁盘目录。

与EXPDP类似，调用IMPDP时只需要在命令提示符窗口中输入IMPDP命令即可。同样，IMPDP也可以进行4种类型的导入操作：导入表、导入方案、导入表空间和导入所有数据库。

（1）导入表

导入表是指将存放在转储文件中的一个或多个表的结构及数据装载到数据库中，导入表是使用TABLES参数完成的。普通用户只可以将表导入到自己的方案中，如果以其他用户身份导入表，则要求该用户必须具有IMP_FULL_DATABASE角色和DBA角色。导入表时，既可以将表导入源方案，也可以将表导入其他方案。

【例10-19】 将表dept、emp导入SYSTEM方案，代码如下。

C:\>impdp system/Ming12 directory=dump_dir dumpfile=tab.dmp tables=scott.dept,

scott.emp remap_schema=scott:system

如果要将表导入其他方案，则必须指定REMAP_SHEMA参数。

（2）导入方案

导入方案是指将存放在转储文件中的一个或多个方案的所有对象装载到数据库中，导入方案时需要使用SCHEMAS参数。普通用户可以将对象导入到其自身方案中，如果以其他用户身份导入方案时，则要求该用户必须具有IMP_FULL_DATABASE角色或DBA角色。导入方案时，既可以将方案的所有对象导入源方案，也可以将方案的所有对象导入其他方案。

【例10-20】 将scott方案中的所有对象导入system方案，代码如下。

C:\>impdp system/Ming12 directory=dump_dir dumpfile=schema.dmp schemas=scott remap_
schema=scott:system;

（3）导入表空间

导入表空间是指将存放在转储文件中的一个或多个表空间中的所有对象装载到数据库中，导入表空间时需要使用TABLESPACE参数。

【例10-21】 将tbsp_1表空间中的所有对象都导入到当前数据库，代码如下。

C:\>impdp system/Ming12 directory=dump_dir dumpfile=tablespace.dmp tablespaces=tbsp_1;

（4）导入所有数据库

导入所有数据库是指将存放在转储文件中的所有数据库对象及相关数据装载到数据库中，导入数据库是使用FULL参数设置的。

【例10-22】 从personnel_manage.dmp文件中导入所有数据库，代码如下。

C:\>impdp system/Ming12@orcl file=C:\personnel_manage.dmp full=y;

导出转储文件时，要求用户必须具有EXP_FULL_DATABASE角色或DBA角色；导入数据库时，要求用户必须具有IMP_FULL_DATABASE角色或DBA角色。

3. 使用SQL* Loader工具加载外部数据

上面介绍的数据泵工具EXPDP和IMPDP仅可以实现一个Oracle数据库与另一个Oracle数据库之间的数据传输，而SQL*Loader工具则可以实现将外部数据或其他数据库中的数据添加到Oracle数据库中，例如将ACCESS中的数据加载到Oracle数据库中。

Oracle提供的数据加载工具SQL*Loader可以将外部文件中的数据加载到Oracle数据库。SQL*Loader支持多种数据类型（如日期型、字符型、数据字符等），即可以将多种数据类型加载到数据库。

使用SQL*Loader导入数据时，必须编辑一个控制文件（.CTL）和一个数据文件（.DAT）。控制文件用于描述要加载的数据信息，包括数据文件名、数据文件中数据的存储格式、文件中的数据要存储到哪一个字段、哪些表和列要加载数据、数据的加载方式等。

根据数据的存储格式，SQL*Loader所使用的数据文件可以分为两种，即固定格式存储的数据和自由格式存储的数据。固定格式存储的数据按一定规律排序，控制文件通过固定长度将数据分割。自由格式存储的数据则是由规定的分隔符来区分不同字段的数据。

在使用SQL*Loader加载数据时，可以使用系统提供的一些参数控制数据加载的方法。调用SQL*Loader的命令为SQLLDR。SQLLDR命令的形式如下。

```
C:\> sqlldr
```

执行该命令后，会在幕中输出该命令的用法和有效的关键字，如图10-11所示。

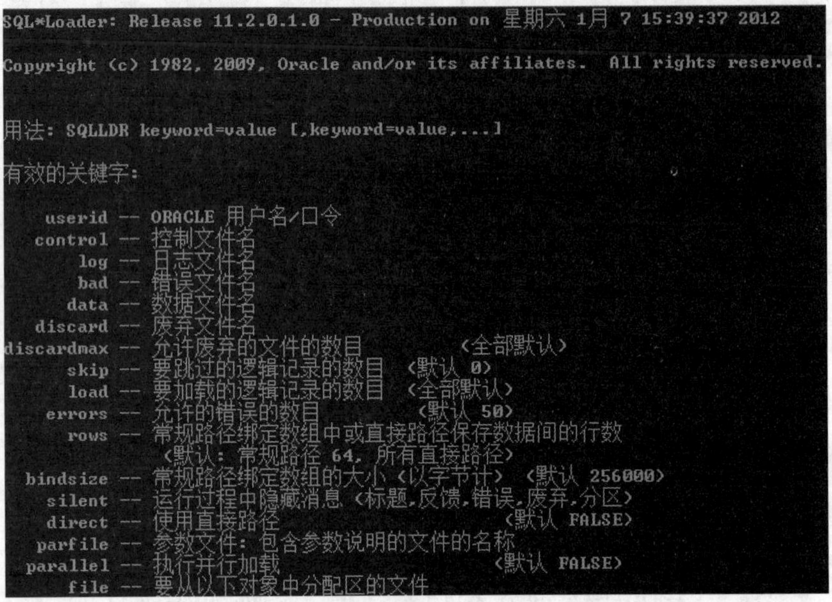

图10-11　执行sqlldr命令

使用SQL*Loader加载数据的关键是编写控制文件，控制文件决定要加载的数据格式。根据数据文件的格式，控制文件也分为自由格式与固定格式。下面对如何使用SQL*Loader工具进行"自由格式加载数据"与"固定格式加载数据"做详细讲解。

（1）自由格式加载数据

如果要加载的数据没有一定格式，则可以使用自由格式加载，控制文件将用分隔符将数据分割为不同字段中的数据。

【例10-23】使用自由格式加载TXT文件的代码和步骤如下。

① 创建一个表student，用以存储要加载的数据，代码如下。

```
SQL> create table student
    (stuno number(4),
    stuname varchar2(20),
    sex varchar2(4),
    old number(4)
    );
```

表已创建。

② 制作一份文本数据，将其存储到student.txt文件中。文本数据如下。

1001	东方	男	30
1002	开心	女	25
1003	JACK	男	23
1004	ROSE	女	20

③ 编辑控制文件stduent.ctl，确定加载数据的方式。控制文件的代码如下。

```
load data
  infile 'd:\data\student.txt'
  into table student
  (stuno position(01:04) integer external,
   stuname position(11:14) char,
   sex position(21:22) char,
   old position(29:30) integer external
  )
```

在上面的代码中，infile指定源数据文件，into table指定添加数据的目标基本表。还可以使用关键字append表示向表中追加数据，或使用关键字replace覆盖表中原来的数据。加载工具通过position控制数据的分割，以便将分割后的数据添加到表的各个列中。

④ 调用SQL*Loader加载数据。在命令行中设置控制文件名，以及运行后产生的日志信息文件。代码如下。

```
C:\>sqlldr system/Ming12 control=d:\data\student.ctl log=d:\data\stu_log
```

⑤ 加载数据后，用户可以通过SQL*Plus查看student数据表中是否有数据记录。本例查询后的运行效果如图10-12所示。

图10-12　查看student表

（2）固定格式加载数据

如果数据文件中的数据是按一定规律排列的，就可以使用固定格式加载，控制文件通过数据的固定长度分割数据。

Excel保存数据时有一种格式为"CSV（逗号分隔符）"，该文件类型通过指定的分隔符隔离各列的数据，这就为通过SQL*Loader工具加载Excel中的数据提供了可能。

【例10-24】通过SQL*Loader加载Excel文件中的数据，代码和步骤如下。

① 打开Excel，输入如图10-13所示的数据。

	A	B	C	D
1	1005	east	女	26
2	1006	west	男	25
3	1007	happy	男	24
4	1008	mary	女	20

图10-13　向Excel表格输入数据

② 保存Excel文件为persons.csv，注意保存文件的格式为"CSV（逗号分隔）"。

③ 创建一个与Excel表格中数据对应的表persons，代码及运行结果如下。

```
SQL> create table persons
     (code number(4),
      name varchar2(20),
      sex varchar2(4),
```

```
        old number(4)
        );
```

表已创建。

④ 编辑一个控制文件persons.ctl，代码如下。

```
load data
infile 'd:\data\persons.csv'
append into table persons
fields terminated by ','
(code,name,sex,old)
```

其中fields terminated by指定数据文件中的分隔符为逗号（,），数据的加载方式为append，表示在表中追加新数据。

⑤ 调用SQL*Loader来加载数据，代码如下。

```
C:\>sqlldr system/Ming12 control=d:\data\persons.ctl
```

⑥ 加载数据后，用户可以通过SQL*Plus查看persons数据表中是否有数据，本例查询后的运行效果如图10-14所示。

图10-14　查询persons表

小　结

通过本章的学习，能够对数据的备份和恢复、数据的导入和导出有一定的了解，掌握通过RMAN工具实现Oracle数据备份和恢复的方法。本章还介绍了数据泵工具（EXPDP和IMPDP）的使用，使用这种工具可以将数据库的元数据（对象定义）和数据块快速移动到另一个Oracle数据库中。本章最后介绍了SQL*Loader工具，该工具可以用来从非Oracle数据库或其他任何能够生成ASCII文本文件的数据源加载数据。

上机指导

使用RMAN工具还原备份的表空间。

要求使用RMAN工具恢复第一个任务中备份的system和users表空间。

通过Oracle的工具软件RMAN可以还原已经备份的表空间。实现本任务时，首先需要启动数据库到MOUNT状态，代码如下。

```
--在SQL Plus中，关闭目标数据库并启动数据库到MOUNT状态
connect sys/admin as sysdba;
shutdown immediate;
```

startup mount

使用RMAN工具恢复已经备份的system和users表空间，代码如下。

　　--在RMAN中恢复已经备份的表空间

run{

allocate channel ch_1 type disk;

restore tablespace system;

recover tablespace system;

restore tablespace users;

recover tablespace users;

}

运行结果如图10-15所示。

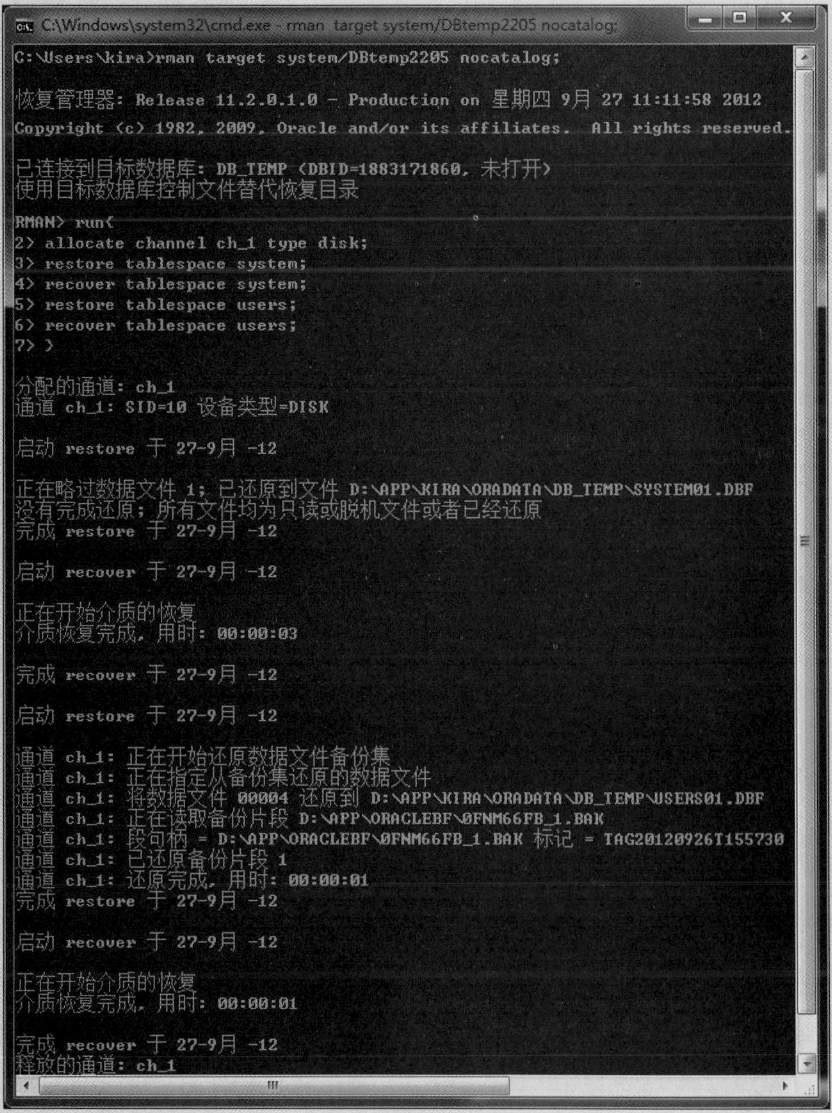

图10-15　使用RMAN工具还原表空间

习 题

10-1　没有备份只有归档日志时，如何恢复数据文件？

10-2　何时可以删除归档日志？

10-3　全备份时一定要备份所有数据文件吗？

10-4　联机日志需要备份吗？

10-5　使用EXP工具可以正常导出数据，但是将导出的数据进行导入时，却出现"表或视图不存在"的错误，这是为什么？

10-6　在SQL Plus命令工具中编写SQL语句，实现向scott方案中导入test.sql文件中的DDL语句的功能。

第11章
闪回操作和Undo表空间

■ 闪回技术（Flashback）是从Oracle 9i版本的闪回查询开始出现的，后来在Oracle 10g的版本中得到具体应用，并在Oracle 11g中得到增强。

■ Oracle 11g采用撤销表空间替代旧版本的回滚段，以解决旧版本的回滚段这个动态参数难以管理的问题。

11.1 闪回操作

在Oracle 11g中，闪回操作可以在不对数据库进行不完全恢复的情况下，对某一个指定的表进行恢复。

11.1.1 基本概念

为了使Oracle数据库能够从任何的逻辑操作中迅速恢复，Oracle推出了闪回技术。该技术首先以闪回查询（Flashback Query）出现在Oracle 9i版本中。后来Oracle 10g对该技术进行了全面扩展，提供了闪回数据库、闪回删除、闪回表、闪回事务及闪回版本查询等功能。Oracle 11g继续对该技术进行了改进和增强，增加了闪回数据归档的功能。

基本概念

在Oracle 11g中，闪回技术包括以下各项。

❑ 闪回数据库技术：该技术允许复原整个数据库到某个时间点，从而撤销自该时间以来的所有更改。闪回数据库主要利用闪回日志检索数据块的旧版本，同时它也依赖归档重做日志完全地恢复数据库，不用复原数据文件和执行传统的介质恢复。

❑ 闪回表技术：该技术可以确保数据表能够被恢复到之前的某一个时间点上。

❑ 闪回丢弃技术：该技术类似于操作系统的垃圾回收站，可以从其中恢复被DROP的表或索引，该功能基于撤销数据。

❑ 闪回版本查询技术：通过该技术可以看到特定的表在某个时间段内所进行的任何修改操作。

❑ 闪回事务查询技术：使用该技术可以在事务级别上检查数据库的任何改变，大大方便了对数据库的性能优化、事务审计及错误诊断等操作。该功能基于撤销数据。

❑ 闪回数据归档技术：通过该技术可以查询指定对象的任何时间点（只要满足保护策略）的数据，而且不需要使用UNDO。在有审计需要的环境下或者是安全性特别重要的高可用数据库中，闪回数据归档是一个非常好的特性。它的缺点是如果该表变化很频繁，则对空间的要求可能很高。

11.1.2 闪回数据库

Oracle 11g数据库在执行DML操作时，会将每个操作过程记录在日志文件中，若Oracle系统出现错误操作时，可进行数据库级的闪回。

闪回数据库可以使数据库回到过去某一时间点或SCN的状态，用户可以不利用备份就能快速地实现时间点的恢复。为了闪回数据库能回到误操作之前的时间点上，需要设置下面三个参数。

闪回数据库

❑ DB_RECOVERY_FILE_DEST：确定Flashback Logs的存放路径。

❑ DB_RECOVERY_FILE_DEST_SIZE：指定恢复区的大小，默认值为空。

❑ DB_FLASHBACK_RETENTION_TARGET：设定闪回数据库的保存时间，单位是分钟，默认是一天。

在创建数据库时，Oracle系统会自动创建恢复区。默认情况下，闪回数据库功能是不可用的。如果需要闪回数据库功能，DBA必须正确配置该日志区的大小，最好根据数据库块每天发生改变的数量来确定其大小。

当用户发布Flashback Database语句后，Oracle系统首先检查所需的归档文件和联机重做日志，如果它们都正常，则恢复数据库中所有数据文件到指定的SCN或时间点上。

闪回数据库的语法格式如下。

```
flashback [standby] database <database_name>
{to [scn| timestamp] <exp> | to before [scn | timestamp] <exp>}
```

- □ standby：指定恢复备用的数据库到某个SCN或某个时间点上。
- □ to scn<exp>：指定一个系统改变号scn。
- □ to before scn<exp>：恢复到之前的scn。
- □ to timestatmp：需要恢复的时间表达式。
- □ to before timestamp：恢复数据库到之前的时间表达式。

要使用Flashback Database，必须以MOUNT启动数据库实例，然后执行ALTER DATABASE FLASHBACK ON或者ALTER DATABASE TSNAME FLASHBACK ON命令打开数据库闪回功能。ALTER DATABASE FLASHBACK OFF命令用来关闭数据库闪回功能。

【例11-1】设置闪回数据库环境，代码及操作步骤如下。

（1）使用SYSTEM登录SQL *Plus，查看闪回信息，执行如下两条命令，代码如下。

SQL> SHOW PARAMETER DB_RECOVERY_FILE_DEST

SQL> SHOW PARAMETER FLASHBACK

通过SQL *Plus输出，运行结果如图11-1所示。

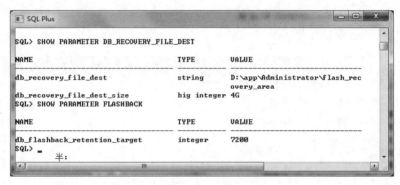

图11-1　查看闪回信息

（2）以SYSDBA登录，确认实例是否在归档模式，代码如下。

SQL> connect sys/Ming12 as sysdba

SQL> select dbid,name,log_mode from v$database;

SQL> SHUTDOWN IMMEDIATE;

通过SQL*Plus输出，运行结果如图11-2所示。

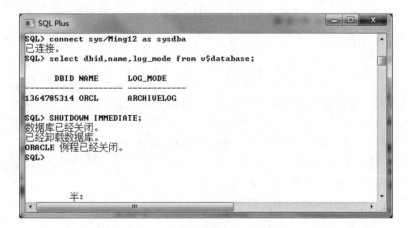

图11-2　确认实例是否在归档模式

（3）设置Flashback Database为启用，代码如下。

SQL> STARTUP MOUNT

SQL> ALTER database flashback ON；

数据库已更改

SQL> ALTER database OPEN；

数据库已更改

通过上述设置，Oracle的数据库闪回功能就会自动搜集数据库，用户只要确保数据库是归档模式即可。

如果设置好数据库闪回所需要的环境和参数，就可以在系统出现错误时用Flashback Database命令，将数据库恢复到某个时间点或SCN上。

【例11-2】数据库闪回的代码及操作步骤如下。

（1）查看当前数据库是否归档模式和是否启用了闪回数据库功能，代码如下。

SQL> select dbid,name,log_mode FROM v$database；

SQL> archive log list

SQL> show parameter db_recovery_file_dest

通过SQL*Plus输出，运行结果如图11-3所示。

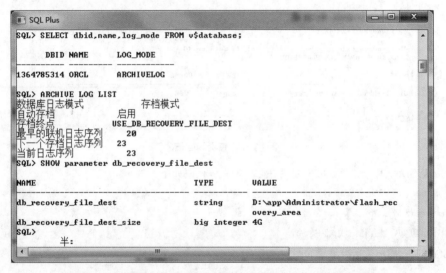

图11-3　查看数据库是否为归档模式和是否启用闪回数据库功能

（2）查询当前时间和旧的闪回号，代码如下。

SQL> show user

SQL> select sysdate from dual；

SQL> alter session set nls_date_format='YYYY-MM-DD HH24:MI:SS'；

SQL> select sysdate from dual；

SQL> select oldest_flashback_scn,oldest_flashback_time from v$flashback_database_log；

SQL> set time on

通过SQL*Plus输出，运行结果如图11-4所示。

（3）在当前用户下创建表emp1，代码如下。

SQL> CREATE table emp1 as select * from scott.emp；

图11-4　查询当前时间和旧的闪回号

（4）确定时间点，模拟误操作，删除表emp1，代码如下。

SQL> SELECT sysdate FROM dual;

SQL> DROP TABLE emp1;

SQL> DESC emp1

通过SQL*Plus输出，运行结果如图11-5所示。

图11-5　删除emp1表

（5）以MOUNT打开数据库并进行数据库闪回，代码如下。

SQL> SHUTDOWN IMMEDIATE

SQL> DROP STARTUP MOUNT EXCLUSIVE

SQL> FLASHBACK DATABASE TO TIMESTAMP(TO_DATE('2015-06-09 10:27:53','YYYY-MM-DD HH24:MI:SS'));

SQL> ALTER DATABASE OPEN RESETLOGS;

通过SQL*Plus输出，运行结果如图11-6所示。

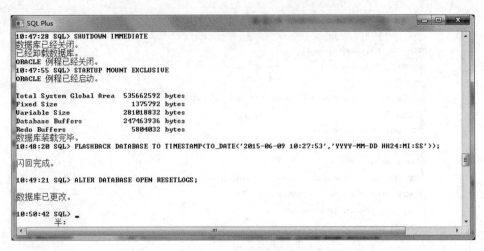

图11-6　进行数据库闪回

利用数据库闪回后，执行SELECT语句可以发现emp1表恢复到了错误操作之前，表结构和数据都已经恢复。不需要使用数据库闪回时使用ALTER语句将其关闭，代码如下。

```
SQL> ALTER DATABASE FLASHBACK ON；
```

11.1.3　闪回数据表

闪回数据表是一种能够恢复表或设置表到过去某个特定的时间点而不需要进行不完全恢复的闪回技术。使用闪回数据表时，所有的相关对象都能够得到恢复。闪回数据表技术是基于撤销数据实现的，因此，要想闪回数据表到过去某个时间点上，必须确保与撤销表空间有关的参数设置合理。与撤销表空间相关的参数有UNDO_MANAGEMENT、UNDO_TABLESPACE与UNDO_RETENTION。

闪回表

闪回数据表命令的语法格式如下。

```
flashback table [schema.]<table_name>
to
{
    [before drop [rename to table] |
    [scn | timestamp] expr [enable | disable] triggers]
}
```

上述命令中的参数说明如表11-1所示。

表11-1　闪回数据表命令的参数说明

参数	说明
schema	表示方案名，一般为用户名
to timestamp	表示系统邮戳，包含年、月、日、时、分、秒
to scn	表示系统更改号，可从flashback_transaction_query数据字典中查到，如flashback table employe to scn 2694538
enable triggers	表示触发器恢复以后为enable状态，而默认状态为disable状态
to before drop	表示恢复到删除之前
rename to table	表示更换表名

从闪回数据表命令的语法中能够看出，闪回数据表技术可以恢复到之前的某个时间戳、SCN号或任何删除动作。

> **【例11-3】** 首先创建样例表，然后再删除某些行，最后用闪回数据表命令恢复数据，代码及操作步骤如下。

（1）在SCOTT模式下创建一个样例表dept2，代码如下。

```
SQL> connect scott/tiger
SQL> create table dept2 as select * from dept;
```

（2）使用select语句查询dept2中的数据，代码如下。

```
SQL> select * from dept2;
```

通过SQL *Plus输出，运行结果如图11-7所示。

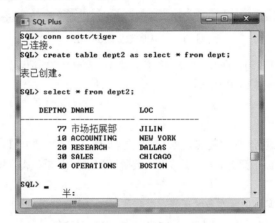

图11-7　查询dept2表中的数据

（3）设置在SQL*Plus环境下开启时间显示，然后使用delete语句删除deptno=77的数据记录（即最后一行记录），并提交数据库，代码如下。

```
SQL> set time on
SQL> delete from dept2 where deptno = 77;
SQL> commit;
```

通过SQL *Plus输出，运行结果如图11-8所示。

图11-8　删除dept2表中的数据

 如果使用SELECT语句查询dept2表，会发现deptno=77的记录不存在了。

（4）系统记录DELETE数据时的时间为"2015-06-09 14:07:14"。然后使用flashback table语句进

行数据恢复，代码如下。

SQL> alter table dept2 enable row movement；

SQL> flashback table dept2 to timestamp to_timestamp('2015-06-09 14:07:14','yyyy-mm-dd hh24:mi:ss')；

通过SQL *Plus输出，运行结果如图11-9所示。

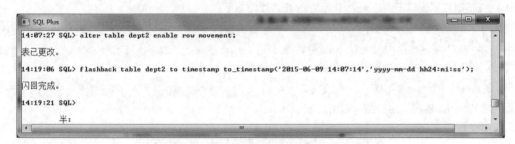

图11-9　闪回数据表dept2

（5）再次通过SELECT语句查询dept2表，我们会发现deptno=77的记录又回来了，这说明我们通过闪回数据表技术恢复了被删除且提交的数据行。

11.1.4　闪回丢弃

闪回丢弃是将被丢弃的数据库对象及其相关联对象的拷贝保存在回收站中，以便在必要时能够及时恢复这些对象。在回收站被清空以前，被丢弃的对象并没有从数据库中删除，这就使得数据库能够恢复被删除的表。

1. 回收站简介

回收站是所有丢弃表及其相关联对象的逻辑存储容器，当一个表被丢弃（DROP）的时候，回收站会将该表及其相关联的对象存储起来。存储在回收站中的表的相关联对象包括索引、约束、触发器、嵌套表、大的二进制对象（LOB）段和LOB索引段。

回收站将用户所做的DROP操作记录在一个系统表里，也就是将被删除的对象写到一个数据字典中，当确认不再需要被删除的对象时，可以使用PURGE命令对回收站空间进行清除。

为了避免被删除表与同类对象名称的重复，被删除的表（以及相应对象）在放入回收站以后，Oracle系统会对被删除的对象名做转换，其名称转换格式如下。

BIN$globalUID$version

- ❑　globalUID是一个全局唯一的、24个字符长的标识，它在Oracle内部使用，对用户来说没有任何实际意义。该标识与对象未删除前的名称没有关系。
- ❑　$version是Oracle数据库分配的版本号。

2. 回收站的应用

如果要对丢弃的表进行恢复操作，用户可以使用下面格式的语句。

flashback table table_name to before drop

为了帮助大家理解回收站在使用过程中的具体操作过程，下面通过一个实例来讲解回收站的详细操作步骤。

【例11-4】分别说明数据准备、删除表、查看回收站信息、恢复及查询恢复后的情况，代码及操作步骤如下。

（1）连接Oracle数据库到SCOTT模式下，代码及运行结果如下。

SQL> connect scott/tiger

已连接。

（2）准备数据，创建dept表的拷贝dept_copy表，代码如下。

```
SQL> create table dept_copy as select * from dept;
```

（3）在数据字典tab中查看dept_copy表的信息，代码如下。

```
SQL> select * from tab;
```

通过SQL*Plus输出，运行结果如图11-10所示。

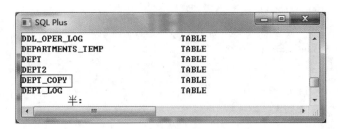

图11-10　查询tab数据字典

（4）丢弃表dept_copy，代码如下。

```
SQL> drop table dept_copy;
```

当dept_copy表被丢弃后，在数据库回收站里变成了BIN$h+5J9NOQT9SX+3onBU7gUQ==$0，version是0。

（5）查看user_recyclebin回收站，可以看到丢弃的dept_copy表对应的记录，代码如下。

```
SQL> select object_name,original_name from user_recyclebin;
```

通过SQL*Plus输出，本例运行结果如图11-11所示。

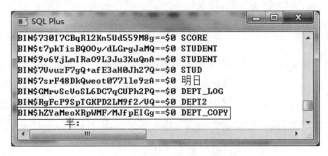

图11-11　查询回收站信息

（6）利用user_recyclebin中的记录，使用闪回数据表命令从回收站恢复dept_copy表，代码如下。

```
SQL> flashback table dept_copy to before drop;
```

（7）最后，我们再次查询tab数据字典表时，会发现dept_copy表又回来了。

11.1.5　其他闪回技术

除了前面讲解的闪回数据库、闪回数据表和闪回丢弃等常用闪回技术之外，还有闪回版本查询、闪回事务查询、闪回数据归档等技术，下面对这些闪回技术进行介绍。

1.　闪回版本查询

Oracle的闪回版本查询功能提供了一个审计行改变的查询功能，它能找到所有已经提交了的行的记录。借助此项特殊功能，用户可以清楚看到何时执行了何种操作。使用该功能，可以很轻松地实现对应用系统的审计，而没有必要使用细粒度的

其他闪回技术

审计功能或LOGMNR。

闪回版本查询功能依赖于AUM（Automatic Undo Management），AUM是指采用Undo空间记录增、删、改数据的方法。

要使用"闪回版本查询"实现对数据行改变的记录进行查询，主要采用SELECT语句带flashback_query子句实现，语法格式如下。

```
select <column1>,…from <table>
…
version between [scn | timestamp]
[<expr> | maxvalue] and <expr> | minvalue]
| as of [scn | timestamp ] <expr>
```

- ❑ as of：表示恢复单个版本。
- ❑ scn：系统更改号。
- ❑ timestamp：时间。

2. 闪回事务查询

闪回事务查询是一种诊断工具，可以帮助识别数据库发生的事务级变化，也可以用于事务审计的数据分析。通过闪回事务查询可以识别在一个特定的时间段内所发生的所有变化，或对数据库表进行事务级恢复。

闪回事务查询基于撤销数据，它也是利用初始化参数UNDO_RETENTION来确定已经提交的撤销数据在数据库中的保存时间。

上面介绍的闪回版本查询可以实现审计一段时间内表的所有改变，但仅能发现在某个时间段内所做过的操作，对于错误的事务不能进行撤销处理。而闪回事务查询可实现撤销处理，因为该工具可以从flashback_transaction_query视图中获得事务的历史操作及撤销语句。也就是说，我们通过闪回事务查询可以审计一个事务到底做了什么，也可以撤销一个已经提交的事务。

3. 闪回数据归档

Oracle 11g为闪回家族又带来一个新的成员闪回数据归档技术。该技术与上面所说的诸多闪回技术在实现机制上是不同的（除了闪回数据库外，其他闪回技术都依赖于撤销数据），它通过将变化的数据存储到创建的闪回数据归档区中，从而与撤销数据区别开来，这样就可以通过为闪回数据归档区单独设置存储策略，从而闪回指定时间之前的旧数据而不影响撤销数据策略。另外，该技术可以根据需要指定哪些数据库对象需要保存历史变化数据，而不是将数据库中所有对象的变化数据都保存下来，这样就可以极大地减少空间。

 闪回数据归档并不是记录数据库的所有变化，而是记录了指定表的数据变化。所以闪回数据归档是针对对象的保护，是闪回数据库的有利补充。

通过"闪回数据归档技术"可以查询指定对象的任何时间点的数据，而且不需要利用撤销数据，这在有审计需要的环境中，或者安全性特别高的数据库中是一个非常好的特性。其缺点是如果该表变化很频繁，那么对空间的要求很高。

闪回数据归档区是闪回数据归档的历史数据存储区域，在一个系统中，可以有一个默认的闪回数据归档区，也可以创建其他闪回数据归档区。

每一个闪回数据归档区都可以有一个唯一的名称，同时，每一个闪回数据归档区都对应了一定的数据保留策略。例如可以配置归档区FLASHBACK_DATA_ARCHIVE_1中的数据保留期为2年，而归档区FLASHBACK_DATA_ARCHIVE_2的数据保留期为100天或更短。如果将表放到对应的闪回数据归档区，就按照该归档区的保留策略来保存历史数据。

11.2　Undo表空间

回滚段一直是Oracle数据库困扰数据库管理员的难题，因为它是动态参数，当用户的事务量较小时，回滚段不会出现错误，而当事务量大时就会出现错误。在Oracle 11g数据库中，Undo表空间取代了回滚段。虽然在Oracle 11g数据库中回滚段仍然可以使用，但是Oracle建议使用Undo表空间机制工作。

11.2.1　自动Undo管理

在Oracle中，允许创建多个Undo表空间，但是同一时间只能激活一个Undo表空间。使用参数文件中的Undo_TABLESPACE参数指定要激活的Undo表空间名，Undo表空间的组织和管理由Oracle系统内部机制自动完成。在自动Undo管理设置完成后，在数据字典DBA_ROLLBACK_SEGS中可以显示回滚段信息，但是回滚段的管理由数据库实例自动进行。

自动Undo管理

Oracle 10g以前版本采用RBS表空间创建大的回滚段的方法处理大的事务。但是由于一个事物只可以使用一个回滚段，当一个回滚段动态扩展超过数据库文件允许的扩展范围时，将产生回滚段不足的错误，系统就终止事务。使用自动Undo管理后，一个事务可以使用多个回滚段。当一个回滚段不足时，Oracle系统会自动使用其他回滚段，不终止事务的运行。从Oracle 10g版本以后，DBA只需要了解Undo表空间是否有足够的空间，而不必为每一个事务设置回滚段。

11.2.2　Undo表空间的优点

Oracle数据库系统在处理事务时，会将改变前的值一直保存在回滚段中以便Oracle系统可以跟踪之前的映象数据。只要事务没有提交，与事务有关的数据会一直保持在回滚段中，一旦事务提交，系统立即清除回滚段中的数据。在旧版本中，对于大的事务处理所带来的回滚段分配失败问题一直没有完善的解决办法。从Oracle 10g版本开始采用了Undo表空间，它有如下几个方面的优点。

Undo表空间
的优点

（1）存储非提交或提交的事务改变块备份。

（2）存储数据库改变的数据行备份（可能是块级）。

（3）存储自从上次提交以来的事务的快照。

（4）在内存中存放逻辑信息或文件中的非物理信息。

（5）存储一个事务的前映像（Before Image）。

（6）系统撤销数据允许非提交事务。

11.2.3　Undo表空间管理参数

Oracle 11g数据库系统中，默认启用自动Undo管理，同时支持传统的回滚段的使用。使用自动Undo管理，需要设置下列参数。

Undo表空间
管理参数

1．UNDO_TABLESPACE

该参数确定Undo表空间的管理方式，如果该参数设置为"AUTO"，表示系统使用自动Undo管理；如果设置为"MANUAL"，表示使用手动Undo管理，以回滚段方式启动数据库。

2．UNDO_MANAGEMENT

该参数表示使用自动Undo管理时，系统默认Undo表空间名，默认名为undotbs。

3. UNDO_RETENTION

该参数决定撤销数据的维持时间，即用户事务结束后撤销的保留时间，默认值为900秒。

以SYS用户SYSDBA身份登录SQL*Plus，使用SHOW命令可以查询UNDO参数的设置情况，语法格式如下。

```
SQL> SHOW parameter undo
```

11.2.4 创建和管理Undo表空间

在Oracle数据库安装结束后，系统会自动创建一个Undo表空间，回滚段的管理方式自动设置为自动Undo管理。根据需要，可以创建第二个Undo表空间。一般使用Oracle企业管理或者命令方式创建Undo表空间。

创建和管理
UNDO表空间

1. 创建Undo表空间

创建Undo表空间需要使用CREATE UNDO TABLESPACE语句，来看下面的例子。

【例11-5】创建一个Undo表空间，并指定数据文件大小为3G，代码及运行结果如下。

```
SQL> create undo tablespace undo_tbs_1
        datafile 'D:\OracleFiles\OracleData\undotbs1.dbf'
        size 3g;
表空间已创建。
```

在创建Undo表空间时，需要注意以下两个方面。

❑ Undo表空间对应的数据文件大小通常由DML操作可能产生的最大数据量来确定，通常该数据文件的大小应在1G以上。

❑ 由于Undo表空间只用于存放撤销数据，所以不要在Undo表空间内建立任何数据对象（如表、索引等）。

2. 修改Undo表空间

与修改普通的永久性表空间类似，修改Undo表空间也使用ALTER TABLESPACE语句。当事务用尽了Undo表空间后，可以使用ALTER TABLESPACE...ADD DATAFILE语句添加新的数据文件；当Undo表空间所在的磁盘填满时，可以使用ALTER TABLESPACE...RENAME DATAFILE语句将数据文件移动到其他磁盘上；当数据库处于ARCHIVELOG模式时，可以使用ALTER TABLESPACE...BEGIN BACKUP/END BACKUP语句备份Undo表空间。下面来看一个例子。

【例11-6】向表空间undo_tbs_1中添加一个新的数据文件，指定该文件大小为2G，代码及运行结果如下。

```
SQL> alter tablespace undo_tbs_1
        add datafile 'D:\OracleFiles\OracleData\undotbs_add.dbf'
        size 2g;
表空间已更改。
```

3. 切换Undo表空间

启动例程并打开数据库后，同一时刻指定例程只能使用一个Undo表空间，切换Undo表空间是指停止例程当前使用的Undo表空间，启动其他Undo表空间。下面来看一个例子。

【例11-7】把当前系统的默认Undo表空间切换到自定义撤销表空间undo_tbs_1，代码及运行结果如下。

```
SQL> alter system set undo_tablespace=undo_tbs_1;
```

系统已更改。

 说 明 通常情况下，Oracle 11g默认的Undo表空间是UNDOTBS1。

4. 删除Undo表空间

如果某个自定义的Undo表空间确定不再使用了，数据库管理员就可以将其删除。删除Undo表空间与删除普通的永久表空间一样，都使用DROP TABLESPACE语句。

但需要注意的是：当前例程正在使用的Undo表空间是不能被删除的。如果确定要删除当前例程正在使用的Undo表空间，管理员应首先切换Undo表空间，然后再删除切换掉的Undo表空间。下面来看一个例子。

【例11-8】把当前历程的Undo表空间从"undo_tbs_1"切换到"undotbs1"，然后再删除"undo_tbs_1"表空间，代码及运行结果如下。

```
SQL> alter system set undo_tablespace=undotbs1
```

系统已更改。

```
SQL> drop tablespace undo_tbs_1;
```

表空间已删除。

小 结

本章主要讲述了Oracle数据库的闪回技术。闪回是数据库进行逻辑恢复的一个快捷工具。另外，还介绍了Undo表空间，主要包括创建、修改、切换和删除等操作，这些操作在数据库的日常管理中是十分常用的。

上机指导

使用闪回数据表命令清除插入的记录。

要求首先创建一个样例表test，然后向其中插入一行记录，最后使用闪回数据表命令清除插入的记录。

在Oracle数据库中，使用闪回数据表命令可以将数据恢复到之前的某个时间点，通过这一功能，可以实现清除插入记录的功能。代码如下。

```
--在scott模式下
SQL> connect scott/tiger;
--创建test表
create table test as select * from dept;
--查询test表中的记录
select * from test;
--显示时间
set time on;
```

--向表中插入1条记录

insert into test values(22,'wgh','ccs');

commit;

--闪回数据，恢复到插入记录之前的状态

alter table test enable row movement;

flashback table test to timestamp to_timestamp('2012-09-29 13:55:53','yyyy-mm-dd hh24:mi:ss');

运行结果如图11-12所示。

图11-12　使用闪回数据表命令清除插入的记录

习　题

11-1　在Oracle数据库中执行闪回操作时，出现"ORA-08189：无法闪回表，因为不支持使用FLASHBACK命令完成行移动"的错误提示，如何解决该问题？

11-2　没有启动数据库就执行闪回，出现问题要如何解决？

11-3　如何使用闪回数据库完成到某个SCN的恢复？

11-4　如何使用SHOW PARAMETER命令来查看Undo表空间的信息？

11-5　查询当前实例正在使用的Undo表空间。

第12章
其他概念

本章要点

了解数据库链接的概念 ■

掌握如何创建数据库链接 ■

掌握如何操作数据库链接 ■

了解快照的概念 ■

掌握如何创建和操作快照 ■

掌握如何创建和管理序列 ■

12.1 数据库链接

数据库链接

作为一个分布式数据库系统，Oracle数据库提供了使用远程数据库的功能。当需要引用远程数据库的数据时，必须指定远程对象的全限定名。在前面章节的例子中，只有全限定名的两个部分——所有者及表名。如果表在远程数据库中，为了指定远程数据库中一个对象的访问路径，必须创建一个数据库链接，使本地用户通过这个数据库链接登录远程数据库并使用它的数据。

数据库链接既可以公用（数据库中的所有账号都可以使用），也可以私有（只为某个账号的用户创建）。

12.1.1 创建数据库链接

当创建一个数据库链接时，必须指定与数据库链接的用户名、用户口令与远程数据库相连的服务器名字。如果不指定用户名，Oracle将使用本地账号和口令来建立与远程数据库的链接。

1. 利用OEM创建数据库链接

例如利用OEM创建数据库链接MY_LINK。

在"方案"属性页的"数据库对象"栏选择"数据库链接"，进入"数据库连接搜索"页面。单击"创建"按钮，进入"创建数据库链接"页面，如图12-1所示。在"创建数据库链接"页面中进行创建数据库链接的设置。

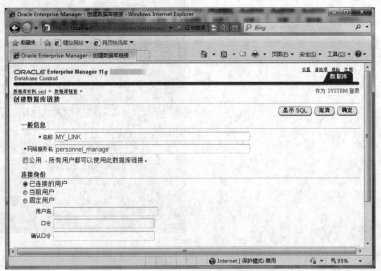

图12-1 "创建数据库链接"页面

- ❑ 名称：指定将要创建的数据库链接的名称，必须是有效的Oracle标识符。
- ❑ 网络服务名：指定数据库链接指向的远程数据库。
- ❑ 公用：如果选中"公用"复选框，则创建公用数据库链接。默认设置为"私有"。
- ❑ 链接身份：设置链接数据库的基本信息。
- ❑ 当前用户：指定数据库链接已经被授权，一个已授权的数据库链接允许当前用户不需要进行身份证明直接连接数据库。但是当前用户必须是已经经过验证的全局用户，并在远程数据库上具有全局用户账号。
- ❑ 固定用户：指定私有用户的用户和口令。如果在创建数据库链接时，没有指定用户名和口令，数据库链接将使用访问该数据库链接的用户账号的用户名和口令。

❑ 已连接的用户：指定登录该数据库使用的用户名和口令。

单击"确定"按钮，创建成功后，系统返回到"数据库链接搜索"页面，完成数据库链接操作。

2. 利用CREATE DATABASE LINK命令创建数据库链接

利用CREATE DATABASE LINK命令创建数据库链接的语法格式如下。

```
CREATE [PUBLIC] DATABASE LINK dblink_name
        [CONNECT TO user IDENTIFIED BY password]
        USING connect_string
```

针对上述代码的参数说明如下。

❑ PUBLIC表示创建公用的数据库链接。

❑ dblink_name是创建的数据库链接名称。

❑ CONNECT TO指定固定用户与远程数据库连接，并在user后指定用户名和口令。

❑ connect_string指定数据库链接指向的远程数据库。

【例12-1】为personnel_manage数据库创建一个名为MY_PLINK的公用链接，代码如下。

```
SQL> CREATE PUBLIC DATABASE LINK MY_PLINK
         CONNECT TO scott IDENTIFIED BY tiger
         USING 'personnel_manage';
```

这个例子中的链接规定，当使用这个链接时，它将打开由personnel_manage指定的数据库中的一个对话。当它在personnel_manage实例中打开一个对话时，将按用户名为scott、口令为tiger注册。

12.1.2 使用数据库链接

创建了数据库链接，就可以使用远程数据库的对象了。例如为了使用例12-2中创建的数据库链接来访问一个表，链接必须用FROM子句来指定，如下所示。

【例12-2】查询远程数据库personnel_manage表tb_record中的所有员工档案信息，代码如下。

```
SQL> SELECT * FROM scott.tb_record@MY_PLINK;
```

上述查询将通过MY_PLINK数据库链接来访问tb_record表，对于经常使用的数据库链接，可以建立一个本地的同义词，以方便使用。

【例12-3】为personnel_manage远程数据库表tb_record创建一个同义词，代码如下。

```
SQL> CREATE PUBLIC SYNONYM record_syn
         FOR scott.tb_record@MY_PLINK;
```

这时数据库对象的全限定标志已被定义，其中包括通过服务名的主机和实例、通过数据库链接的拥有者和表名。

12.1.3 删除数据库链接

使用PL/SQL删除数据库链接的语法格式如下。

```
DROP [PUBLIC] DATABASE LINK dblink_name
```

dblink_name为要删除的数据库链接名称。

【例12-4】删除公用数据库链接MY_PLINK，代码如下。

```
SQL> DROP PUBLIC DATABASE LINK MY_PLINK;
```

公用数据库链接可由任何有相应权限的用户删除，而私有数据库链接只能由SYS系统用户删除。

12.2　快照

快照

快照基于一个查询，该查询链接远程数据库。可以把快照设置成只读方式或可更新方式。若要改善性能，可以索引快照使用的本地表。根据快照基本查询的复杂性，可以使用快照日志（Snapshot Log）来提高复制操作的性能。复制操作根据用户为每个快照的安排自动完成。

Oracle有两种可用的快照类型：复杂快照（Complex Snapshot）和简单快照（Simple Snapshot）。在一个简单快照中，每一行都基于一个远程数据库表的一行。而复杂快照的行则基于一个远程数据表的多行，例如通过一个group by操作或是基于多个表连接的结果。

由于快照将在本地数据库中创建一些对象，因此，创建快照的用户必须要有CREATE TABLE权限和UNLIMITED TABLESPACE权限或存储快照对象的表空间定额。快照在本地数据库中创建并从远程主数据库获取数据。

在创建一个快照之前，首先要在本地数据库中创建一个到源数据库的链接。

> 【例12-5】创建一个名为EM_LINK的私有数据库链接，代码如下。

```
SQL> CREATE DATABASE LINK EM_LINK
        CONNECT TO scott IDENTIFIED BY tiger
        USING 'personnel_manage';
```

12.2.1　创建快照

"快照"和"实体化视图"同义，它们均指一个表，该表包括一个或多个表的查询结果。这些表可能位于相同数据库上，也可能位于远程数据库上。查询中的表称为主体表或从表。包括主体表的数据库称为主体数据库。创建快照既可以使用OEM，也可以使用SQL语句。

1. 利用OEM创建快照

在"方案"属性页中的"实体化视图"栏单击"实体化视图"，进入"实体化视图搜索"页面。单击"创建"按钮，进入"创建实体化视图"页面，如图12-2所示。

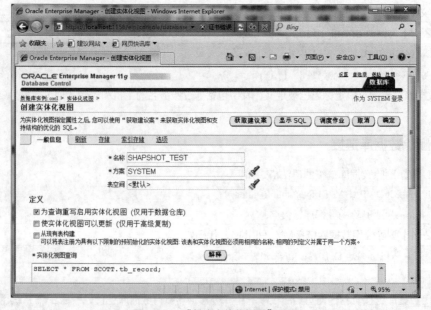

图12-2　"创建实体化视图"页面

"创建实体化视图"页面有5个选项页面：一般信息、刷新、存储、索引存储和选项。

（1）"一般信息"选项页面

一般信息选择页面指定实体化视图的相关信息，如图12-2所示。在该选项页面中可以进行如下设置。

- 名称：指定实体化视图的名称。
- 方案：指定包含当前将要创建的实体化视图的方案。
- 表空间：指定Oracle在其中创建实体化视图的表空间。
- 为查询重写启用实体化视图（仅用于数据仓库）：如启用，则表示实体化视图可用于查询重写。也就是说，查询被改写为使用概要表，而不是从表，且仅用于数据仓库。
- 使实体化视图可以更新（仅用于高级复制）：如启用，则表示当前实体化视图可更新，对实体化视图的更改将传播到目标主体站点。
- 从现有表构建：如果某个表的名称与另一个表的名称相匹配，而且两个表属于同一个方案，则可将该表注册为预先初始化的实体化视图。若选择该选项，那么就选择表。
- 实体化视图查询：可编辑的文本区域，在此输入用于置入实体化视图的SQL查询。

（2）"刷新"选项页面

"刷新"选项页面如图12-3所示。在该选项页面中指定关于实体化视图的刷新特性的信息。如果实体化视图是刷新组的一部分，通常在刷新组中管理实体化视图的刷新特性。单独设置刷新特性可能会导致与相关的实体化视图的数据不一致的问题。

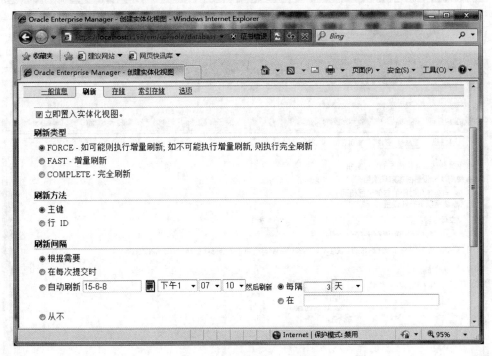

图12-3　"刷新"选项页面

（3）"存储"选项页面

"存储"页面如图12-4所示。在该选项页面可以指定实体化视图的存储特征，具体设置请参照创建表的相关内容。

（4）"索引存储"选项页面

"索引存储"页面如图12-5所示。在该选项页面中可以进行如下设置。

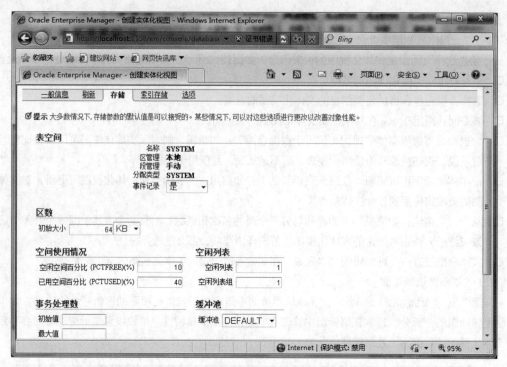

图12-4　"存储"选项页面

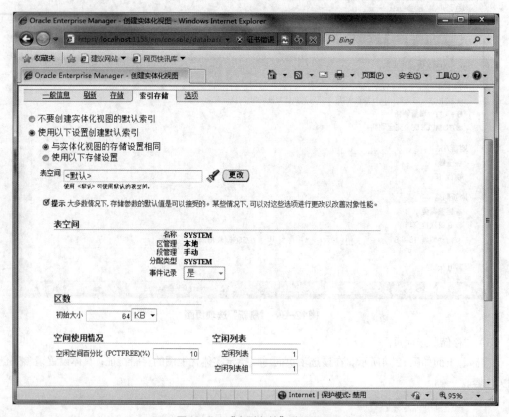

图12-5　"索引存储"选项页面

❑ 不要创建实体化视图的默认索引：选择该选项，则抑制创建默认索引。用户可以使用创建索引功能来明确创建其他索引。如果指定了"不在实体化视图上创建默认索引"，并且要使用增量刷新方法（快速刷新）来创建实体化视图，则应该创建此类索引。

❑ 使用以下设置创建默认索引：可以为Oracle用以维护实体化视图数据的默认索引设置事务处理初始数量的值、事务处理的最大数量的值以及存储设置。Oracle使用默认索引来加快对实体化视图的增量刷新速度。

若选择了"使用以下设置创建默认索引"，则可以进行如下设置：选择"与实体化视图的存储设置相同"，则使用为实体化视图存储所指定的相同设置；选择"使用以下存储设置"选项则自己制定实体化视图存储设置，具体设置请参照创建表相关的内容。

（5）"选项"页面

"选项"页面如图12-6所示。

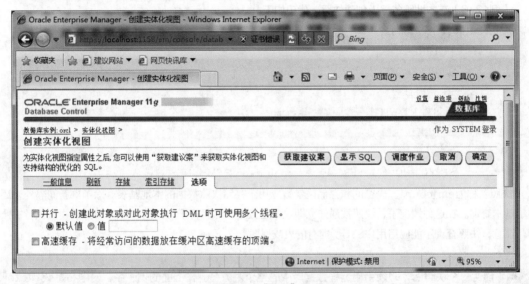

图12-6 "选项"页面

单击"确定"按钮，系统弹出创建成功提示框，再次单击"确定"按钮完成操作。

2. 利用SQL命令创建快照

利用SQL命令创建快照的语法格式如下。

```
CREATE SNAPSHOT [schema.]snapshot_name            /*将要创建的快照名称*/
      [PCTFEE integer]
      [PCTUSED integer]
      [INITRANS integer]
      [MAXTRANS integer]
      [STORAGE storage_clasue]                    /*快照的存储特征*/
      [TABLESPACE tablespace]                     /*指定表空间*/
      [USING INDEX [PCTFEE integer]]              /*使用索引*/
      [PCTUSED integer]
      [INITRANS integer]
      [MAXTRANS integer]]
```

[REFRESH [FAST | COMPLETE | FORCE][START WITH date][NEXT date]]	
	/*指定快照的刷新特性的信息*/
[FOR UPDATE] AS subquery	/*用于置入快照的SQL查询*/

针对上述代码说明如下。

❑ schema：创建的快照的用户方案。

❑ snapshot_name：创建的快照名称。

❑ USING INDEX：维护快照数据的默认索引设置事务处理初始数量的值、事务处理的最大数量的值以及存储设置。Oracle使用默认索引来加快对快照的增量刷新速度。

❑ REFRESH：指定快照的刷新特性的信息。FAST为快速刷新；COMPLETE为完全刷新；FORCE为强制刷新；START WITH为自动刷新的第一个时间指定一个日期；NEXT指定自动刷新的时间间隔。

【例12-6】在本地服务器上创建快照，代码如下。

```
SQL> CREATE SNAPSHOT        em_count
        PCTFREE             5
        TABLESPACE          scott
        REFRESH             complete
          START WITH        sysdate
          NEXT              sysdate+7
        AS
        SELECT COUNT(*) FROM    scott.tb_record@EM_LINK;
```

快照名称为em_count。表空间和存储区参数应用于存储快照数据的本地基表。除了刷新间隔外，还给出了基本查询。在这种情况下，快照被通知立即检索主数据，然后将于7天（sysdate+7）后再次执行快照操作。注意，快照查询不能应用用户SYS所拥有的表或视图。

 创建一个快照后，必须引用远程数据库中的整个对象名。在上面的例子中，对象名是scott.tb_record。

当创建这个快照时，也会在本地数据库中创建一个数据表。Oracle将创建一个称作 "SNAP$_snapshotname" 的数据表，即快照的本地基表，用来存储快照查询返回的记录。尽管此表可以被索引，但它不能以任何方式被改变。创建数据表的同时还将创建这个表的一个只读视图（以快照命名），称作 "MVIEW$_snapshotname"，此视图将作为远程主表的视图，用于刷新过程。

12.2.2 修改快照

使用PL/SQL方式修改快照的语法格式如下。

```
SQL> ALTER SNAPSHOT [schema.]snapshot_name
        [PCTFEE integer]
        [PCTUSED integer]
        [INITRANS integer]
        [MAXTRANS integer]
        [STORAGE storage_clasue]            /*快照的存储特征*/
```

```
    [TABLESPACE tablespace]              /*指定表空间*/
    [USING INDEX [PCTFEE integer]]       /*使用索引*/
    [PCTUSED integer]
    [INITRANS integer]
    [MAXTRANS integer]]
    [REFRESH [FAST | COMPLETE | FORCE][START WITH date][NEXT date]]
```

上述代码中的参数和关键字的含义请参照创建快照的语法。

【例12-7】修改例12-6中的快照，代码如下。

```
SQL> ALTER SNAPSHOT em_count
        PCTFREE 10
        PCTUSED 25
        INITRANS 1
        MAXTRANS 20;
```

12.2.3 删除快照

若要删除一个快照，可以使用OEM或SQL命令进行。例如要删除em_count快照，只需在"实体化视图搜索"页面选中em_count，单击"删除"按钮即可。

用SQL命令删除快照的语法格式如下。

```
DROP SNAPSHOT snapshotname;
```

例如要删除em_count快照，可使用如下语句。

```
SQL> drop SNAPSHOT em_count;
```

12.3 序列

序列是Oracle提供的用于生成一系列唯一数字的数据库对象。序列会自动生成顺序递增的序列号，以提供唯一的主键值。序列可以在多用户并发环境中使用，并且可以为所有用户生成不重复的顺序数字，而不需要任何额外的I/O开销。

序列

12.3.1 创建序列

序列与视图一样，并不占用实际的存储空间，只是在数据字典中保存它的定义信息。用户在自己的模式中创建序列时，必须具有CREATE SEQUENCE系统权限。如果要在其他模式中创建序列，必须具有CREATE SEQUENCE系统权限。

使用CREATE SEQUENCE语句创建序列的语法格式如下。

```
create sequence <seq_name>
[start with n]
[increment by n]
[minvalue n | nomainvalue]
[maxvalue n | nomaxvalue]
[cache n | nocycle]
[cycle | nocycle]
[order | noorder];
```

CREATE SEQUENCE语句中的参数及其说明如表12-1所示。

表12-1　CREATE SEQUENCE语句中的参数及其说明

参　数	说　明
seq_name	表示创建的序列名
increment	可选，表示序列的增量。一个正数将生成一个递增的序列，一个负数将生成一个递减的序列。默认值是1
minvalue	可选，决定序列生成的最小值
maxvalue	可选，决定序列生成的最大值
start	可选，指定序列的开始位置。默认情况下，递增序列的起始值为minvalue，递减序列的起始值为maxvalue
cache	决定是否产生序列号预分配，并存储在内存中
cycle	可选，当序列达到最大值或者最小值时，可以复位并继续下去。如果达到极限，生成的下一个数据将分别是最小值或者最大值。如果使用NO-CYCLE选项，那么在序列达到其最大值或最小值之后，在视图获取下一个值将返回一个错误
order	可以保证生成的序列值是按照顺序产生的。例如ORDER可以保证第一个请求得到的数为1，第二个请求得到的数为2，以此类推；而NOORDER只保证序列值的唯一性，不保证产生序列值的顺序

创建序列时，必须为序列提供相应的名称。对于序列的其他子句而言，因为这些子句都具有默认值，所以既可以指定，也可以不指定。下面通过几个连续的例子来演示如何创建和使用序列对象。

【例12-8】在SCOTT模式下，创建一个序列empno_seq，代码及运行结果如下。

```
SQL> connect scott/tiger
    已连接。
SQL> create sequence empno_seq
        maxvalue 99999
        start with 9000
        increment by 100
        cache 50;
    序列已创建。
```

对于上面创建的序列而言，序列empno_seq的第一个序列号为9000，序列增量为100，因为指定其最大值为99999，所以将来生成的序列号为9100、9200、9300……

使用序列时，需要用到序列的两个伪列——NEXTVAL与CURRVAL。其中伪列NEXTVAL将返回序列生成的下一个序列号，而伪列CURRVAL则会返回序列的当前序列号。需要注意，首次引用序列时，必须使用伪列NEXTVAL，下面来看一个例子。

【例12-9】在SCOTT模式下，使用序列empno_seq为emp表的新纪录提供员工编号，代码及运行结果如下。

```
SQL> insert into emp(empno,ename,deptno)
        values(empno_seq.nextval,'东方',20);
    已创建 1 行。
```

执行以上语句后，会为emp表插入1条数据，并且empno列会使用序列empno_seq生成的序列号。

另外，如果用户确定当前序列号，可以使用伪列CURRVAL，如下面的例子。

使用伪列CURRVAL查询当前的序列号，代码及运行结果如下。

```
SQL> select empno_seq.currval from dual;
    CURRVAL
----------
      9000
```

 说明 实际上，在为表生成主键值时，通常是为表创建一个行级触发器，然后在触发器主体中使用序列值替换用户提供的值。关于如何使用触发器生成主键，可以参考第7章中有关"行级触发器"的应用。

12.3.2 管理序列

使用ALTER SEQUENCE语句可以对序列进行修改。需要注意，除了序列的起始值START WITH不能被修改外，其他设置序列的任何子句和参数都可以被修改。如果要修改序列的起始值，则必须先删除序列，然后重建该序列，下面来看几个相关的例子。

【例12-10】在SCOTT模式下，修改序列empno_seq的最大值为100000，序列增量为200，缓存值为100，代码及运行结果如下。

```
SQL> alter sequence empno_seq
    maxvalue 100000
    increment by 200
    cache 100;
序列已更改。
```

对序列进行修改后，缓存中的序列值将全部丢失。通过查询数据字典USER_SEQUENCES可以获得序列的信息。

另外，当不再需要序列时，数据库用户可以执行DROP SEQUENCE语句删除序列，来看下面的例子。

【例12-11】使用drop sequence 语句删除empno_seq序列，代码及运行结果如下。

```
SQL> drop sequence empno_seq;
序列已删除。
```

小 结

本章首先讲述了数据库链接，本地用户可以通过数据库链接登录到远程数据库，使用其中的数据。另外，本章还介绍了快照和序列，快照用于查询链接远程数据库；序列能够自动生成顺序递增或递减的序列号，以实现自动提供唯一的主键值。

上机指导

通过序列对象为数据表添加数据。

要求创建一个带有ID的test2数据表，然后创建一个id_seq序列对象（其序列增量为3），最后通过该序列对象为test2数据表的ID列赋值。

创建tb_test2数据表的代码及运行结果如下。

```
SQL> create table tb_test2(
        id number(10) not null,          --编号
        stuname varchar2(8),             --姓名
        sex char(2),                     --性别
        age int
        );
```

表已创建

创建id_seq序列对象的代码及运行结果如下。

```
SQL> create sequence id_seq
        maxvalue 10000
        start with 1
        increment by 3
        cache 50;
```

序列已创建

使用id_seq序列对象向tb_test2数据表中添加数据的代码及运行结果如下:

```
SQL> insert into tb_test2(id,stuname,sex,age)
        values(id_seq.nextval,'xiaoke','男',30);
```

已创建一行

习 题

12-1　如何利用序列为数据表提供主键支持？

12-2　创建序列语句中的start with和minvalue的区别是什么？

12-3　创建序列，让其初始值为30，每次增长步长为2。

12-4　创建循环序列，让序列的内容在1、3、5、7、9之间循环。

12-5　创建带有自动增长列的数据表。

第13章

综合案例——
企业人事管理系统

■ 企业的发展不仅需要技术的竞争、市场的竞争、服务的竞争，还需要人才的竞争。人才的竞争已成为市场竞争中一个重要的环节。优秀人才的引入将给企业的发展注入新鲜的血液，给企业带来巨大的发展空间。所以，吸引人才、留住人才成为了企业人事管理的一个重要课题。要想留住人才不仅需要企业具有良好的发展前景，更重要的是企业要有一个健全的管理体制，这不仅能节省企业大量的人力和物力，还可以提高企业的经济效益，从而带动企业快速发展。

企业人事管理
系统使用说明

13.1 需求分析

飞速发展的技术变革和创新，以及迅速变化的差异化顾客需求等新竞争因素的出现，使得越来越多的组织通过构筑自身的人事竞争力来维持生存并促进持续发展。在"以人为本"观念的熏陶下，企业人事管理在组织中的作用日益突出。但是，人员的复杂性和组织的特有性使得企业人事管理成为难题。基于这个时代背景，企业人事管理便成为企业管理的重要内容。

企业人事管理系统的功能全面、操作简单，可以快速为员工建立电子档案，便于修改、保存和查看，并且实现了无纸化存档，为企业节省了大量资金和空间。通过企业人事管理系统，还可以实现对企业员工的考勤管理、奖惩管理、培训管理、待遇管理，并快速生成待遇报表。

13.2 系统设计

13.2.1 系统目标

根据企业对人事管理的要求，本系统需要实现以下目标。

❑ 简单方便的操作、简洁大方的界面。
❑ 方便、快捷的档案管理。
❑ 简单、实用的考勤和奖惩管理。
❑ 简单、实用的培训管理。
❑ 针对企业中不同的待遇标准，实现待遇账套管理。
❑ 简单、明了的账套维护功能。
❑ 方便、快捷的账套人员设置。
❑ 功能强大的待遇报表功能。
❑ 系统运行稳定、安全可靠。

13.2.2 系统功能结构

企业人事管理系统的功能结构如图13-1所示。

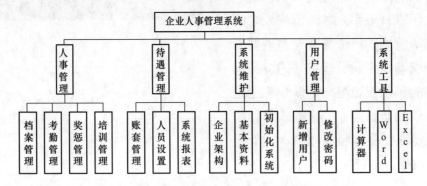

图13-1 企业人事管理系统功能结构

13.2.3 系统业务流程

企业人事管理系统的业务流程如图13-2所示。

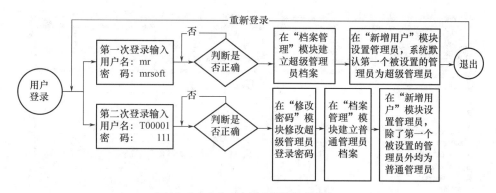

图13-2　企业人事管理系统的业务流程

13.2.4　系统预览

企业人事管理系统由多个界面组成，下面仅列出几个典型界面，其他界面效果可参见配套资源中的源程序。

企业人事管理系统的主窗体效果如图13-3所示，窗体的左侧为系统的功能结构导航栏，窗体的上方为系统常用功能的快捷按钮。

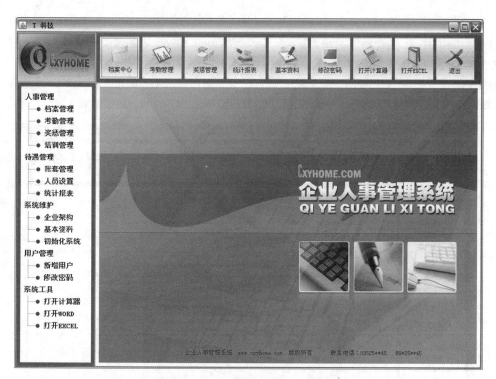

图13-3　企业人事管理系统主窗体效果

单击图13-3中左侧导航栏中的"档案管理"节点，将打开图13-4所示的档案列表界面。单击界面上方的"新建员工档案"按钮，可以建立新的员工档案。单击左侧的企业架构树中的部门节点，在右侧将显示相应部门的员工列表。首先选中其中的一行，然后单击界面上方的"修改员工档案"按钮，可以修改选中员工的档案。

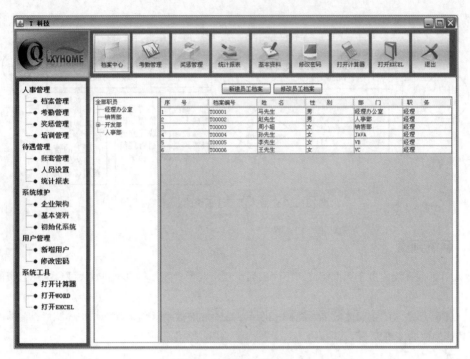

图13-4　档案列表界面

　　单击图13-3中左侧导航栏中的"培训管理"节点，将打开图13-5所示的培训管理界面。在该界面中可以建立培训信息，以及设置参训人员列表。

　　单击图13-3中左侧导航栏中的"账套管理"节点，将打开图13-6所示的账套管理界面。在该界面中可以维护账套信息，主要包括新建账套、添加账套或删除账套，以及修改项目、金额等信息。

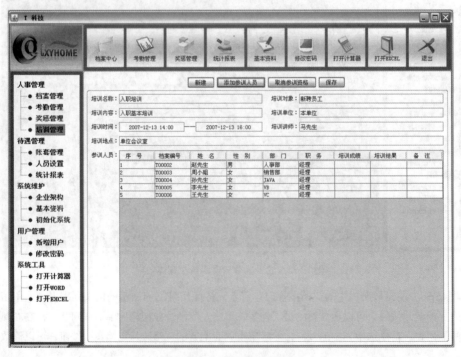

图13-5　培训管理界面

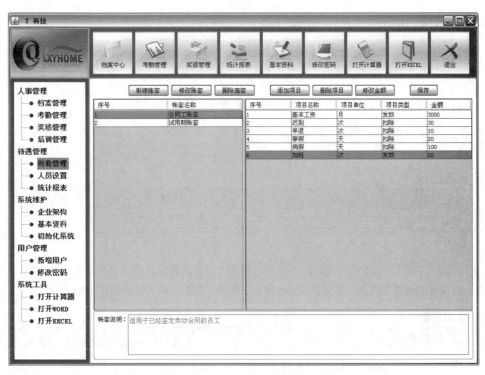

图13-6 账套管理界面

单击图13-3中左侧导航栏中的"统计报表"节点，将打开图13-7所示的统计报表界面。在该界面中可以生成统计报表，报表种类有月报表、季报表、半年报表和年报表。

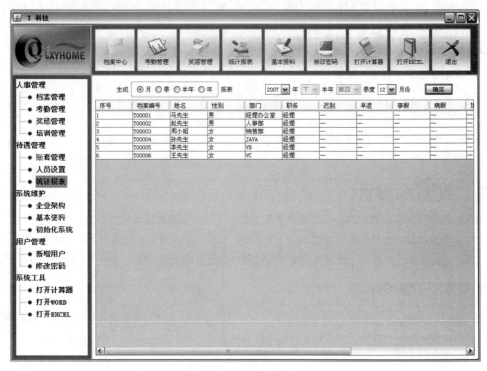

图13-7 统计报表界面

13.2.5 系统编码规范

开发应用程序常常需要团队合作来完成，每个人负责不同的业务模块。为了使程序的结构与代码风格标准化，增加代码的可读性，需要在编码之前制定一套统一的编码规范。下面介绍企业人事管理系统开发中的编码规范。

- 数据表。

数据表以“tb_”开头（小写），后面加数据表相关英文单词或缩写。下面将举例进行说明，如表13-1所示。

表13-1 数据表命名

数据表名称	描 述
tb_record	档案信息表

- 字段。

字段统一采用英文单词或与下划线（_）分隔的词组（可利用翻译软件）命名，如找不到专业的英文单词或词组，可以用相同意义的英文单词或词组代替。下面将举例进行说明，如表13-2所示。

表13-2 字段命名

字段名称	描 述
record_number	档案编号
start_date	开始时间
address	联系地址

说明 在数据库中使用命名规范，有助于其他用户更好地理解数据表及其中各字段的内容。

13.3 系统开发及运行环境

企业人事管理系统的开发环境如下。

- 操作系统：Windows 7、Windows XP或者Windows 2003。
- Java开发包：JDK 1.7以上。
- 开发工具：Eclipse IDE for Java Developers。
- 数据库：Oracle 11g。

13.4 数据库设计

在开发应用程序时，对数据库的操作是必不可少的。一个数据库的设计优秀与否，将直接影响到软件的开发进度和性能，所以对数据库的设计就显得尤为重要。数据库的设计要根据程序的需求及其功能制定，如果在开发软件之前不能很好地设计数据库，在开发过程中会反复修改数据库，这将严重影响开发进度。

13.4.1 实体E-R图设计

数据库设计是系统设计过程中的重要组成部分，它是通过管理系统的整体需求而制定的，数据库设计的好坏直接影响到系统的后期开发。下面对本系统中具有代表性的数据库设计进行详细说明。

本系统总的E-R图如图13-8所示。

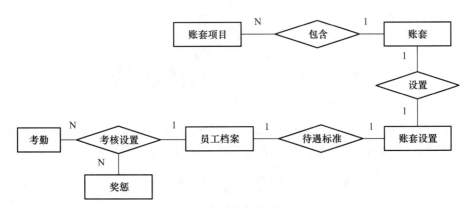

图13-8 系统总的E-R图

在开发企业人事管理系统时，最重要的内容是人事档案信息。本系统将档案信息分为档案信息、职务信息和个人信息，由于信息多而复杂，这里只给出关键的信息。档案信息表的实体E-R图如图13-9所示。

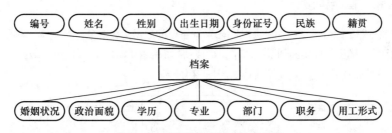

图13-9 档案信息表的实体E-R图

本系统提供了人事考勤记录和人事奖惩记录功能，这里只给出人事考勤信息表的实体E-R图如图13-10所示。

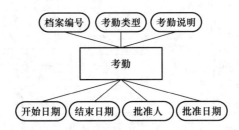

图13-10 人事考勤信息表的实体E-R图

根据企业人事管理中的现实需求，本系统提供了多账套管理功能，通过这一功能，可以很方便地给各种类型的员工制订不同的待遇标准。账套信息表的实体E-R图如图13-11所示。

每个账套都包含多个账套项目，这些账套中的项目可以有零个或多个是不同的，区别是每个账套项目的金额是不同的。账套项目信息表的实体E-R图如图13-12所示。

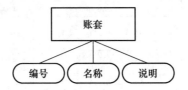

图13-11 账套信息表的实体E-R图

图13-12　账套项目信息表的实体E-R图

建立多账套是为了实现对员工按照不同的待遇标准进行管理，所以要将员工设置到不同的账套中，即表示对该员工实施相应的待遇标准。账套设置信息表的实体E-R图如图13-13所示。

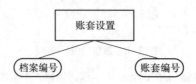

图13-13　账套设置信息表的实体E-R图

13.4.2　数据库逻辑结构设计

数据库概念设计中已经分析了档案、考勤和账套等主要的数据实体对象，这些实体对象是数据表结构的基本模型，最终的数据模型都要实施到数据库中，形成整体的数据结构。可以使用PowerDesigner工具完成企业人事管理系统数据库的建模，其模型结构如图13-14所示。

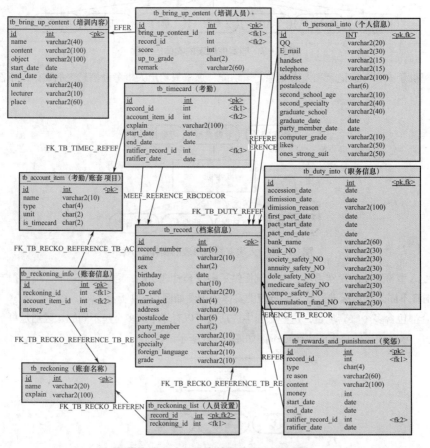

图13-14　企业人事管理系统数据库模型

除了图13-14中给出的11张数据表以外，还需要创建tb_accession_form、tb_dept、tb_duty、tb_manager、tb_nation和tb_native_place等6张数据表。在这6张数据表中，只有tb_manager数据表比较重要，其他5张数据表都是用于保存一些固定的信息。下面只对tb_manager数据表进行介绍。tb_manager数据表用于保存管理员信息，其结构如表13-3所示。

表13-3 tb_manager的结构

字段名	数据类型	是否为空	是否主键	说　明
ID	NUMBER	否	是	编号
PASSWORD	VARCHAR2(20)	否		密码
STATE	CHAR(4)	否		状态
PURVIEW	CHAR(10)	否		权限

13.5 系统文件夹组织结构

每个项目都会有相应的文件夹组织结构。当项目中的窗体过多时，为了便于查找和使用，可以将窗体进行分类，并放入不同的文件夹中，这样既便于前期开发，又便于后期维护。企业人事管理系统文件夹组织结构如图13-15所示。

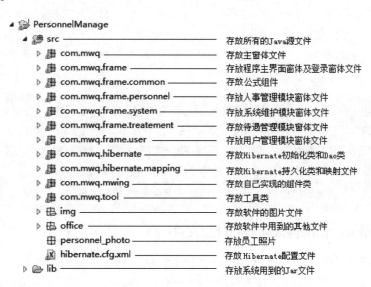

图13-15　企业人事管理系统文件夹结构

13.6 公共模块设计

公共模块的设计是软件开发的一个重要组成部分，它既起到了代码重用的作用，又起到了规范代码结构的作用。尤其在团队开发的情况下，公共模块设计是解决重复编码的最好方法，这样对软件的后期维护也将起到积极的作用。

13.6.1 编写Hibernate配置文件

在Hibernate配置文件中包含两方面的内容：一方面是连接数据库的基本信息，例如连接数据库的驱动程序、URL、用户名、密码等；另一方面是Hibernate的配置信息，例如配置数据库使用的方言、持久化类映射文件等，还可以配置是否在控制台输出SQL语句，以及是否对输出的SQL语句进行格式化和添加提示信息等。本系统使用的Hibernate配置文件的关键代码如下。

```
<property name="connection.driver_class">          <!-- 配置数据库的驱动类 -->
oracle.jdbc.driver.OracleDriver
    </property>
    <property name="connection.url">                <!-- 配置数据库的连接路径 -->
        jdbc:oracle:thin:@localhost:1521:orcl
    </property>
    <property name="connection.username">PERSONNEL_MANAGE</property> <!-- 配置数据库的连接用户
                                                                     名 -->
<!-- 配置数据库的连接密码，这里密码为mingrisoft，如果密码为空，也可以省略该行配置代码 -->
    <property name="connection.password">mingrisoft</property>
    <property name="dialect">                        <!-- 配置数据库使用的方言 -->
        org.hibernate.dialect.OracleDialect
    </property>
    <property name="show_sql">true</property>        <!-- 配置在控制台显示SQL语句 -->
    <property name="format_sql">true</property>      <!-- 配置对输出的SQL语句进行格式化 -->
    <property name="use_sql_comments">true</property> <!-- 配置在输出的SQL语句前面添加提示信
                                                       息 -->
    <mapping resource="com/mwq/hibernate/mapping/TbDept.hbm.xml" />  <!-- 配置持久化类映射文件
                                                                     -->
```

 说明

在上面的代码中，show_sql属性用来配置是否在控制台输出SQL语句，默认为false，即不输出；建议在调试程序时将该属性以及format_sql和use_sql_comments属性同时设置为true，这样可以帮助系统快速找出错误原因。但是在发布程序之前，一定要将这3个属性再设置为false（也可以删除这3行配置代码，因为它们的默认值均为false，笔者推荐删除），这样做的好处是节省了格式化、注释和输出SQL语句的时间，从而提高了软件的性能。

13.6.2 编写Hibernate持久化类和映射文件

持久化类是数据实体的对象表现形式，通常情况下持久化类与数据表是相互对应的，它们通过持久化类映射文件建立映射关系。持久化类不需要实现任何类和接口，只需要提供一些属性及其对应的set/get方法。需要注意的是，每一个持久化类都需要提供一个没有入口参数的构造方法。

下面是持久化类TbRecord的部分代码，为了节省篇幅，这里只给出了两个具有代表性的属性，其中属性id为主键。

```
public class TbRecord {
    public TbRecord () {
    }
    private int id;
    private String name;
    public void setId(int id) {
        this.id = id;
    }
```

```
        public int getId() {
            return id;
        }
        public String getName() {
            return this.name;
        }
        public void setName(String name) {
            this.name = name;
        }
    }
```

下面是与持久化类TbRecord对应的映射文件TbRecord.hbm.xml的相应代码，持久化类映射文件负责建立持久化类与对应数据表之间的映射关系。

```xml
<class name="com.mwq.hibernate.mapping.TbRecord" table="tb_record"
    schema="dbo" catalog="db_PersonnelManage">
    <id name="id" type="java.lang.Integer">
        <column name="id" />
        <generator class="increment" />
    </id>
    <property name="name" type="java.lang.String">
        <column name="name" length="10" not-null="true" />
    </property>
</class>
```

 说明 在上面的代码中，\<generator\>元素用来配置主键的生成方式，当将class属性设置为increment时，表示采用Hibernate自增；\<property\>元素用来配置属性的映射关系，其中name属性为持久化类中属性的名称，type属性为持久化类中属性的类型。

13.6.3　编写通过Hibernate操作持久化对象的常用方法

对数据库的操作离不开增、删、改、查，所以在这里也离不开实现这些功能的方法。不过在这里还要针对Hibernate的特点，实现了两个具有特殊功能的方法：一个是用来过滤关联对象集合的方法，另一个是用来批量删除记录的方法。下面只介绍这两个方法和一个删除单个对象的方法，其他内容参见配套资源中的源代码。

下面是用来过滤一对多关联中Set集合中的对象的方法，这是Hibernate提供的一个非常实用的集合过滤功能。通过该功能可以从关联集合中检索出符合指定条件的对象，检索条件可以是所有合法的HQL语句，具体代码如下。

```java
public List filterSet(Set set, String hql) {
    Session session = HibernateSessionFactory.getSession();    //获得Session对象
    Query query = session.createFilter(set, hql);              //通过Session对象的 createFilter ()方法按
                                                               //照 hql 条件过滤 set 集合
    List list = query.list();                                  //执行过滤，返回值为List型结果集
    return list;                                               //返回过滤结果
}
```

下面是用来删除指定持久化对象的方法，具体代码如下。

```
public boolean deleteObject(Object obj) {
    boolean isDelete = true;                                  //默认删除成功
    Session session = HibernateSessionFactory.getSession();   //获得 Session 对象
    Transaction tr = session.beginTransaction();              //开启事务
    try {
        session.delete(obj);                                  //删除指定持久化对象
        tr.commit();                                          //提交事务
    } catch (HibernateException e) {
        isDelete = false;                                     //删除失败
        tr.rollback();                                        //回退事务
        e.printStackTrace();
    }
    return isDelete;
}
```

下面是用来批量删除对象的方法，通过这种方法删除对象，每次只需要执行一条HQL语句。具体代码如下。

```
public boolean deleteOfBatch(String hql) {
    boolean isDelete = true;                                  //默认删除成功
    Session session = HibernateSessionFactory.getSession();   //获得 Session 对象
    Transaction tr = session.beginTransaction();              //开启事务
    try {
        Query query = session.createQuery(hql);               //预处理 HQL 语句，获得 Query 对象
        query.executeUpdate();                                //执行批量删除
        tr.commit();                                          //提交事务
    } catch (HibernateException e) {
        isDelete = false;                                     //删除失败
        tr.rollback();                                        //回退事务
        e.printStackTrace();
    }
    return isDelete;
}
```

13.6.4 创建用于特殊效果的部门树对话框

在系统中有多处需要填写部门，如果通过JComboBox组件提供部门列表，则不能体现企业的组织架构，用户在使用过程中也不是很直观和方便。因此需要开发一个用于特殊效果的部门树对话框，例如在新建档案时需要填写部门，利用该对话框实现的效果如图13-16所示。

用户在填写部门时，只需要单击文本框右侧的按钮，就会弹出一个用来选取部门的部门树对话框。这个对话框显示在文本框和按钮的正下方，通过这种方法实现对部门的选取，对于用户将更加直观和方便。

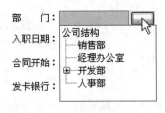

图13-16 用于特殊效果的部门树对话框

　　从图13-16可以看出，这个用来选取部门的部门树对话框不需要提供标题栏，并且建议让这个对话框阻止当前线程，这样做的好处是可以强制用户选取部门，也可以及时销毁对话框，释放其占用的资源。实现这两点的具体代码如下。

```
setModal(true);                          //设置对话框阻止当前线程
setUndecorated(true);                    //设置对话框不提供标题栏
```

　　下面开始创建部门树。首先创建树节点对象，包括根节点及其子节点，并将子节点添加到上级节点中，然后利用根节点对象创建树模型对象，最后利用树模型对象创建树对象。当树节点超过一定数量时，树结构的高度可能大于对话框的高度，所以要将部门树放在滚动面板中。具体代码如下。

```
final JScrollPane scrollPane = new JScrollPane();                //创建滚动面板
getContentPane().add(scrollPane, BorderLayout.CENTER);
TbDept company = (TbDept) dao.queryDeptById(1);
//创建部门树的根节点
DefaultMutableTreeNode root = new DefaultMutableTreeNode(company.getName());
Set depts = company.getTbDepts();
for (Iterator deptIt = depts.iterator(); deptIt.hasNext();) {
    TbDept dept = (TbDept) deptIt.next();
//创建部门树的二级子节点
    DefaultMutableTreeNode deptNode = new DefaultMutableTreeNode(dept.getName());
    root.add(deptNode);
    Set sonDepts = dept.getTbDepts();
    for (Iterator sonDeptIt = sonDepts.iterator(); sonDeptIt.hasNext();) {
        TbDept sonDept = (TbDept) sonDeptIt.next();
        deptNode.add(new DefaultMutableTreeNode(sonDept.getName()));        //创建部门树的叶子节点
    }
}
DefaultTreeModel treeModel = new DefaultTreeModel(root);        //利用根节点对象创建树模型对象
tree = new JTree(treeModel);                                   //利用树模型对象创建树对象
scrollPane.setViewportView(tree);                              //将部门树放到滚动面板中
```

　　在通过构造方法创建部门树对话框时，需要传入要填写部门的文本框对象，这样在捕获树节点被选中的事件后会自动填写部门名称。用来捕获树节点被选中事件的具体代码如下。

```
tree.addTreeSelectionListener(new TreeSelectionListener() {//捕获树节点被选中的事件
    public void valueChanged(TreeSelectionEvent e) {
        TreePath treePath = e.getPath();                        //获得被选中树节点的路径
        DefaultMutableTreeNode node = (DefaultMutableTreeNode) treePath
                .getLastPathComponent();                        //获得被选中树节点的对象
        if (node.getChildCount() == 0) {                        //被选中的节点为叶子节点
            textField.setText(node.toString());                 //将选中节点的名称显示到文本框中
        } else {                                                //被选中的节点不是叶子节点
            JOptionPane.showMessageDialog(null, "请选择所在的具体部门",
                    "错误提示", JOptionPane.ERROR_MESSAGE);
            return;
```

```
        }
        dispose();                                        //销毁部门树对话框
    }
});
```

13.6.5 创建通过部门树选取员工的面板和对话框

在系统中有多处需要通过部门树选取员工，其中一处是在主窗体中，其他的均在对话框中。所以需要单独设计一个通过部门树选取员工的面板，然后将面板添加到主窗体或对话框中，从而实现代码的最大重用。最终实现的对话框效果如图13-17所示，当选中左侧部门树中的相应部门时，在右侧表格中将列出该部门及其子部门的所有员工。

图13-17　"按部门查找员工"对话框

下面实现面板类DeptAndPersonnelPanel，首先创建表格。在创建表格时，可以通过向量初始化表格，也可以通过数组初始化表格。具体代码如下。

```
tableColumnV = new Vector<String>();                 //创建表格列名向量
String tableColumns[] = new String[] { "序号", "档案编号", "姓名", "性别", "部门", "职务" };
for (int i = 0; i < tableColumns.length; i++) {      //添加表格列名
    tableColumnV.add(tableColumns[i]);
}
tableValueV = new Vector<Vector<String>>();          //创建表格值向量
showAllRecord();                                     //默认显示所有档案
tableModel = new DefaultTableModel(tableValueV, tableColumnV);//创建表格模型对象
table = new JTable(tableModel);                      //创建表格对象
personnalScrollPane.setViewportView(table);          //将表格添加到滚动面板中
```

然后为部门树添加节点选取事件处理代码。当选取根节点时，将显示所有档案；当选取子节点时，将显示该部门的档案；否则显示选中部门包含子部门的所有档案。具体代码如下。

```
tree.addTreeSelectionListener(new TreeSelectionListener() {
    public void valueChanged(TreeSelectionEvent e) {
        TreePath path = e.getPath();                          //获得被选中树节点的路径
        tableValueV.removeAllElements();                      //移除表格中的所有行
        if (path.getPathCount() == 1) {                       //选中树的根节点
```

```
            showAllRecord();                                          //显示所有档案
        } else {                                                     //选中树的子节点
            String deptName = path.getLastPathComponent().toString();  //获得选中部门的名称
            TbDept selectDept = (TbDept) dao.queryDeptByName(deptName);  //检索指定部门对象
            Iterator sonDeptIt = selectDept.getTbDepts().iterator();
            if (sonDeptIt.hasNext()) {                               //选中树的二级节点
                while (sonDeptIt.hasNext()) {
                    showRecordInDept((TbDept) sonDeptIt.next());//显示选中部门所有子部门的档案
                }
            } else {                                                 //选中树的叶子节点
                showRecordInDept(selectDept);                        //显示选中部门的档案
            }
        }
        tableModel.setDataVector(tableValueV, tableColumnV);
    }
});
```

下面实现对话框类DeptAndPersonnelDialog。在对话框中提供3个按钮，用户可以通过"全选"按钮选择表格中的所有档案，也可以用鼠标点选指定档案，然后单击"添加"按钮，将选中的档案记录添加到指定向量中，添加结束后单击"退出"按钮。需要注意的是，在单击"退出"按钮时并没有销毁对话框，只是将其变为不可见，在调用对话框的位置获得选中档案信息之后才销毁对话框。

负责捕获"添加"按钮事件的具体代码如下。

```
final JButton addButton = new JButton();
addButton.addActionListener(new ActionListener() {                    //捕获按钮被按下的事件
    public void actionPerformed(ActionEvent e) {
        int[] rows = table.getSelectedRows();                         //获得选中行的索引
        int columnCount = table.getColumnCount();                     //获得表格的列数
        for (int row = 0; row < rows.length; row++) {
            Vector<String> recordV = new Vector<String>();//创建一个向量对象，代表表格的一行
            for (int column = 0; column < columnCount; column++) {    //将表格中的值添加到向量中
                recordV.add(table.getValueAt(rows[row], column).toString());
            }
            selectedRecordV.add(recordV);                             //将代表选中行的向量添加到另一个向量中
        }
    }
});
addButton.setText("添加");                                            //设置按钮的名称
```

13.7　Hibernate关联关系的建立方法

在本系统中有多处用到了Hibernate的一对一和一对多关联，通过对Hibernate关联关系的使用，可以快速地通过一个对象获得与之关联的对象。下面就介绍这两种关联方式的配置方法。

13.7.1 建立一对一关联

本系统将档案信息和职务信息分别保存在两个表中。与这两个表对应的持久化类为TbRecord和TbDutyInfo，在这两个持久化类之间就用到了Hibernate的一对一关联，因为本系统只允许一个员工担任一个职务，如图13-18所示。

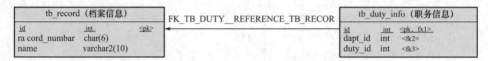

图13-18　一对一关联模型

首先在拥有主键的持久化类TbRecord中创建一个关联类TbDutyInfo的对象tbDutyInfo，及其对应的set/get方法。具体代码如下。

```
private TbDutyInfo tbDutyInfo;
public TbDutyInfo getTbDutyInfo() {
    return tbDutyInfo;
}
public void setTbDutyInfo(TbDutyInfo tbDutyInfo) {
    this.tbDutyInfo = tbDutyInfo;
}
```

然后在持久化类TbRecord的映射文件TbRecord.hbm.xml中添加如下代码。

```
<one-to-one name="tbPersonalInfo" class="com.mwq.hibernate.mapping.TbPersonalInfo" cascade="all" />
```

<one-to-one>元素用来映射持久化类之间的一对一关联关系，其中name属性为持久化类中关联类的对象；class属性为关联类的类型；cascade属性用来设置对关联对象的操作级别，当设为all时，表示当保存、修改或删除当前对象时，将级联保存、修改或删除关联对象。

最后在关联类TbDutyInfo中创建一个TbRecord类的对象tbRecord及其对应的set/get方法，并且在相应的映射文件中添加如下代码。当将<one-to-one>元素的constrained属性设置为true时，说明该类的主键将同时作为外键，参照关联类的主键。具体代码如下。

```
<one-to-one name="tbRecord" class="com.mwq.hibernate.mapping.TbRecord" constrained="true" />
```

既然关联类的主键将同时作为外键，就要修改关联类的主键的映射代码。修改后的代码如下。

```
<id name="id" type="java.lang.Integer">
    <column name="id" />
    <generator class="foreign">
        <param name="property">tbRecord</param>
    </generator>
</id>
```

在上面的代码中，将class属性设置为foreign时，表示该主键将同时作为外键，所以主键的生成方式将参考外键。<param>元素在这里用来设置外键的参考信息，参考的为关联对象tbRecord的主键的值。

13.7.2 建立一对多关联

本系统中一个部门可以拥有多个员工，所以部门和员工之间是一对多的关系，即在持久化类TbDept和TbDutyInfo之间存在着Hibernate的一对多关联关系，如图13-19所示。下面将探讨Hibernate一对多关联关系的建立方法。

图13-19　一对多关联模型

首先在持久化类TbDutyInfo中创建一个关联类TbDept的对象tbDept及其对应的set/get方法，并且在相应的映射文件中添加如下代码。

```
<many-to-one name="tbDept" class="com.mwq.hibernate.mapping.TbDept" fetch="select" lazy="false">

    <column name="dept_id" not-null="true" />

</many-to-one>
```

 说明　在上面的代码中，<many-to-one>元素用来映射一对多关联关系中的一方。<column>元素用来设置本类对应表中参考关联类对应表中主键的外键列的名称。

然后在关联类TbDept中创建一个集合类java.util.Set的对象tbDutyInfos及其对应的set/get方法，并且在相应的映射文件中添加如下代码。

```
<set name="tbDutyInfos" lazy="false">

    <key column="dept_id" />

    <one-to-many class="com.mwq.hibernate.mapping.TbDutyInfo" />

</set>
```

 说明　在上面的代码中，<set>元素用来映射一对多关联关系中的多方，同时表明该元素的name属性值的类型为java.util.Set；lazy属性用来设置对关联对象的检索策略，当设置为false时表示立即检索关联对象，默认为true，即只有当访问关联对象时才检索。<key>元素用来设置关联类对应表中参考本类对应表主键的外键的名称。<one-to-many>元素的class属性的值为关联类的名称，同时也表明Set集合中存放对象的类型。

至此，一个一对多关联就建立完成了。上面建立的是普通的一对多关联，还有一种特殊的一对多关联，就是一对多自关联。所谓自关联，就是外键参考的为本表中的主键的值。建立方法与普通的一多关联完全相同，只是对初学者来说有些难于理解。

通常情况下，一个企业的组织架构是呈树状的，即在一个部门中还可能包含几个下级部门。本系统支持这种情况，所以其中用来保存部门信息的表结构如图13-20所示。

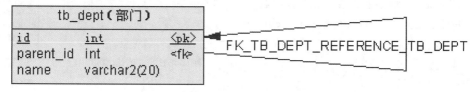

图13-20　一对多自关联模型

针对图13-20这种情况建立的一对多关联，就叫作一对多自关联。在这种情况下，在与表tb_dept对应的持久化类TbDept中既要包含TbDept类的对象tbDept，用来存放该部门对象所属的上级部门对象；又要包含集合类java.util.Set的对象tbDepts，用来存放该部门对象包含的下级部门对象。具体代码如下。

```
private TbDept tbDept;
private Set tbDepts = new HashSet(0);
public TbDept getTbDept() {
    return this.tbDept;
}
public void setTbDept(TbDept tbDept) {
    this.tbDept = tbDept;
}
public Set getTbDepts() {
    return this.tbDepts;
}
public void setTbDepts(Set tbDepts) {
    this.tbDepts = tbDepts;
}
```

同样，在持久化类TbDept的映射文件中既要包含<many-to-one>元素，用来映射对象tbDept；又要包含<set>元素，用来映射对象tbDepts，具体代码如下。

```
<many-to-one name="tbDept" class="com.mwq.hibernate.mapping.TbDept" fetch="select">
    <column name="parent_id" not-null="false" />
</many-to-one>
<set name="tbDepts" lazy="false" cascade="all-delete-orphan">
    <key column="parent_id" />
    <one-to-many class="com.mwq.hibernate.mapping.TbDept" />
</set>
```

13.8 主窗体设计

主窗体是软件系统的一个重要组成部分，是提供人机交互的必不可少的操作平台。通过主窗体，用户可以打开与系统相关的各个子操作模块，完成对软件的操作和使用还可以快速掌握本系统的基本功能。

13.8.1 实现导航栏

通过本系统的导航栏，可以打开本系统的所有子模块。本系统的导航栏的效果如图13-21所示。

本系统的导航栏是通过树组件实现的，在这里不显示树的根节点，打开软件时树结构是展开的，并且在叶子节点折叠和展开时均不采用图标。

下面的代码将通过树节点对象创建一个树结构，最后创建一个树模型对象。

```
DefaultMutableTreeNode root = new DefaultMutableTreeNode("root");   //创建树的根节点
//创建树的一级子节点
```

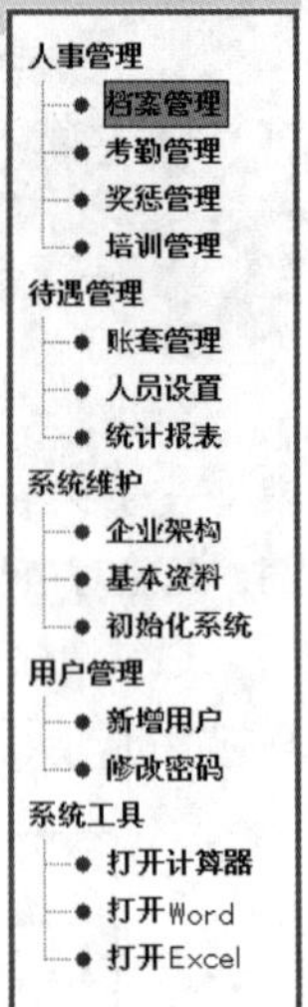

图13-21 导航栏效果

```
DefaultMutableTreeNode personnelNode = new DefaultMutableTreeNode("人事管理");
personnelNode.add(new DefaultMutableTreeNode("档案管理"));//创建树的叶子节点并添加到一级子节点
personnelNode.add(new DefaultMutableTreeNode("考勤管理"));
personnelNode.add(new DefaultMutableTreeNode("奖惩管理"));
personnelNode.add(new DefaultMutableTreeNode("培训管理"));
root.add(personnelNode);                              //向根节点添加一级子节点
DefaultMutableTreeNode treatmentNode = new DefaultMutableTreeNode("待遇管理");
treatmentNode.add(new DefaultMutableTreeNode("账套管理"));
treatmentNode.add(new DefaultMutableTreeNode("人员设置"));
treatmentNode.add(new DefaultMutableTreeNode("统计报表"));
root.add(treatmentNode);
DefaultMutableTreeNode systemNode = new DefaultMutableTreeNode("系统维护");
systemNode.add(new DefaultMutableTreeNode("企业架构"));
systemNode.add(new DefaultMutableTreeNode("基本资料"));
systemNode.add(new DefaultMutableTreeNode("初始化系统"));
root.add(systemNode);
DefaultMutableTreeNode userNode = new DefaultMutableTreeNode("用户管理");
if (record == null) {//当record为null时，说明是通过默认用户登录的，此时只能新增用户，不能修改密码
    userNode.add(new DefaultMutableTreeNode("新增用户"));
} else {                                              //否则通过管理员登录
    String purview = record.getTbManager().getPurview();
    if (purview.equals("超级管理员")) {//只有当管理员的权限为"超级管理员"时，才有权新增用户
        userNode.add(new DefaultMutableTreeNode("新增用户"));
    }
    userNode.add(new DefaultMutableTreeNode("修改密码")); //只有通过管理员登录时才有权修改密码
}
root.add(userNode);
DefaultMutableTreeNode toolNode = new DefaultMutableTreeNode("系统工具");
toolNode.add(new DefaultMutableTreeNode("打开计算器"));
toolNode.add(new DefaultMutableTreeNode("打开Word"));
toolNode.add(new DefaultMutableTreeNode("打开Excel"));
root.add(toolNode);
DefaultTreeModel treeModel = new DefaultTreeModel(root);//通过树节点对象创建树模型对象
```

下面的代码将利用已经创建的树模型对象创建一个树对象，并设置树对象的相关绘制属性。

```
tree = new JTree(treeModel);                //通过树模型对象创建树对象
tree.setBackground(Color.WHITE);            //设置树的背景色
tree.setRootVisible(false);                 //设置不显示树的根节点
tree.setRowHeight(28);                      //设置各节点的高度为28像素
Font font = new Font("宋体", Font.BOLD, 16);
tree.setFont(font);                         //设置节点的字体样式
DefaultTreeCellRenderer renderer = new DefaultTreeCellRenderer();//创建一个树的绘制对象
```

```
renderer.setClosedIcon(null);              //设置节点折叠时不采用图标
renderer.setOpenIcon(null);                //设置节点展开时不采用图标
tree.setCellRenderer(renderer);            //将树的绘制对象设置到树
int count = root.getChildCount();          //获得一级节点的数量
for (int i = 0; i < count; i++) {          //遍历树的一级节点
//获得指定索引的一级节点对象
    DefaultMutableTreeNode node = (DefaultMutableTreeNode) root.getChildAt(i);
    TreePath path = new TreePath(node.getPath());  //获得节点对象的路径
    tree.expandPath(path);                 //展开该节点
}
  tree.addTreeSelectionListener(new TreeSelectionListener() {  //捕获树的选取事件
    public void valueChanged(TreeSelectionEvent e) {
        ……//由于篇幅有限，此处省略了处理捕获事件的具体代码，详见配套资源中的源代码
    }
});
leftPanel.add(tree);                       //将树添加到面板组件中
}
```

 说明　在上面的代码中，setRootVisible(boolean b)方法用于设置是否显示树的根节点，默认为显示根节点，即默认为true；如果设置为false，则不显示树的根节点。

13.8.2　实现工具栏

为了方便用户使用系统，在工具栏为常用的系统子模块提供了快捷按钮，通过这些按钮，用户可以快速地进入系统中常用的子模块。工具栏的效果如图13-22所示。

图13-22　工具栏效果

下面的代码将创建一个用来添加快捷按钮的面板，并且为面板设置了边框，面板的布局管理器为水平箱式布局。

```
final JPanel buttonPanel = new JPanel();            //创建工具栏面板
final GridLayout gridLayout = new GridLayout(1, 0);  //创建一个水平箱式布局管理器对象
gridLayout.setVgap(6);                              //箱的垂直间隔为6像素
gridLayout.setHgap(6);                              //箱的水平间隔为6像素
buttonPanel.setLayout(gridLayout);                  //设置工具栏面板采用的布局管理器为箱式布局
buttonPanel.setBackground(Color.WHITE);             //设置工具栏面板的背景色
buttonPanel.setBorder(new TitledBorder(null, "", TitledBorder.DEFAULT_JUSTIFICATION,
        TitledBorder.DEFAULT_POSITION, null, null));  //设置工具栏面板采用的边框样式
topPanel.add(buttonPanel, BorderLayout.CENTER);     //将工具栏面板添加到上级面板中
```

工具栏提供了用来快速打开"档案中心""考勤管理""奖惩管理""统计报表""基本资料"和"修改密码"子模块的按钮，以及"打开计算器"和"打开Excel"两个打开常用系统工具的按钮，还有一个用来快速退出系统的"退出"按钮。这些快捷按钮的实现代码基本相同，所以这里只给出"档案中心"快捷按钮的实现代码。具体代码如下：

```java
final JButton recordShortcutKeyButton = new JButton();                //创建进入"档案中心"的快捷按钮
//为按钮添加事件监听器，用来捕获按钮被点击的事件
recordShortcutKeyButton.addActionListener(new ActionListener() {
    public void actionPerformed(ActionEvent e) {
        rightPanel.removeAll();                                        //移除内容面板中的所有内容
        rightPanel.add(new RecordSelectedPanel(rightPanel),
                BorderLayout.CENTER);                                  //将档案管理面板添加到内容面板中
        SwingUtilities.updateComponentTreeUI(rightPanel);             //刷新内容面板中的内容
    }
});
recordShortcutKeyButton.setText("档案中心");
buttonPanel.add(recordShortcutKeyButton);
```

在实现"修改密码"按钮时，需要判断当前的登录用户。如果用户是通过系统的默认用户登录的，则不允许修改密码，需要把"修改密码"按钮设置为不可用。具体代码如下。

```java
final JButton updatePasswordShortcutKeyButton = new JButton();
if (record == null)        //当record为null时，说明是通过默认用户登录的，此时不能修改密码
    updatePasswordShortcutKeyButton.setEnabled(false);        //在这种情况下设置按钮为不可用
updatePasswordShortcutKeyButton.addActionListener(new ActionListener() {
    public void actionPerformed(ActionEvent e) {
        rightPanel.removeAll();
        SwingUtilities.updateComponentTreeUI(rightPanel);
        UpdatePasswordDialog dialog = new UpdatePasswordDialog();    //创建用来修改密码的对话框
        dialog.setRecord(record);                                    //将当前登录管理员的档案对象传入对话框
        dialog.setVisible(true);                                     //设置对话框为可见的，即显示对话框
    }
});
updatePasswordShortcutKeyButton.setText("修改密码");
buttonPanel.add(updatePasswordShortcutKeyButton);
```

通过java.awt.Desktop类的open(File file)方法，可以运行系统中的其他软件，例如运行系统计算器。为了方便用户使用系统计算器和Excel，本系统提供了"打开计算器"和"打开Excel"两个按钮。这两个按钮的实现代码基本相同，下面将以打开系统计算器为例，讲解如何在Java程序中打开其他软件。具体代码如下。

```java
final JButton counterShortcutKeyButton = new JButton();
counterShortcutKeyButton.addActionListener(new ActionListener() {
    public void actionPerformed(ActionEvent e) {
        Desktop desktop = Desktop.getDesktop();                       //获得当前系统对象
        File file = new File("C:/WINDOWS/system32/calc.exe");         //创建一个系统计算器对象
        try {
```

```
            desktop.open(file);                              //打开系统计算器
        } catch (Exception e1) {                             //当打开失败时，弹出提示信息
            JOptionPane.showMessageDialog(null, "很抱歉，未能打开系统自带的计算器！",
                    "友情提示", JOptionPane.INFORMATION_MESSAGE);
            return;
        }
    }
});
counterShortcutKeyButton.setText("打开计算器");
buttonPanel.add(counterShortcutKeyButton);
```

最后，创建一个用来快速退出系统的"退出"按钮。具体代码如下。

```
final JButton exitShortcutKeyButton = new JButton();
exitShortcutKeyButton.addActionListener(new ActionListener() {
    public void actionPerformed(ActionEvent e) {
        System.exit(0);                              //退出系统
    }
});
exitShortcutKeyButton.setText("退出");
buttonPanel.add(exitShortcutKeyButton);
```

13.9 人事管理模块设计

人事管理模块是企业人事管理系统的灵魂，是其他模块的基础。在本系统中，人事管理模块包含档案管理、考勤管理、奖惩管理和培训管理4个子模块。其中，档案管理模块用来建立和修改员工档案，当进入档案管理模块时，将看到图13-23所示的员工档案列表界面。

图13-23 员工档案列表界面

在员工档案列表界面中，单击"新建员工档案"按钮或在表格中选中要修改的员工档案后单击"修改员工档案"按钮，将打开图13-24所示的填写档案信息界面。在该界面中可以建立或修改员工档案，并且可以设置员工照片，填写完成后单击"保存"按钮保存员工档案。

考勤管理和奖惩管理用来填写相关记录，这些记录信息将体现在统计报表模块，例如在这里给某员工填写一次迟到考勤，在做统计报表时将根据其采用的账套在其待遇中扣除相应的金额。这两个模块的实现思路基本相同，在这里只给出考勤管理界面，如图13-25所示。

培训管理用来记录对员工的培训信息，如图13-26所示，选中培训记录后单击"查看"按钮可以查看具体的培训人员。

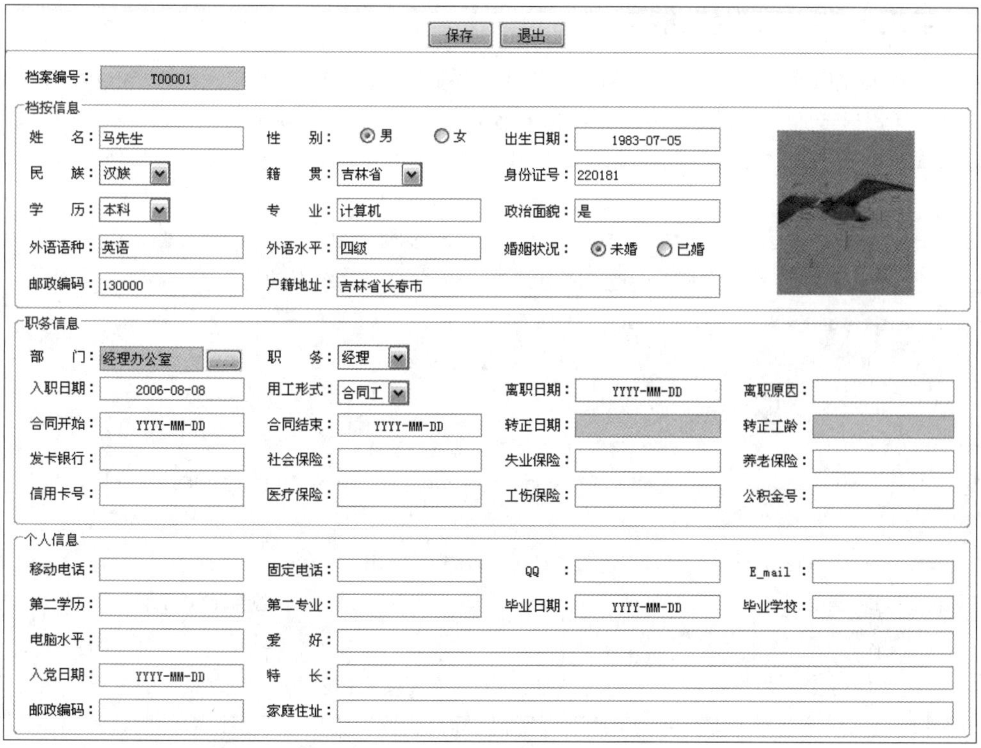

图13-24　填写档案信息界面

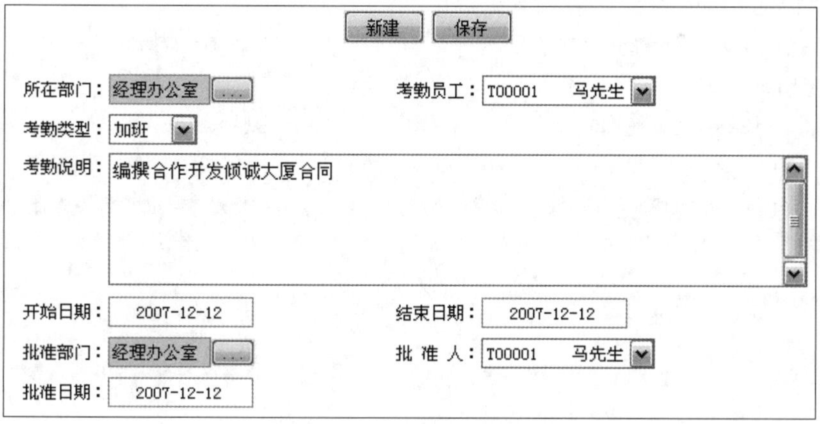

图13-25　考勤管理界面

序号	培训名称	培训对象	参训人数	培训时间	培训地点	培训内容	培训单位	培训讲师
1	入职培训	新聘员工	5	2007-01-13...	单位会议室	入职基本培训	本单位	马先生
2	倾诚大厦项目培训	相关人员	5	2007-01-14...	单位会议室	倾诚大厦项目...	本单位	马先生

图13-26　培训管理界面

13.9.1 实现上传员工照片功能

在开发上传员工照片功能时，首先要确定显示照片的载体。在Swing中可以通过JLable组件显示照片，在该组件中也可以显示文字。在本系统中如果已上传照片则显示照片，否则显示提示文字。具体代码如下。

```
photoLabel = new JLabel();                                    //创建用来显示照片的对象
photoLabel.setHorizontalAlignment(SwingConstants.CENTER);     //设置照片或文字居中显示
photoLabel.setBorder(new TitledBorder(null, "", TitledBorder.DEFAULT_JUSTIFICATION,
        TitledBorder.DEFAULT_POSITION, null, null));          //设置边框
photoLabel.setPreferredSize(new Dimension(120, 140));         //设置显示照片的大小
if (UPDATE_RECORD == null || UPDATE_RECORD.getPhoto() == null) { //新建档案或未上传照片
    photoLabel.setText("双击添加照片");                         //显示文字提示
} else {                                                      //修改档案并且已上传照片
    URL url = this.getClass().getResource("/personnel_photo/"); //获得指定路径的绝对路径
//组织员工照片的存放路径
    String photo = url.toString().substring(5) + UPDATE_RECORD.getPhoto();
    photoLabel.setIcon(new ImageIcon(photo));                 //创建照片对象并显示
}
```

然后确定如何弹出供用户选取照片的对话框。可以通过按钮捕获用户上传照片的请求，也可以通过JLable组件自己捕获该请求，即为JLable组件添加鼠标监听器，当用户双击该组件时，弹出供用户选取照片的对话框，本系统采用的是后者。Swing提供了一个用来选取文件的对话框类JFileChooser，当执行JFileChooser类的showOpenDialog()方法时将弹出照片选取对话框，如图13-27所示。该方法返回int型值，用来区别用户执行的操作。当返回值为静态常量APPROVE_OPTION时，表示用户选取了照片，在这种情况下将选中的照片显示到JLable组件中。具体代码如下。

```
photoLabel.addMouseListener(new MouseAdapter() {              //添加鼠标监听器
    public void mouseClicked(MouseEvent e) {
        if (e.getClickCount() == 2) {                         //判断是否为双击
            JFileChooser fileChooser = new JFileChooser();    //创建文件选取对话框
            fileChooser.setFileFilter(new FileFilter() {      //为对话框添加文件过滤器
                    public String getDescription() {          //设置提示信息
                        return "图像文件（.jpg;.gif）";
                    }
                    public boolean accept(File file) {        //设置接受文件类型
                        if (file.isDirectory())
                            return true;                      //为文件夹则返回 true
                        String fileName = file.getName().toLowerCase();
                        if       (fileName.endsWith(".jpg") || fileName.endsWith(".gif"))
                            return true;                      //为JPG或JIF格式文件则返回 true
                        return false;                         //即不显示在文件选取对话框中
                    }
                });
            int i = fileChooser.showOpenDialog(getParent());  //弹出选取对话框并接收用户的处理信息
```

```
        if (i == fileChooser.APPROVE_OPTION) {          //用户选取了照片
            File file = fileChooser.getSelectedFile();   //获得用户选取的文件对象
            if (file != null) {
                ImageIcon icon = new ImageIcon(file
                        .getAbsolutePath());              //创建照片对象
                photoLabel.setText(null);                //取消提示文字
                photoLabel.setIcon(icon);                //显示照片
            }
        }
    }
});
```

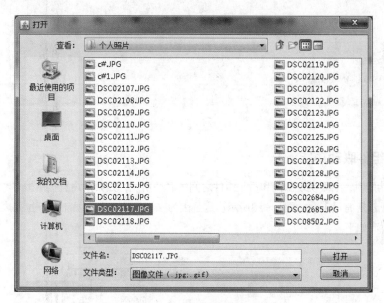

图13-27　照片选取对话框

　　最后在保存档案信息时将照片上传到指定路径下。上传到指定路径下的照片名称将修改为档案编号，因为可以上传两种格式的图片，为了记录图片格式，还是要将照片名称保存到数据库中。具体代码如下。

```
if (photoLabel.getIcon() != null) {                          //查看是否上传照片
    //通过选中图片的路径创建文件对象
    File selectPhoto = new File(photoLabel.getIcon().toString());
    URL url = this.getClass().getResource("/personnel_photo/");   //获得指定路径的绝对路径
    StringBuffer uriBuffer = new StringBuffer(url.toString());    //组织文件路径
    String selectPhotoName = selectPhoto.getName();
    int i = selectPhotoName.lastIndexOf(".");
    uriBuffer.append(recordNoTextField.getText());
    uriBuffer.append(selectPhotoName.substring(i));
    try {
```

```
        File photo = new File(new URL(uriBuffer.toString()).toURI());        //创建上传文件对象
        record.setPhoto(photo.getName());                    //将图片名称保存到数据库
        if (!photo.exists()) {                               //如果文件不存在则创建文件
            photo.createNewFile();
        }
        InputStream inStream = new FileInputStream(selectPhoto);        //创建输入流对象
        OutputStream outStream = new FileOutputStream(photo);          //创建输出流对象
        int readBytes = 0;                                   //读取字节数
        byte[] buffer = new byte[10240];                     //定义缓存数组
        //从输入流读取数据到缓存数组中
        while ((readBytes = inStream.read(buffer, 0, 10240)) != -1) {
            outStream.write(buffer, 0, readBytes); //将缓存数组中的数据输出到输出流
        }
        outStream.close();                                   //关闭输出流对象
        inStream.close();                                    //关闭输入流对象
    } catch (Exception e) {
        e.printStackTrace();
    }
}
```

13.9.2　实现组件联动功能

在开发考勤功能时，需要实现部门和员工组件之间的联动功能，如果用户直接单击"考勤员工"下拉列表框，在其中将显示所有员工，如图13-28所示。这是因为在初始化"考勤员工"下拉列表框时，添加的是所有员工。具体代码如下。

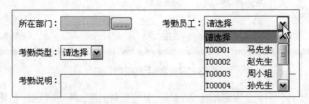

图13-28　直接单击"考勤员工"下拉列表框

```
personnalComboBox = new JComboBox();                      //创建下拉列表框对象
personnalComboBox.addItem("请选择");                      //添加提示项
Iterator recordIt = dao.queryRecord().iterator();        //检索所有员工
while (recordIt.hasNext()) {                              //通过循环添加到下拉列表框中
    TbRecord record = (TbRecord) recordIt.next();
    personnalComboBox.addItem(record.getRecordNumber() + "   " + record.getName());
}
```

当用户选中考勤员工后，在"所在部门"文本框将填入选中员工所在的部门。这一功能通过捕获下拉列表框选项状态发生改变的事件实现的。具体代码如下。

```
personnalComboBox.addItemListener(new ItemListener() {    //捕获下拉列表框选项状态发生改变的事件
```

```
public void itemStateChanged(ItemEvent e) {
    if (e.getStateChange() == ItemEvent.SELECTED) {        //查看是否由选中当前项触发的
        String selectedItem = (String) e.getItem();        //获得选中项的内容
        if (selectedItem.equals("请选择")) {//当选中项为"请选择"时，设置部门文本框为空
            inDeptTextField.setText(null);
        } else {                                            //否则设置部门文本框为选中员工所在的部门
            TbRecord record = (TbRecord) dao.queryRecordByNum(selectedItem.substring(0, 6));
            inDeptTextField.setText(record.getTbDutyInfo().getTbDept().getName());
        }
    }
});
```

在上面的代码中，当在下拉列表框的选中项发生改变时itemStateChanged事件被触发。getStateChange()方法返回一个int型值，当返回值等于静态常量ItemEvent.DESELECTED时，表示此次事件是由取消原选中项触发的；当返回值等于静态常量ItemEvent.SELECTED时，表示此次事件是由选中当前项触发的。getItem()方法可以获得触发此次事件的选项的内容。

如果用户先选中考勤员工所在的部门，例如选中"经理办公室"，再单击"考勤员工"下拉列表框，在其中将显示选中部门的所有员工，如图13-29所示。这是因为在捕获按钮事件弹出部门选取对话框时，根据用户选取的部门对"考勤员工"下拉列表框进行了处理。具体代码如下。

```
final JButton inDeptTreeButton = new JButton();                //创建按钮对象
inDeptTreeButton.addActionListener(new ActionListener() {      //捕获按钮事件
    public void actionPerformed(ActionEvent e) {
        DeptTreeDialog deptTree = new DeptTreeDialog(inDeptTextField); //创建部门选取对话框
        deptTree.setBounds(375, 317, 101, 175);                //设置部门选取对话框的显示位置
        deptTree.setVisible(true);                             //弹出部门选取对话框
        //检索选中的部门对象
        TbDept dept = (TbDept) dao.queryDeptByName(inDeptTextField.getText());
        personnalComboBox.removeAllItems();                    //清空下拉列表框中的所有选项
        personnalComboBox.addItem("请选择");                    //添加提示项
        //通过 Hibernate的一对多关联获得与该部门关联的职务信息对象
        Iterator dutyInfoIt = dept.getTbDutyInfos().iterator();
        while (dutyInfoIt.hasNext()) {                         //遍历职务信息对象
            TbDutyInfo dutyInfo = (TbDutyInfo) dutyInfoIt.next();//获得职务信息对象
            //通过Hibernate的一对一关联获得与职务信息对象关联的档案信息对象
            TbRecord tbRecord = dutyInfo.getTbRecord();
            personnalComboBox.addItem(tbRecord.getRecordNumber() + "   " + tbRecord.getName());
        }
    }
```

```
    });
    inDeptTreeButton.setText("...");
```

图13-29　选中部门后再单击"考勤员工"下拉列表框

13.9.3　通过Java反射验证数据是否为空

　　在添加培训记录时，所有的培训信息均不允许为空，并且都是通过文本框接收用户输入信息的。在这种情况下可以通过Java反射验证数据是否为空，当为空时弹出提示信息，并令为空的文本框获得焦点。具体代码如下。

```
//通过 Java反射机制获得类中的所有属性
Field[] fields = BringUpOperatePanel.class.getDeclaredFields();
for (int i = 0; i < fields.length; i++) {             //遍历属性数组
    Field field = fields[i];                          //获得属性
    if (field.getType().equals(JTextField.class)) {   //只验证 JtextField 类型的属性
        field.setAccessible(true);                    //如果设为true则允许访问私有属性
        JTextField textField = null;
        try {
            //获得本类中的对应属性
            textField = (JTextField) field.get(BringUpOperatePanel.this);
        } catch (Exception e) {
            e.printStackTrace();
        }
        if (textField.getText().equals("")) {         //查看该属性是否为空
            String infos[] = { "请将培训信息填写完整! ", "所有信息均不允许为空! " };
            JOptionPane.showMessageDialog(null, infos, "友情提示", JOptionPane.INFORMATION_MESSAGE);
            textField.requestFocus();                 //令为空的文本框获得焦点
            return;
        }
    }
}
```

说明　在上面的代码中，getDeclaredFields方法返回一个 Field 型数组，在数组中包含调用类的所有属性，包括公共、保护、默认（包）访问和私有字段，但不包含继承的字段。getType()方法返回一个Class对象，它标识了此属性的声明类型。BringUpOperatePanel.this代表本类。

13.10　待遇管理模块设计

待遇管理功能是企业人事管理系统的主要功能之一，该功能需要建立在人事管理功能的基础上，例如在待遇管理中将用到人事管理中的考勤管理和奖惩管理。本系统的待遇管理模块包含账套管理、人员设置和统计报表3个子模块。

账套管理模块用来建立和维护账套信息，包括建立、修改和删除账套，以及为账套添加项目和修改金额或者从账套中删除项目。首先需要建立一个账套，"新建账套"对话框如图13-30所示，其中"账套说明"用来详细介绍该账套的适用范围。

然后为新建的账套添加项目，"添加项目"对话框如图13-31所示，在其中选中要添加的项目后单击"添加"按钮。

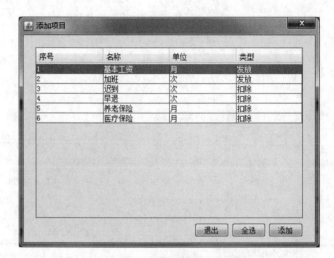

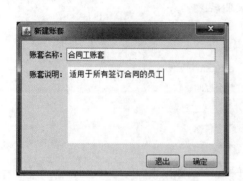

图13-30　"新建账套"对话框

图13-31　"添加项目"对话框

最后修改新添加项目的金额，"修改金额"对话框如图13-32所示，输入项目金额后单击"确定"按钮。

人员设置模块用来设置每个账套具体适合的人员，在这里将用到13.6.5节实现的通过部门树选取员工的对话框。

统计报表模块用来生成员工待遇统计报表，可以生成月、季、半年和年报表，如图13-33所示。当生成月报表时，可以选择统计的年和月份；当生成季报表时，可以选择统计的年和季度；当生成半年报表时，可以选择统计的年以及上半年或下半年；当生成年报表时，则只可以选择统计的年。

图13-32　"修改金额"对话框

图13-33　生成统计报表的种类

13.10.1　实现建立一个新的账套

在开发账套管理模块时，首先需要建立一个账套。通过弹出对话框获得账套名称和账套说明，将新建的账套添加到左侧的账套表格中，并设置为选中行，还要同步刷新右侧的账套项目表格。具体代码如下。

```
final JButton addSetButton = new JButton();
addSetButton.addActionListener(new ActionListener() {
```

```
        public void actionPerformed(ActionEvent e) {
            if (needSaveRow == -1) {                      //没有需要保存的账套
                CreateCriterionSetDialog createCriterionSet = new CreateCriterionSetDialog();
                createCriterionSet.setBounds((width − 350) / 2, (height − 250) / 2, 350, 250);
                createCriterionSet.setVisible(true);      //弹出"新建账套"对话框，接收账套名称和账套说明
                if (createCriterionSet.isSubmit()) {      //单击"确定"按钮
                    //获得账套名称
                    String name = createCriterionSet.getNameTextField().getText();    //获得账套说明
                    String explain = createCriterionSet.getExplainTextArea().getText();
                    needSaveRow = leftTableValueV.size();    //将新建账套设置为需要保存的账套
                    //创建代表账套表格行的向量对象
                    Vector<String> newCriterionSetV = new Vector<String>();
                    newCriterionSetV.add(needSaveRow + 1 + "");    //添加账套序号
                    newCriterionSetV.add(name);               //添加账套名称
                    leftTableModel.addRow(newCriterionSetV);   //将向量对象添加到左侧的账套表格中
                    //设置新建账套为选中行
                    leftTable.setRowSelectionInterval(needSaveRow, needSaveRow);
                    textArea.setText(explain);                //设置账套说明
                    TbReckoning reckoning = new TbReckoning();   //创建账套对象
                    reckoning.setName(name);                  //设置账套名称
                    reckoning.setExplain(explain);            //设置账套说明
                    reckoningV.add(reckoning);                //将账套对象添加到向量中
                    refreshItemAllRowValueV(needSaveRow);     //同步刷新右侧的账套项目表格
                }
            } else {         //如有需要保存的账套，则弹出提示保存对话框
                JOptionPane.showMessageDialog(null, "请先保存账套：  " + leftTable.getValueAt(needSaveRow, 1),
                        "友情提示", JOptionPane.INFORMATION_MESSAGE);
            }
        }
    });
    addSetButton.setText("新建账套");
```

13.10.2　实现为新建的账套添加项目

要为新建的账套添加项目，需通过弹出对话框获得用户添加的项目，因为通过弹出对话框中的表格对象才能获得选中项目的信息，所以在完成添加项目之前不能销毁添加项目对话框对象，而是将其设置为不可见的，只有添加完成后才能销毁，并且需要判断新添加项目在账套中是否已经存在。具体代码如下。

```
public void addItem(int leftSelectedRow) {
    AddAccountItemDialog addAccountItemDialog = new AddAccountItemDialog();
    addAccountItemDialog.setBounds((width − 500) / 2, (height − 375) / 2, 500, 375);
    addAccountItemDialog.setVisible(true);  //弹出"添加项目"对话框
    JTable itemTable = addAccountItemDialog.getTable();    //获得对话框中的表格对象
```

```
        int[] selectedRows = itemTable.getSelectedRows();           //获得选中行的索引
        if (selectedRows.length > 0) {                              //有新添加的项目
            needSaveRow = leftSelectedRow;                          //设置当前账套为需要保存的账套
            int defaultSelectedRow = rightTable.getRowCount();      //将选中行设置为新添加项目的第一行
            TbReckoning reckoning = reckoningV.get(leftSelectedRow);    //获得选中账套的对象
            for (int i = 0; i < selectedRows.length; i++) {         //通过循环向账套中添加项目
                String name = itemTable.getValueAt(selectedRows[i], 1).toString();//获得项目名称
                String unit = itemTable.getValueAt(selectedRows[i], 2).toString();//获得项目单位
                Iterator<TbReckoningInfo> reckoningInfoIt = reckoning
                        .getTbReckoningInfos().iterator(); //遍历账套中的现有项目
                boolean had = false;                               //默认在现有项目中不包含新添加的项目
                while (reckoningInfoIt.hasNext()) {                //通过循环查找是否存在项目
                    //获得已有的项目对象
                    TbAccountItem accountItem = reckoningInfoIt.next().getTbAccountItem();
                    if (accountItem.getName().equals(name) && accountItem.getUnit().equals(unit)) {
                        had = true;                                //存在
                        break;                                     //跳出循环
                    }
                }
                if (!had) {                                        //如果没有则添加
                    TbReckoningInfo reckoningInfo = new TbReckoningInfo();       //创建账套信息对象
                    TbAccountItem accountItem = (TbAccountItem) dao
                            .queryAccountItemByNameUnit(name, unit);//获得账套项目对象
                    accountItem.getTbReckoningInfos().add(reckoningInfo); //建立账套信息之间的关联
                    reckoningInfo.setTbAccountItem(accountItem);    //建立账套信息之间的关联
                    reckoningInfo.setMoney(0);                      //设置项目金额为 0
                    reckoningInfo.setTbReckoning(reckoning);        //建立从账套信息到账套的关联
                    reckoning.getTbReckoningInfos().add(reckoningInfo);    //建立从账套到账套信息的关联
                }
            }
            refreshItemAllRowValueV(leftSelectedRow);               //同步刷新右侧的账套项目表格
            //设置选中行
            rightTable.setRowSelectionInterval(defaultSelectedRow, defaultSelectedRow);
            addAccountItemDialog.dispose();                         //销毁"添加项目"对话框
        }
    }
```

13.10.3　实现修改项目的金额

下面为添加的项目修改金额，不修改是不允许保存的，因为默认项目金额为0，这是没有意义的。这里通过JOptionPane提示框获得修改后的金额，之后还要判断用户输入的金额是否符合要求，首要条件是数字，这里还要求必须为1～999999的整数。具体代码如下。

```
public void updateItemMoney(int leftSelectedRow, int rightSelectedRow) {
    String money = null;
    done: while (true) {
        money = JOptionPane.showInputDialog(null, "请填写"
                + rightTable.getValueAt(rightSelectedRow, 1) + "的"
                + rightTable.getValueAt(rightSelectedRow, 3) + "金额: ",
                "修改金额", JOptionPane.INFORMATION_MESSAGE);
        if (money == null) {          //用户单击"取消"按钮
        break done;   //取消修改
        } else {        //用户单击"确定"按钮
        if (money.equals("")) {   //未输入金额，弹出提示对话框
                JOptionPane.showMessageDialog(null, "请输入金额！", "友情提示",
                        JOptionPane.INFORMATION_MESSAGE);
        } else {                            //输入了金额
            //金额必须在 1~999999
                Pattern pattern = Pattern.compile("[1-9][0-9]{0,5}");
                Matcher matcher = pattern.matcher(money); //正则表达式判断是否符合要求
                if (matcher.matches()) {            //符合要求
                    needSaveRow = leftSelectedRow;      //设当前账套为需要保存的账套
                    rightTable.setValueAt(money, rightSelectedRow, 4);//修改项目金额
                    int nextSelectedRow = rightSelectedRow + 1; //默认存在下一行
                    if (nextSelectedRow < rightTable.getRowCount()) {           //存在下一行
                        rightTable.setRowSelectionInterval(nextSelectedRow, nextSelectedRow);
                    }
                    //获得项目名称
                    String name = rightTable.getValueAt(rightSelectedRow, 1).toString();
                    //获得项目单位
                    String unit = rightTable.getValueAt(rightSelectedRow, 2).toString();
                    //获得选中账套的对象
                    TbReckoning reckoning = reckoningV.get(leftSelectedRow);
                    //遍历项目
                    Iterator reckoningInfoIt = reckoning.getTbReckoningInfos().iterator();
                    while (reckoningInfoIt.hasNext()) {       //通过循环查找选中项目
                        TbReckoningInfo reckoningInfo = (TbReckoningInfo) reckoningInfoIt.next();
                        TbAccountItem accountItem = reckoningInfo.getTbAccountItem();
                        if (accountItem.getName().equals(name) && accountItem.getUnit().equals(unit)) {
                            reckoningInfo.setMoney(new Integer(money));//修改金额
                            break;                //跳出循环
                        }
                    }
                    break done;                //修改完成
```

```
        } else {                        //不符合要求, 弹出提示对话框
            String infos[] = { "金额输入错误, 请重新输入! ", "金额必须为 0~999999 的整数! " };
            JOptionPane.showMessageDialog(null, infos, "友情提示",
                JOptionPane.INFORMATION_MESSAGE);
        }
    }
    }
    }
}
```

 在上面的代码中, **showMessageDialog()**方法用来弹出提示某些消息的提示框, 消息的类型可以为错误(ERROR_MESSAGE)、消息(INFORMATION_MESSAGE)、警告(WARNING_MESSAGE)、问题(QUESTION_MESSAGE)或普通(PLAIN_MESSAGE)。

13.10.4 实现统计报表

开发统计报表, 首先要判断报表类型, 然后根据报表类型组织报表的起止时间。下面是生成季度报表的代码。

```
String quarter = quarterComboBox.getSelectedItem().toString();        //获得报表季度
if (quarter.equals("第一")) {
    reportForms(year + "-1-1", year + "-3-31");                       //生成报表
} else if (quarter.equals("第二")) {
    reportForms(year + "-4-1", year + "-6-30");                       //生成报表
} else if (quarter.equals("第三")) {
    reportForms(year + "-7-1", year + "-9-30");                       //生成报表
} else {
    reportForms(year + "-10-1", year + "-12-31");                     //生成报表
}
```

下面的代码负责在生成报表时向表格中添加员工的关键信息, 初始实发金额为0元。

```
TbRecord record = (TbRecord) recordIt.next();                        //获得档案对象
Vector recordV = new Vector();                                       //创建与档案对象对应的向量
recordV.add(num++);                                                  //添加序号
recordV.add(record.getRecordNumber());                              //添加档案编号
recordV.add(record.getName());                                       //添加姓名
recordV.add(record.getSex());                                        //添加性别
TbDutyInfo dutyInfo = record.getTbDutyInfo();
recordV.add(dutyInfo.getTbDept().getName());                        //添加部门
recordV.add(dutyInfo.getTbDuty().getName());                        //添加职务
int salary = 0;                                                      //初始实发金额为 0
```

下面的代码负责在生成报表时计算员工的奖惩金额, 通过Hibernate的关联得到的是员工的所有奖惩,

需要通过集合过滤功能进行过滤，并检索符合条件的奖惩信息。具体代码如下。

```
Set rewAndPuns = record.getTbRewardsAndPunishmentsForRecordId();
String types[] = new String[] { "奖励", "惩罚" };

for (int i = 0; i < types.length; i++) {
    String filterHql = "where this.type='" + types[i] + "' and ( ( startDate between '" + reportStartDateStr
        + "' and '" + reprotEndDateStr + "' or endDate between '" + reportStartDateStr
        + "' and '" + reprotEndDateStr + "') or ( '" + reportStartDateStr
        + "' between startDate and endDate and '" + reprotEndDateStr
        + "' between startDate and endDate ) )";    //组织用来过滤集合的HQL语句
    List list = dao.filterSet(rewAndPuns, filterHql);    //过滤奖惩记录
    if (list.size() > 0) {                               //存在奖惩
        column += 1;                                     //列索引加 1
        int money = 0;                                   //初始奖惩金额为 0
        for (Iterator it = list.iterator(); it.hasNext();) {
            TbRewardsAndPunishment rewAndPun = (TbRewardsAndPunishment) it.next();
            money += rewAndPun.getMoney();               //累加奖惩金额
        }
        recordV.add(money);                              //添加奖惩金额
        if (i == 0)                                      //奖励
            salary += money;                             //计算实发金额
        else                                             //惩罚
            salary -= money;                             //计算实发金额
    } else {
        recordV.add("—");                                //没有奖励或惩罚
    }
}
```

13.11　系统维护模块设计

系统维护模块用来维护系统的基本信息，例如企业架构信息和常用的
职务种类、用工形式等信息，另外该模块还提供了对系统进行初始化的功
能。在本系统中，系统维护模块包含企业架构、基本资料和初始化系统3个子
模块。

企业架构模块用来维护企业的组织结构信息，包括修改公司及部门的名
称，添加或删除部门。企业架构主界面效果如图13-34所示。

可以选中公司或部门后单击"修改名称"按钮，修改公司或部门的名
称。如果修改的是公司名称，将弹出图13-35所示的界面；如果修改的是部
门名称，将弹出图13-36所示的界面。

图13-34　企业架构主界面

也可以为公司或部门添加子部门。如果是在公司下添加子部门，则选中公司节点；如果是在公司所属部
门下添加子部门，则选中所属部门，然后单击"添加子部门"按钮，将弹出图13-36所示的界面。在二级部
门（如图13-34中的Java）下不能再包含子部门，如果试图在该级部门下建立子部门，将弹出图13-38所示
的提示框。

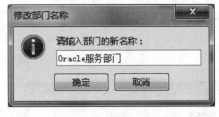

图13-35　修改公司名称

图13-36　修改部门名称

图13-37　为公司或一级部门添加子部门

图13-38　不允许在二级部门下添加子部门

还可以选中部门节点后单击"删除该部门"按钮删除选中的部门，在删除之前将弹出图13-39所示的提示框。需要注意的是，公司节点不允许删除，如果试图删除公司，将弹出图13-40所示的提示框。

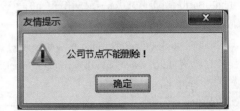

图13-39　询问是否删除部门

图13-40　提示公司不允许删除

基本资料模块用来维护系统中的基本信息，例如职务种类、账套项目等，如图13-41所示。

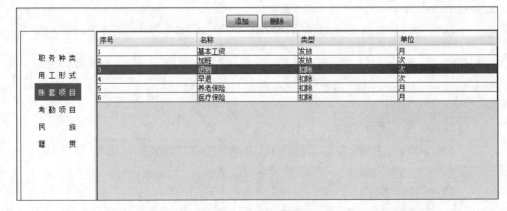

图13-41　维护基本资料界面

初始化系统模块用来对系统进行初始化，用户在使用系统之前，或者想清空系统中的数据，可以通过该功能实现。不过在对系统进行初始化之前，一定要弹出一个图13-42所示的提示框询问是否初始化，这样会增加系统的安全性，因为可能是用户不小心点到的。初始化完成后，将弹出图13-43所示的提示框，该提示框的内容为本系统的使用步骤。

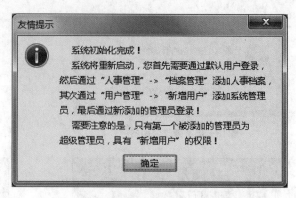

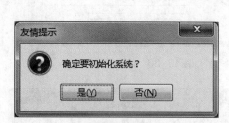

图13-42　询问是否初始化系统　　　　　图13-43　初始化完成后弹出的提示框

维护企业架构是该模块的技术难点，所以在这里只介绍企业架构模块的实现过程。

13.11.1　实现修改名称功能

修改名称功能分为修改公司名称和修改部门名称。在修改公司名称之前弹出提示询问是否真的要修改，在修改部门名称时则不询问，直接弹出消息框供用户输入新名称。修改时需要分两步实现，第一步是修改系统界面的企业架构树，第二步是修改持久化对象，并持久化到数据库中。具体代码如下。

```java
final JButton updateButton = new JButton();
updateButton.addActionListener(new ActionListener() {
    public void actionPerformed(ActionEvent e) {
        TreePath selectionPath = tree.getSelectionPath();
        TbDept selected = null;
        String newName = null;
        if (selectionPath.getPathCount() == 1) {        //修改公司名称
            int i = JOptionPane.showConfirmDialog(null, "确定要修改贵公司的名称？",
                    "友情提示", JOptionPane.YES_NO_OPTION); //弹出提示框
            if (i == 0) {   //修改（单击"是"按钮）
                String infos[] = { "请输入贵公司的新名称：", "修改公司名称", "请输入贵公司的新名称！" };
                newName = getName(infos); //获得修改后的名称
                if (newName != null)
                    selected = company;         //修改的为公司名称
            }
        } else {          //修改部门名称
            String infos[] = { "请输入部门的新名称：", "修改部门名称", "请输入部门的新名称！" };
            newName = getName(infos);      //获得修改后的名称
            if (newName != null) {
                selected = company;          //选中部门的所属部门
                Object[] paths = selectionPath.getPath();          //选中部门节点的路径对象
                for (int i = 1; i < paths.length; i++) {    //遍历选中节点路径
                    Iterator deptIt = selected.getTbDepts().iterator();
                    finded: while (deptIt.hasNext()) {     //通过循环查找选中节点路径对应的部门
```

```
                    TbDept dept = (TbDept) deptIt.next();
                    if (dept.getName().equals(paths[i].toString())) {
                        selected = dept;                //找到选中节点路径对应的部门
                        break finded;                   //跳出到指定位置
                    }
                }
            }
        }
    }
    if (selected != null) {
        DefaultMutableTreeNode treeNode = (DefaultMutableTreeNode) selectionPath
                .getLastPathComponent();        //获得选中节点对象
        treeNode.setUserObject(newName);            //修改节点名称
        treeModel.reload();                         //刷新树结构
        tree.setSelectionPath(selectionPath);       //设置节点为选中状态
        selected.setName(newName);                  //修改部门对象
        dao.updateObject(company);                  //将修改持久化到数据库
        HibernateSessionFactory.closeSession();     //关闭数据库连接
    }
}
});
updateButton.setText("修改名称");
```

说明 在上面的代码中，getSelectionPath()方法可以获得选中节点的路径对象，通过该对象可以获得选中节点的相关信息，例如选中节点对象、选中节点级别等。getPathCount()方法可以获得选中节点的级别，当返回值为1时，代表选中的为树的根节点；当返回值为2时则代表选中的是树的直属子节点。getPath()方法可以获得选中节点路径包含的节点对象，返回值为Object型的数组。

13.11.2 实现添加部门的功能

实现添加部门的功能时，只允许在公司及其直属部门下添加部门。在获得用户输入的要添加部门的名称之后，需要判断在其所属部门中是否存在该部门，如果存在则弹出提示，否则添加到系统界面的企业架构树中，并持久化到数据库。具体代码如下。

```
final JButton addButton = new JButton();
addButton.addActionListener(new ActionListener() {
    public void actionPerformed(ActionEvent e) {
        TreePath selectionPath = tree.getSelectionPath();
        int pathCount = selectionPath.getPathCount();               //获得选中节点的级别
        had: if (pathCount == 3) {                                  //选中的为3级节点
            JOptionPane.showMessageDialog(null, "很抱歉，在该级部门下不能再包含子部门！ ",
                    "友情提示", JOptionPane.WARNING_MESSAGE);
```

```
        } else {                                                  //选中的为 1 级或 2 级节点
            String infos[] = { "请输入部门名称：", "添加新部门", "请输入部门名称！" };
            String newName = getName(infos);                      //获得新部门的名称
            if (newName != null) {                                //创建新部门
                DefaultMutableTreeNode parentNode = (DefaultMutableTreeNode) selectionPath
                        .getLastPathComponent();                  //获得选中部门的节点对象
                int childCount = parentNode.getChildCount();//获得该部门包含子部门的个数
                for (int i = 0; i < childCount; i++) {            //查看新创建的部门是否已经存在
                        TreeNode childNode = parentNode.getChildAt(i);
                        if (childNode.toString().equals(newName)) {
                            JOptionPane.showMessageDialog(null, "该部门已经存在！ ",
                                    "友情提示", JOptionPane.WARNING_MESSAGE);
                            break had;                            //已经存在，跳出到指定位置
                        }
                }
                //创建部门节点
                DefaultMutableTreeNode childNode = new DefaultMutableTreeNode(newName);
                //插入新部门到选中部门的最后
                treeModel.insertNodeInto(childNode, parentNode, childCount);
                tree.expandPath(selectionPath);                   //展开指定路径中的尾节点
                TbDept selected = company;                        //默认选中的为 1 级节点
                if (pathCount == 2) {                             //选中的为 2 级节点
//获得选中节点的名称
                        String selectedName = selectionPath.getPath()[1].toString();
//创建公司直属部门的迭代器对象
                        Iterator deptIt = company.getTbDepts().iterator();
                        finded: while (deptIt.hasNext()) {        //遍历公司的直属部门
                            TbDept dept = (TbDept) deptIt.next();
                            if (dept.getName().equals(selectedName)) {//查找与选中节点对应的部门
                                selected = dept;                  //设置为选中部门
                                break finded;                     //跳出循环
                            }
                        }
                }
                TbDept sonDept = new TbDept();                    //创建新部门对象
                sonDept.setName(newName);                         //设置部门名称
                sonDept.setTbDept(selected);                      //建立从新部门到所属部门的关联
                selected.getTbDepts().add(sonDept);               //建立从所属部门到新部门的关联
                dao.updateObject(company);                        //将新部门持久化到数据库
                HibernateSessionFactory.closeSession();           //关闭数据库连接
```

```
            }
        }
    }
});
addButton.setText("添加子部门");
```

 在上面的代码中，getChildCount()方法可以获得包含子节点的个数。getChildAt(int childIndex)方法用来获得指定索引位置的子节点，索引从0开始。insertNodeInto(MutableTreeNode newChild, MutableTreeNode parent, int index)方法用来将新创建的子节点newChild插到父节点parent中索引为index的位置。

13.11.3 实现删除现有部门的功能

实现删除现有部门的功能时，公司节点不允许删除，如果试图删除公司节点，将弹出不允许删除的提示。在删除部门之前也将弹出提示框询问是否确定删除，如果确定删除，则从系统界面的企业架构树中删除选中部门，并持久化到数据库中。具体代码如下。

```
final JButton delButton = new JButton();
delButton.addActionListener(new ActionListener() {
    public void actionPerformed(ActionEvent e) {
        TreePath selectionPath = tree.getSelectionPath();
        int pathCount = selectionPath.getPathCount();           //获得选中节点的级别
        if (pathCount == 1) {       //选中的为1级节点，即公司节点
            JOptionPane.showMessageDialog(null, "公司节点不能删除！", "友情提示",
                    JOptionPane.WARNING_MESSAGE);
        } else {            //选中的为2级或3级节点，即部门节点
            DefaultMutableTreeNode treeNode = (DefaultMutableTreeNode) selectionPath
                    .getLastPathComponent();        //获得选中部门的节点对象
            int i = JOptionPane.showConfirmDialog(null, "确定要删除该部门："
                    + treeNode, "友情提示", JOptionPane.YES_NO_OPTION);
            if (i == 0) {   //删除
                treeModel.removeNodeFromParent(treeNode);   //删除选中节点
                tree.setSelectionRow(0);        //选中根（公司）节点
                TbDept selected = company;  //选中部门的所属部门
                Object[] paths = selectionPath.getPath();           //选中部门节点的路径对象
                int lastIndex = paths.length − 1;       //获得最大索引
                for (int j = 1; j <= lastIndex; j++) {      //遍历选中节点路径
                    Iterator deptIt = selected.getTbDepts().iterator();
                    finded: while (deptIt.hasNext()) { //通过循环查找选中节点路径对应的部门
                        TbDept dept = (TbDept) deptIt.next();
                        if (dept.getName().equals(paths[j].toString())) {
                            if (j == lastIndex)         //为选中节点
```

```
                    selected.getTbDepts().remove(dept);      //删除选中部门
                    else                                     //为所属节点
                        selected = dept;
                    break finded;                    //跳出到指定位置
                }
            }
        }
        dao.updateObject(company);                   //同步删除数据库
        HibernateSessionFactory.closeSession();      //关闭数据库连接
    }
  }
 }
});
delButton.setText("删除该部门");
```

 说明 在上面的代码中，removeNodeFromParent(MutableTreeNode node)方法用来从树模型中移除指定节点。setSelectionRow(int row)方法用来设置选中的行，树的根节点为第0行。例如A为树的根节点，a1和a2为A的子节点，s为a1的子节点，如果a1节点处于合并状态，则a2为第2行；如果a1节点处于展开状态，则a2为第3行。

小 结

　　本章严格按照软件工程的实施流程，通过一个典型的企业人事管理系统，为读者详细讲解了软件的开发流程。通过本章的学习，读者可以了解到Java+Oracle开发应用程序的流程，同时了解企业人事管理系统的软件结构、业务流程和开发过程。在开发过程中要重点掌握Swing中表格行选取事件的使用方法、选取并显示图片的方法、页面中组件联动功能的实现方法、对树结构的使用和维护方法、在程序中调用其他工具软件的方法，以及如何利用现有组件开发一些简单实用的功能模块。另外，还应掌握Hibernate持久层技术的使用方法。